工业和信息化高职高专“十三五”规划教材立项项目

高等职业教育电子技术技能培养规划教材

Gaodeng Zhiye Jiaoyu Dianzi Jishu Jineng Peiyang Guihua Jiaocai

模拟电子技术实验教程

赵巧妮 粟慧龙 主编　张文初 唐晨 副主编　刘彤 主审

Analog Electronic Technology Experimental Course

人民邮电出版社

北京

图书在版编目（CIP）数据

模拟电子技术实验教程 / 赵巧妮，粟慧龙主编. -- 北京 : 人民邮电出版社，2015.12
高等职业教育电子技术技能培养规划教材
ISBN 978-7-115-41172-3

Ⅰ. ①模… Ⅱ. ①赵… ②粟… Ⅲ. ①模拟电路－电子技术－实验－高等职业教育－教材 Ⅳ. ①TN710-33

中国版本图书馆CIP数据核字(2015)第306982号

内容提要

本书力图体现以培养高技能应用型人才为目的的高职教育特点。本书既突破了传统的验证性实验，又注重理论与实际的紧密结合。

本书包括了15个基础型实验、6个验证提高型实验和6个仿真型验证试验。每个实验都有详细的实验目的、实验原理分析、实验电路、实验步骤和实验小结。通过实验验证，学生不仅强化了理论学习，进一步掌握电子电路基础知识、基本的实验方法及基本实验技能，而且还培养了更强的知识应用能力及创新能力。

本书可作为职业院校电子、电气技术应用类及自动化类等电类学生的专业教学用书，也可供有关技术人员、电子设计与开发人员参考、学习、培训之用。

◆ 主　　编　赵巧妮　粟慧龙
副 主 编　张文初　唐　晨
主　　审　刘　彤
责任编辑　刘盛平
执行编辑　王丽美
责任印制　杨林杰

◆ 人民邮电出版社出版发行　　北京市丰台区成寿寺路11号
邮编　100164　　电子邮件　315@ptpress.com.cn
网址　http://www.ptpress.com.cn
三河市中晟雅豪印务有限公司印刷

◆ 开本：787×1092　1/16
印张：13.25　　2015年12月第1版
字数：339千字　　2015年12月河北第1次印刷

定价：32.00元

读者服务热线：(010)81055256　印装质量热线：(010)81055316
反盗版热线：(010)81055315

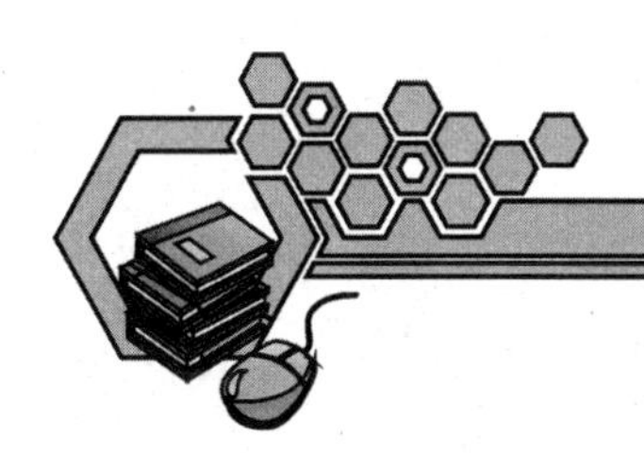

前言

模拟电子技术实验是职业院校工科专业特别是电类专业学生重要的基础课,学好这门课不仅需要掌握基本的理论知识,更需要掌握较强的实验技能和一定的科研动手能力。目前许多高职类院校的实验指导书大部分是以校本教材的形式出版，里面的内容仅仅能满足基本教学实验要求，不能满足学生的课外拓展学习需求，故我们编写了这本实验教程以供学生学习时使用和参考。

本书根据电类专业“模拟电子技术课程”的教学内容，按照由易到难的原则来设计了模电实验，每个实验均有详细的实验电路原理分析、实验电路调试步骤及实验结果分析，将理论和实践有序结合起来，获得最佳的教学效果。独立完成实验可使学生掌握器件的性能、参数及电子技术的内在规律、各个功能电路间的相互影响，从而验证理论并理解和掌握理论知识。

因此，按照模电实验所需的知识点本书分为上篇、下篇和附录。

上篇介绍实验过程中需要具备的知识点，包括实验数据的处理，电子类元器件的识别，常用仪器仪表的正确使用，以及电子电路安装、焊接和调试过程中所需的知识点，为下篇的实验奠定良好的基础。

下篇着重介绍了模拟电子技术的实验，分为三大部分：基础型实验、制作提高型实验和仿真型实验。基础型实验包括 15 个实验，这 15 个实验是学习模拟电子技术这门课所必须要掌握的基础实验，属于验证性实验，由实验室提供实验电路板，实验过程在实验室完成即可。制作提高型实验包括 6 个实验，是基础型实验的升级版，它要求学生提前利用课外时间，要独立完成实验电路板的焊接后，才能进入实验室独立完成实验内容，加大了学习难度，增强了学生动手能力和综合能力。仿真型实验包括 6 个基础型实验的计算机仿真验证，它不必拘泥于实际电路，利用电脑软件就可以分析电路的结果，节省了学习的时间，为教师教学和学生自学提供了丰富的教学素材，帮助学生能够更直观地理解和学习模拟电子技术实验课程,增强了学生分析问题和解决问题的能力。

附录中介绍了常用电子元器件的型号命名、实验室的 6S 及实验报告的编写要求，以供同学们查阅和参考。

本书由赵巧妮、粟慧龙任主编，张文初、唐晨任副主编，刘彤任主审。

由于编写水平和经验有限，书中难免出现错误和不妥之处，恳请广大读者批评指正。

编者

2015 年 10 月

目 录

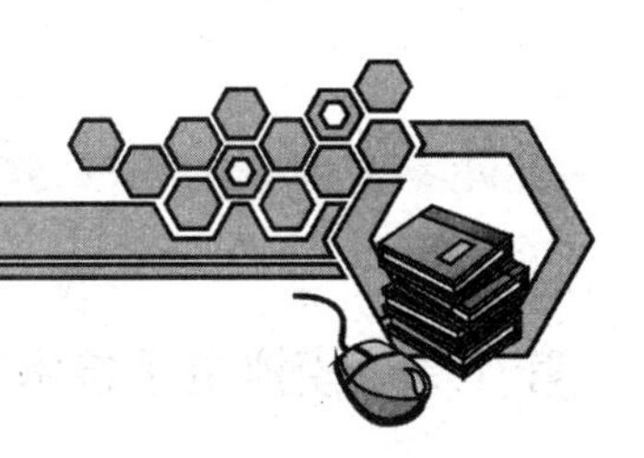

上篇 基础知识篇

下篇 实验篇

上篇
基础知识篇

第1章 实验基础知识

模拟电子技术实验的基本任务就是使学生在基本实践知识、基本实验理论和基本实验技能 3 个方面受到较为系统的教学训练，同时逐步培养学生自主动手分析问题和解决问题的能力，培养学生将理论与实践有效结合的能力。需要学生了解实验的目的和意义；需要学生熟练使用常用的电子电路实验仪器；需要学生能熟知实验内容，并且能正确分析实验数据；需要学生能独立完成实验内容。

1.1 模拟电子技术实验的意义、目的、要求

1.1.1 模拟电子技术实验的意义

模拟电子技术课程是工程性和实践性都很强的一门课程，包括理论知识和实践知识两大部分。理论部分的学习需要实验实践的验证才有实际意义，否则就是空谈，毫无意义，通过模拟电子电路的实验验证可以实现以下意义。

1. 巩固加深电子电路理论课程的理解和验证

模拟电子技术实验是一门综合性很强的实践学科，它需要数学、物理学、电子学等方面的知识，同时还要掌握各种物理量的变换原理、各种指标的测定，以及实验装置的设计和数据分析等方面所涉及的基础理论。许多测试理论和方法只有通过实际验证才能加深理解并真正掌握。模拟电子技术实验就是使学生加深理解所学电子电路的基础知识，掌握各类典型电路，实验器具的基本原理和适用范围；具有实验数据处理和误差分析能力；得到基本实验技能的训练与分析能力的训练。

2. 增强了学生的动手能力

许多实验的验证都是利用实验室已有的实验板来做实验，学生只知道实验电路板与仪器连接的各个接口的作用，却不太清楚实验电路板各个元器件的具体参数和电路元器件之间的走线关系，所以在实验过程中出了问题后，学生往往手足无措，不知如何排除故障。本书中增添了制作型实验，让学生从熟悉单个的电子元器件开始到全程自主焊接元器件到 PCB 上，而且后期的实验制作和故障排除均由学生独立完成，这极大地锻炼了学生的动手能力。

3. 通过强化学生的 6S 管理，提高学生的综合素质

在实验过程中和实验结束后实验台位的整理，均强调实验室的 6S 管理，按照企业的规范来严格要求学生，使得学生养成良好的习惯，进而达到持之以恒地规范及执行学校所制订的制度与纪律，最终目的在于修身，在于提高学生的综合素质。建立标准化的实验流程，不断灌输学生的责任感和纪律性，做到人人都能自主管理。

1.1.2 模拟电子技术实验的目的

模拟电子技术实验课目的是培养学生分析和解决实际问题的能力，从而掌握模拟电子技术的实验手段，为将来从事技术工作和科学研究奠定扎实的基础。

通过模拟电子电路实验课的学习和实践，培养学生分析问题、解决问题的能力，提高学生的实践动手能力，让学生掌握了以下能力。

（1）熟练正确地使用电子电路实验常用的仪器仪表，如万用表、稳压电源等。

（2）巩固和加深电子电路的基础理论和基本概念，掌握实践验证理论的方法，学会灵活应用电子电路的技能。

（3）在实验的过程中培养自己独立分析问题和解决问题的能力。

（4）熟悉常用电子元件和器件的性能，掌握基本测量方法和使用方法。

（5）掌握电子电路基本参数的测量原理及测量方法。

（6）掌握电子电路安装、调试技术，培养分析、判断电路故障的能力和解决问题的方法。

（7）正确选择元器件的能力。

（8）学会各种电子元器件的手册及资料的检索与阅读能力。

（9）掌握低频电子电路识图与分析能力。

（10）掌握电路的安装与焊接能力。

1.1.3 模拟电子技术实验的要求

模拟电子技术实验教学应强调以学生实际操作为主、教师辅导为辅；以实践实验操作为主、以理论教学为辅的原则来进行。从如何爱护实验仪器和如何操作实验过程两方面来对学生提出实验的要求。

1. 实验室的仪器设备使用要求

（1）注意安全操作规程，确保人身安全。

① 为了确保人身安全，在调换仪器、元器件和改变仪器设备的量程等时，需切断实验台的电源。另外为防止器件损坏，通常要求在切断实验电路板上的电源后才能改接线路。

② 仪器设备的外壳如能良好接地，可防止机壳带电，保证人身安全。在调试时，要逐步养成用右手进行单手操作的习惯，并注意人体与大地之间有良好的绝缘。

（2）爱护仪器设备，确保仪器和实验设备的使用安全。

① 在仪器使用过程中，不必经常开关电源。因为每次开关电源都会引起电冲击反而使仪器的使用寿命缩短。

② 切忌无目的地随意摆弄仪器面板上的开关和旋钮。实验结束后，通常只要关断仪器电源和实验台的电源，而不必将仪器的电源线拔掉。

③ 为了确保仪器设备的安全，在实验室配电屏、实验台及各仪器中通常都安装有电源熔断器。仪器使用的熔断器，常用的有 0.5A、1.2A、3A 和 5A 等几种规格，应注意按规定的容量调换熔断器，切勿随意代用。实验室的总电源、实验台的电源及相关的熔断器由实验室的指导教师负责，在未经教师同意前不得擅自触碰甚至改动相关装置。

④ 要注意仪表允许的安全电压（或电流），切勿超过。当被测量的大小无法估计时，应从仪表的最大量程开始测试，然后逐渐减小量程。

2. 实验内容要求

根据“模拟电子技术”实验教学的管理方法，对模拟电子技术实验教学的内容、实验过程、实验报告的要求及实验成绩等进行说明，仅供使用本书的院校参考。

（1）实验内容。本书按照“模拟电子技术基础”课程的内容，相应地将实验分为基础型模拟电子技术实验和制作型模拟电子技术实验，即本书的第 5 章和第 6 章，这两部分的实验均在同一学期内完成。

基础型模拟电子技术实验是指实验室提供实验板，同学们只需做好实验预习工作就可进入实验室做实验，做实验的电路板由实验室提供；制作型实验是指同学们在实验前除了要做好实验预习以外，还需要熟悉该次实验所需的元器件，掌握良好的焊接技术，即进入实验室做实验时需要准备好自己提前焊好的 PCB 电路板，否则该次实验没有成绩。

（2）实验教学过程。

① 实验前完成预习工作，每一个实验都给出了设计要求，在实验前，必须完成设计任务。在“预习要求”部分，还要求阅读和掌握相关的理论内容或测试方法，务必按要求预习，这是完成实验的前提。

② 实验中，学生应按规定时间做实验，开始实验前应向指导教师提供设计的电路原理图，并回答老师提出的相关问题。如果没有达到预习的基本要求，教师有权拒绝学生继续做实验，由此产生的实验延误由学生自己负责。实验过程中，应遵守实验室的有关规定。按本书第 2 章的要求使用各种仪器，按要求记录实验数据。完成实验后，应将数据交指导教师审阅。指导教师要验收每项的实验结果，抽查电路的连接情况，在验收前，不得拆解电路。经指导教师验收合格签字后，整理好实验台上的仪器，方可离开实验室。

③ 实验后，提交实验报告（具体要求见附录 B）。

④ 在完成规定的实验内容后，学生还必须参加实验考核。考核时，学生抽签决定考核内容与顺序，或者由教师自行决定考核内容与顺序，同学们需在规定的时间完成规定的实验任务，并回

答老师提出的相关问题。

（3）实验成绩组成。实验成绩占模拟电子技术课程总成绩的 40%，实验成绩由以下诸项因素决定。

① 基础型实验：它占总成绩的 20%。

② 制作型实验：它占总成绩 20%，包括元件的正确识别、整形及焊接电路质量等。

在期末考试之前，必须完成规定的实验内容，否则不得参加实验考核和理论课的考试。对于表现突出的同学，如完成了规定内容以外的实验，且有一定的独创性，可以考虑在总成绩中加分。

3. 制作型实验相关知识点说明

第 6 章中的实验属于制作型实验，授课教师可根据课程需要选定需要制作的实验电路。同学们需要自己购买制作型实验电路的元器件和 PCB 板等，需要同学们自己看懂电路图，需要自己准备烙铁等工具。在做制作型实验时，实验室不提供实验电路板，需要同学们带上自己预先焊好的电路板去实验室做实验，如果没有预先完成实验电路板的准备工作，则该次实验没有分数。

（1）制作型实验目的。

① 提高焊接水平，增强对应电路的专业知识的理解。

② 提高根据课题需要选择参考书籍的能力，提高查阅手册、图表和文献资料的自学能力。

③ 掌握常用的仪器、设备的正确使用方法，学会简单电路的实验调试和整机指标的测试方法，提高动手能力和从事电子电路实验的基本技能。

④ 通过独立思考，深入钻研有关问题，学会自己分析并解决问题。能根据故障现象，综合运用学过的基本知识分析找出故障点，并排除之。

⑤ 培养严肃、认真的工作作风和科学态度，逐步建立正确的生产观点、经济观点、全局观点及良好的产品质量观念。进一步培养团队协作精神。

（2）制作型实验要求。

① 要求每个人独立完成实验电路板的制作，制作电路所需的材料费用需要同学单独购买，具体价格由实际电路决定。

② 小组每位成员都要掌握电路的分析、安装与调试方法。

③ 电路安装与调试时要注意人身安全和仪表安全。

（3）印制电路板板知识介绍。印制电路板（Printed Circuit Board，PCB）又称印刷线路板，是重要的电子部件，是电子元器件的支撑体，是电子元器件电气连接的载体。由于它是采用电子印刷术制作的，故被称为“印刷”电路板。

根据电路层数分类，分为单面板、双面板和多层板。常见的多层板一般为 4 层板或 6 层板，复杂的多层板可达几十层。

下面简单介绍一下单面板、双面板和多层板的特点。

① 单面板（Single-sided Boards）。在最基本的 PCB 上，零件集中在其中一面，导线则集中在另一面上（有贴片元件时，和导线为同一面，插件器件在另一面）。因为导线只出现在其中一面，所以这种 PCB 叫作单面板，比较适合简单电路的布线。

② 双面板（Double-sided Boards）。这种电路板的两面都有布线，不过要用上两面的导线，必

须要在两面间有适当的电路连接才行。这种电路间的“桥梁”叫作导孔（via）。导孔是在PCB上，充满或涂上金属的小洞，它可以与两面的导线相连接。双面板的面积比单面板大了一倍，双面板解决了单面板中因为布线交错的难点（可以通过孔导通到另一面），它更适合用在比单面板更复杂的电路上。

③ 多层板（Multi-layer Boards）。为了增加可以布线的面积，多层板用上了更多单或双面的布线板。用一块双面做内层、两块单面做外层或两块双面做内层、两块单面做外层的印制线路板，通过定位系统及绝缘黏结材料交替在一起，且导电图形按设计要求进行互连的印制线路板就成为4层、6层印制电路板了，也称为多层印制线路板。板子的层数并不代表有几层独立的布线层，在特殊情况下会加入空层来控制板厚，通常层数都是偶数，并且包含最外侧的两层。大部分的主机板都是4～8层的结构，不过技术上理论可以做到近100层的PCB板。大型的超级计算机大多使用相当多层的主机板，不过因为这类计算机已经可以用许多普通计算机的集群代替，超多层板已经渐渐不被使用了。因为PCB中的各层都紧密结合，一般不太容易看出实际数目，不过如果仔细观察主机板，还是可以看出来的。

本制作型实验中一般采用单面板和双面板。如图1-1所示，图1-1（a）所示为串联稳压电源的PCB板，为单面板，图1-1（b）所示为焊好的串联稳压电源电路。如图1-2所示，图1-2（a）所示为集成功放电路的PCB板，为双面板，图1-2（b）所示为焊好的集成功放电路。

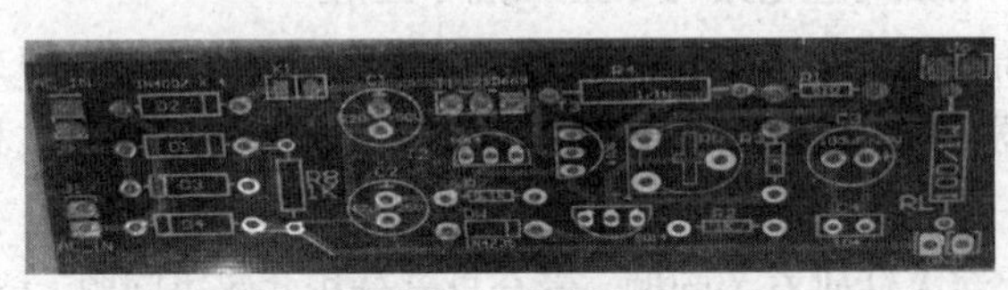

（a）串联稳压电源电路PCB板

（b）串联稳压电源电路PCBA板

图1-1　串联稳压电源电路板

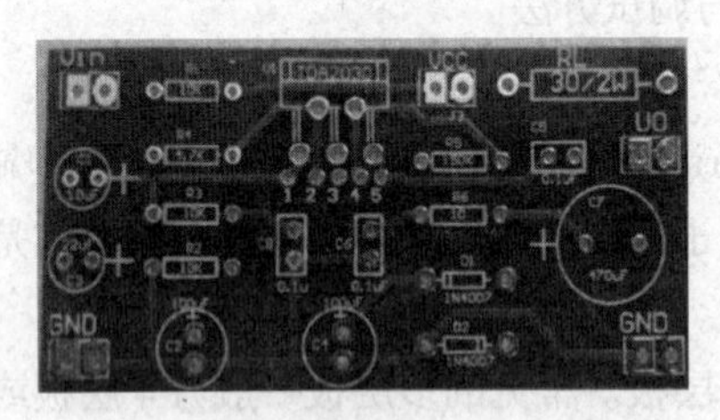

（a）集成功放电路PCB板

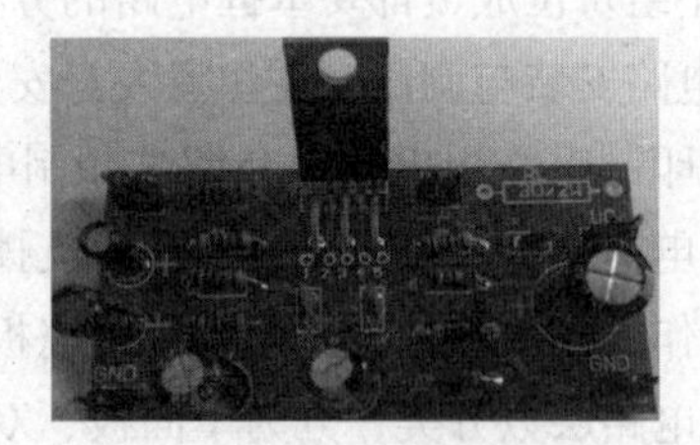

（b）集成功放电路PCBA板

图1-2　集成功放电路板

（4）制作型实验所用元器件外形和引脚图

第6章6.1～6.6的实验需要电阻、电容、二极管、三极管、运放芯片、功放芯片、单结晶、开关电源芯片等各种电子元器件，如图1-3～图1-13所示。

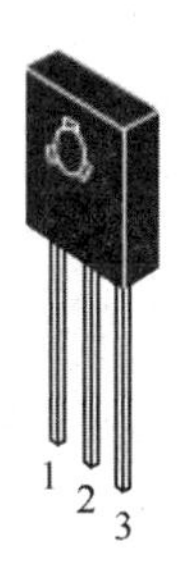

（a）三极管 2SD669 引脚

（b）三极管 2SD669 外形

图 1-3　三极管 2SD669

1—发射极　2—集电极　3—基极

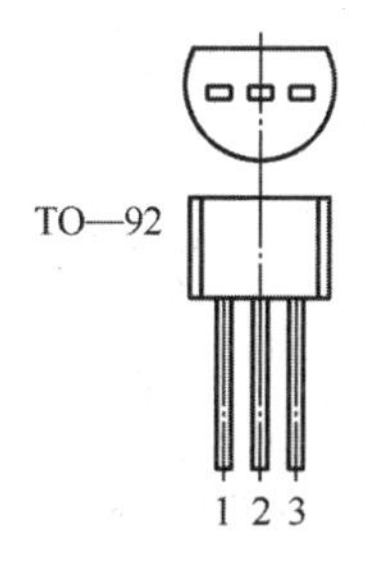

（a）三极管 9014 引脚

（b）三极管 9014 外形

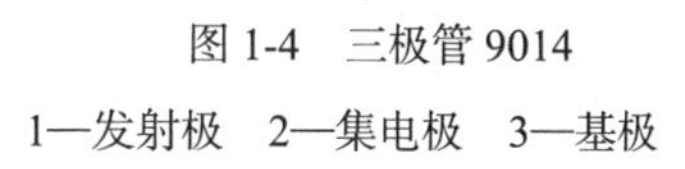

图 1-4　三极管 9014

1—发射极　2—集电极　3—基极

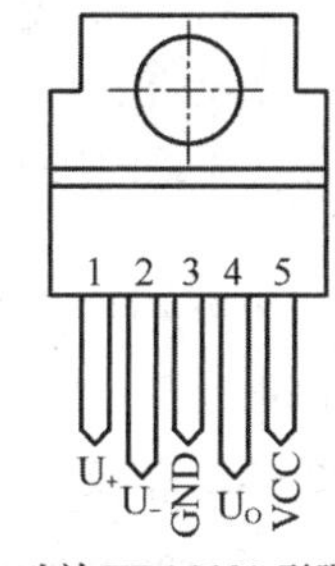

（a）功放 TDA2030 引脚

（b）功放 TDA2030 外形

图 1-5　功放 TDA2030

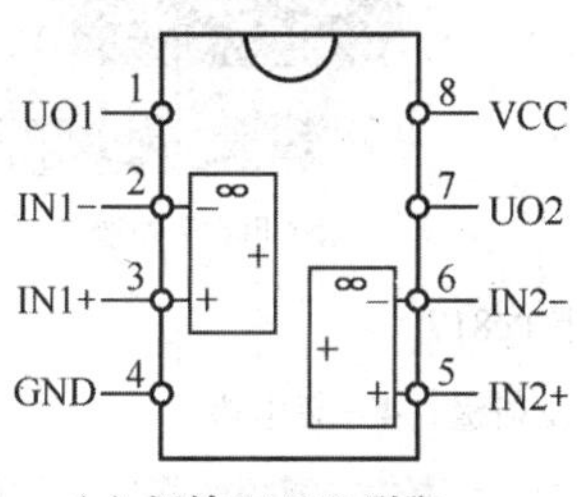

（a）运放 LM358 引脚

（b）运放 LM358 外形

图 1-6　运放 LM358

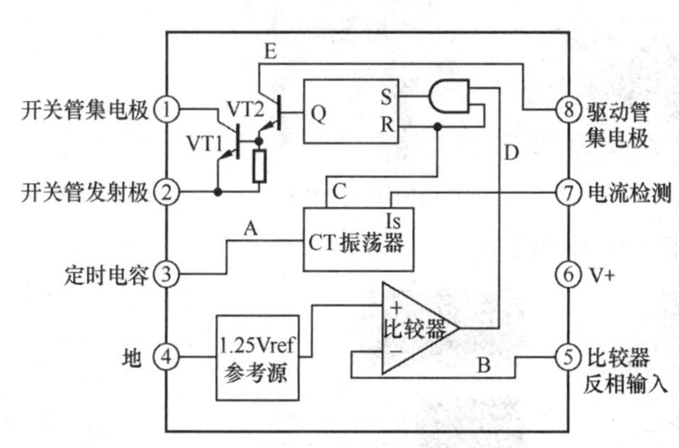

（a）芯片 MC34063 引脚

（b）芯片 MC34063 外形

图 1-7　开关电源芯片 MC34063

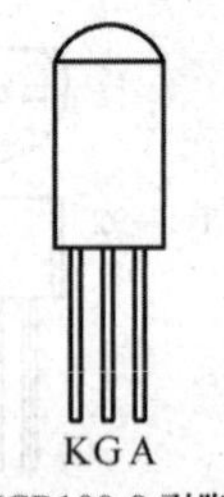

（a）MCR100-8 引脚

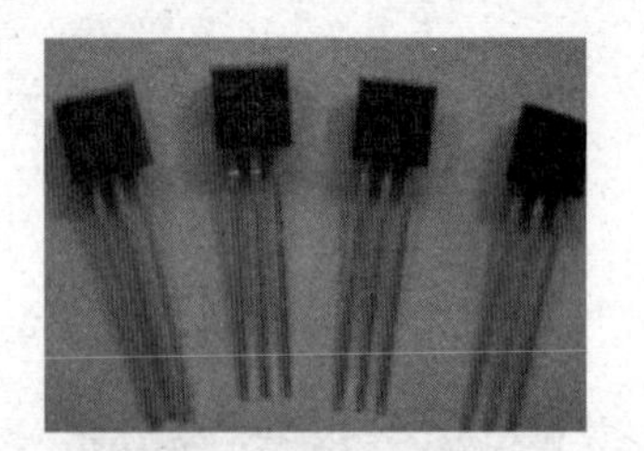

（b）MCR100-8 外形

图 1-8　晶闸管 MCR100-8

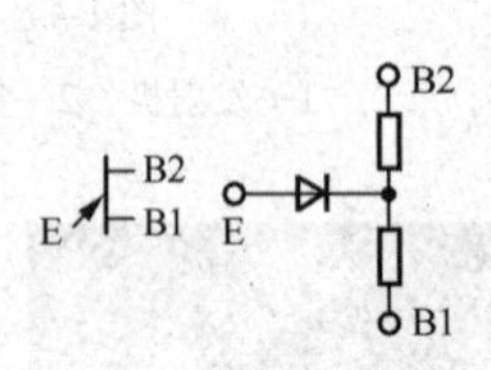

（a）BT33F 引脚

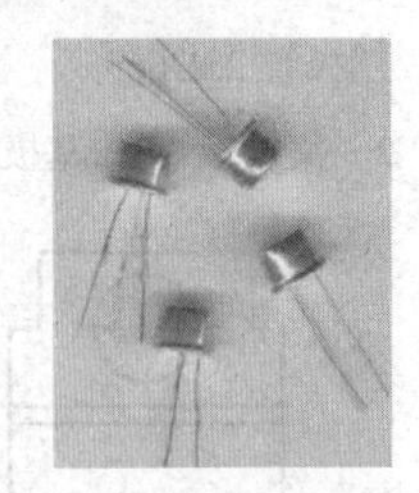

（b）BT33F 外形

图 1-9　单结晶体管 BT33F

E—发射极；B1—第一基极；B2—第二基极

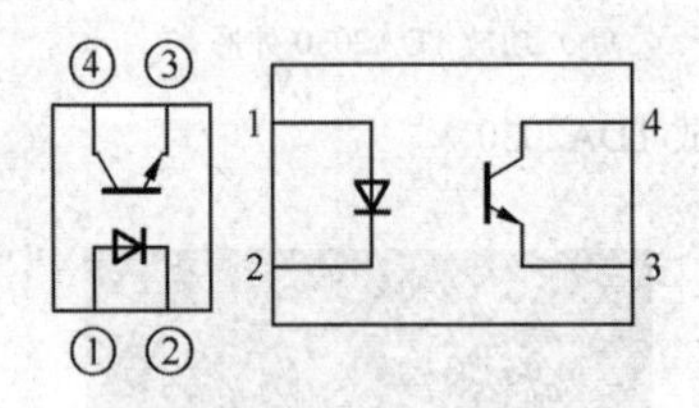

（a）Pc817 引脚

（b）Pc817 外形

图 1-10　光耦 Pc817

1—阳极；2—阴极；3—发射极；4—集电极

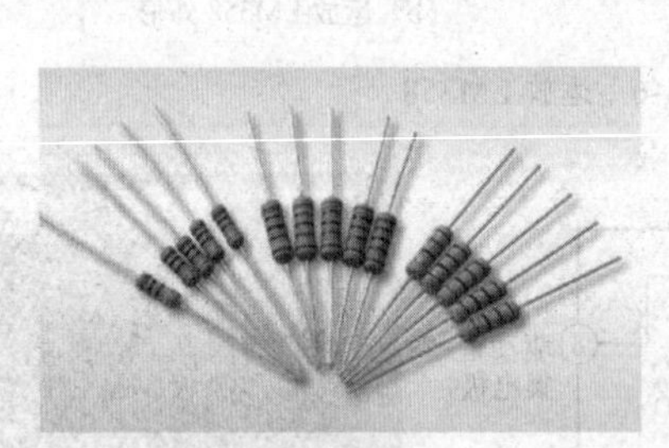

（a）电阻外形

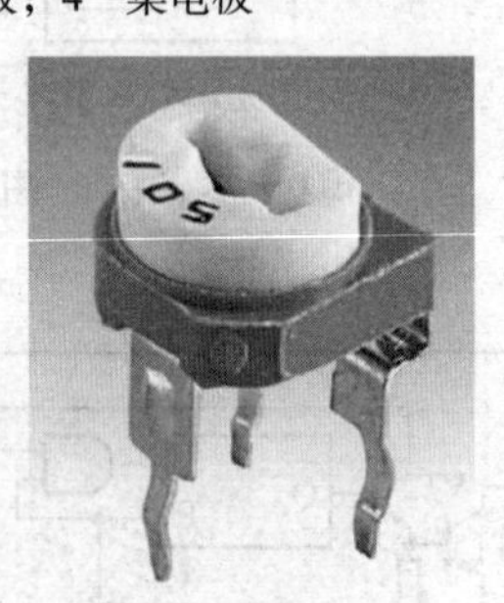

（b）蓝白电位器

图 1-11　电阻外形

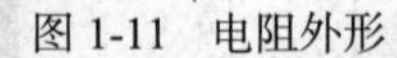

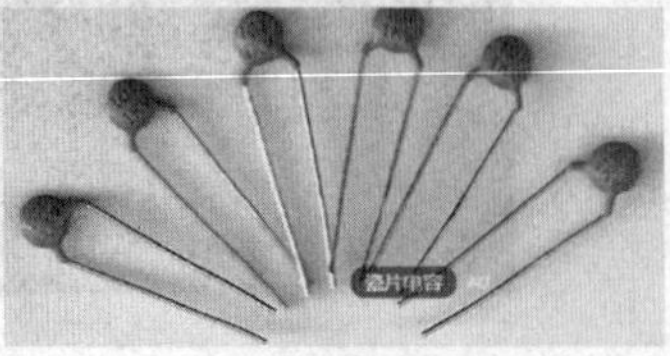

（a）瓷片电容

（b）电解电容

图 1-12　电容外形

（a）整流二极管

（b）稳压二极管

图 1-13　二极管外形

其中部分五环电阻色环表示为：

1kΩ	棕黑黑棕棕	10kΩ	棕黑黑红棕
10Ω	棕黑黑金棕	150kΩ	棕绿黑橙棕
510Ω	绿棕黑黑棕	4.7kΩ	黄紫黑棕棕

1.2 实验数据的处理

1.2.1 测量误差

1. 绝对误差和相对误差

在科学实验与生产实践的过程中，为了获取被研究对象特征的定量信息，必须准确地进行测量。在测量过程中，无论所用仪器多么精密，方法多么完善，实验者多么细心，所测结果总不能完全与被测量的真实数值（称为真值）一致。测量结果（测量值）和待测量的客观真值之间总存在一定差别，即测量误差。误差可用绝对误差和相对误差来表示。

（1）绝对误差。若被测量的真值为 X_0，测量仪器的指示值为 X，则绝对误差为

$$\Delta X=X-X_0 \tag{1-1}$$

从式（1-1）可以看出，绝对误差 ΔX 既有大小，又有符号和量纲。

【例 1-1】电路的电压真值是 X_0=5V，仪表指示值为 4.89V，则

绝对误差为　　$\Delta X=X-X_0$=5V−4.89V=0.11V

说明　在某一时间及空间条件下，被测量的真值 X_0 虽然是客观存在的，但一般无法测得，只能尽量逼近它。故常用高一级标准测量仪器的测量值 A 代替真值 X_0。

提问：是不是绝对误差越大表示电路的测量值的准确度越低呢？

（2）相对误差。

【例 1-2】测 100V 的电压和测 10V 电压时，它们的绝对误差分别如下：

100V 电压的绝对误差是：ΔX_1=+2V，10V 电压的绝对误差是：ΔX_2=+0.5V。很显然，$\Delta X_1>\Delta X_2$。

实际上：ΔX_1只占被测量的 2%，而ΔX_2却占被测量的 5%，显然后者的误差对测量结果的影响相对较大。

由例 1-2 可以看出绝对误差值的大小往往不能确切地反映出被测量的准确程度。因此，工程上常采用相对误差来比较测量结果的准确程度。相对误差是指绝对误差ΔX与被测量实际值 X 的百分比值，即

$$\gamma=\frac{\Delta X}{X}\times 100\% \tag{1-2}$$

由式（1-2）可以看出相对误差是无量纲单位，有数值大小之分。在实际工程上常采用相对误差来比较测量结果的准确程度。

显然上例中γ_1=2%，γ_2=5%，即前者的精确度要高于后者。

2. 测量误差的分类

测量误差根据它们的性质可分为三大类，即系统误差、偶然误差和过失误差。

（1）系统误差。在规定的测量条件下，对同一量进行多次测量时，如果误差值保持恒定或按某种确定规律变化，则称这种误差为系统误差。例如，电表零点不准，温度、湿度、电源电压等变化造成的误差便属于系统误差。

系统误差产生的原因如下所述。

① 工具误差：测量时所用的装置或仪器仪表本身的缺点而引起的误差。

② 外界因素影响误差：由于没按照技术要求使用测量工具，或由于周围环境不合乎要求而引起的误差。

③ 方法误差或理论误差：出于测量方法不完善或测量所用理论根据不充分而引起的误差。

④ 人员误差：由于测试人员的感官、技术水平、习惯等个人因素不同而引起的误差。

（2）偶然误差。偶然误差也称随机误差。在测量中，即使已经消除了引起系统误差的一切因素，而所测数据仍会在末一位或末二位数字上有差别，这就是偶然误差。这种误差主要是由于各种随机因素引起的，如电磁场的微变、热起伏、空气扰动、大地微震、测量人员的心理或生理的某些变化等。

偶然误差有时大，有时小，有时正，有时负，无法消除，无法控制。但在同样条件下，对同一量进行多次测量，可以发现偶然误差是服从统计规律的，因此只要测量的次数足够多，偶然误差对测量结果的影响就是可知的。通常在工程测量中，可以不考虑偶然误差。

（3）过失误差。过失误差主要是由于测量者的疏忽造成的。例如，发生未察觉的异常情况等。这种误差是可以避免的。一旦有了过失误差，应该舍弃有关数据重新测量。

（4）精密度和准确度。精密度是指所测数据互相接近的程度，准确度是指所测数据与真值接近的程度。精确度是精密度和准确度两者的总称。在一组测量中，精密度可以很高而准确度不一定高。但准确度高的测量，其精密度一定高，即精确度高。可以用射击的目标——靶子上的着弹点的分布情况来说明。如图 1-14（a）所示，弹着点分散不集中，表示精密度差，准确度差，即精确度差。如图 1-14（b）所示，弹着点集中说明精密度高，但偏离靶心说明准确度差。如图 1-14（c）所示，弹着点都集中在靶心，表示精密度、准确度都高，即精确度高。

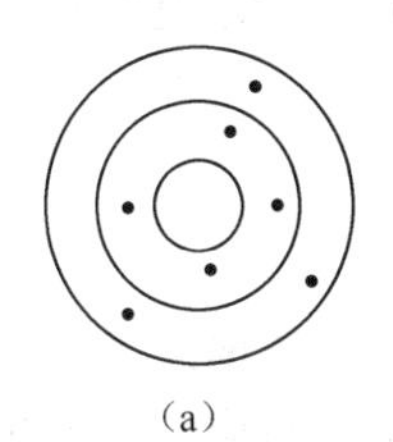
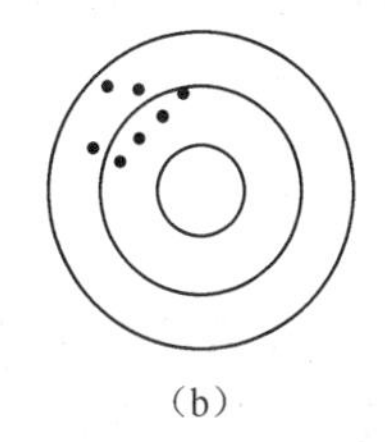
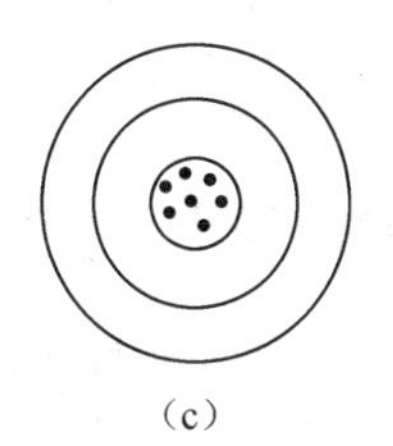

（a）　　（b）　　（c）

图 1-14　精密度和准确度说明

为了减小误差提高测量的精确度，应采取以下措施。

① 避免过失误差，去掉含有过失误差的数据。

② 消除系统误差。

③ 进行多次重复测量，取各次测量数据的算术平均值，以削弱偶然误差的影响。

尽量减小系统误差是进行准确测量的条件之一，在测量过程中，误差是时时刻刻存在的，不能消除和避免，但是我们可以通过一定的方法来减小某些误差的产生。

消除系统误差的方法如下所述。

① 对误差加以修正：在测量之前，应对测量所用量具、仪器、仪表进行检定，确定它们的修正值。

② 消除误差来源：测量之前应检查所用仪器设备的调整和安放情况。例如，仪表的指针是否指零，仪器设备的安放是否合乎要求，是否便于操作和读数，是否互相干扰等。

③ 直接测量中误差的估计：例如，测得某电压为 100V，若它的相对误差为±1%，那么这个测量结果是比较准确的。若其相对误差达到±50%，那么这个测量数据就毫无意义了。

1.2.2　实验数据的处理

由于存在误差，所以测量数据总是近似值。实验的数据处理就是从测量所得到的原始数据中求出被测量的最佳估计值，并计算其精确程度。通过误差分析对测量数据进行加工、整理，去粗取精，去伪存真，最后得出正确的实验结果，必要时还要把测量数据绘制成曲线或归纳成经验公式。

1. 有效数字的组成

在记录和计算数据时，必须注意有效数字的正确取舍。不能认为一个数据中小数点后面的位数越多，这个数据就越难确；也不能认为计算测量结果中保留的位数越多，准确度就越高。因为测量所得的结果都是近似值，这些近似值通常都用有效数字的形式来表示。

有效数字是指从左边第一个非零的数字开始，直到右边最后一个数字为止的所有数字，它通常由可靠数字和欠准数字两部分组成。一般在有效数字中，末尾一位数字是估计数字，末尾以前的数字是准确数字，准确数字和欠准数字都是测量结果不可少的有效数字。

例如，电路中测得的电压是 U=5.234V，则它有 4 位有效数字，分别由 5、2、3、4 有效数字组成，其中末位数字是 4，该数字为欠准数字，5、2、3 三位数是准确数字。

提问：在某次测得电路中的频率数值为 f=0.0234MHz，请问它的有效数字是几位，是哪些数字。

2. 有效数字的正确表示方法

有效数字的位数应与实验条件相关，其位数该如何取舍，依据以下规则进行。

（1）有效数字中只应保留一位欠准数字，因此在记录测量数据时，只有最后一位有效数字是欠准数字。这样记取的数据，表明被测量可能在最后一位数字上变化±1 单位。

【例 1-3】有一只刻度为 50 分度、量程为 50V 的电压表测量电压，测得电压为 41.6V。有几位有效数字，哪些数字是准确的，哪些数字是欠准确的，测量结果如何表示。

解 该结果是用三位有效数字表示的，前两位数字是准确的，而最后一位是欠准的。因为它是根据最小刻度估读出来的，可能有±1V 的误差，所以测量结果可表示为（41.6±1）V。

（2）在欠准数字中，要特别注意 0 的情况。有的时候，尽管测得的数值相同，但是由于误差范围不一样，其结果也是不同的。

【例 1-4】测量某电阻的阻值结果是 13.600kΩ，表明前面 4 个位数 1、3、6、0 是准确数字，最后一位数 0 是欠准数字，其误差范围为±0.001kΩ。

若将测量数值改为 13.6kΩ，则表明前面两个位数 1、3 是准确数字，最后一位 6 是欠准数字，其误差范围为±0.1kΩ。

由此可见这两种写法，尽管表示同一数值，但实际上却反映了不同的测量准确度。如果用 10 的幂来表示一个数据，10 的方幂前面的数字都是有效数字。

【例 1-5】测得某阻值 $13.60\times10^3\Omega$，则它的有效数字为 1、3、6、0，共计 4 位。

（3）π、$\sqrt{2}$ 等常数，具有无限位数的有效数字，在运算时可根据需要取适当的位数。

（4）当测量误差已知时，测量结果的有效数字位数应取得与该误差的位数相一致。

【例 1-6】某电压测量结果为 5.473V，若测量误差为±0.05V，则该结果应改为（5.47±0.05）V。

3. 有效数字的运算

当测量结果需要进行中间运算时，有效数字位数保留太多使计算变得复杂；而有效数字保留太少又可能影响测量精度。究竟保留多少位才恰当，原则上取决于参与运算的各数中精度最差的那一项。一般取舍规则如下所述。

（1）加减运算。加减运算时，各数据的处理是以精度最差的数据为准，也就是小数点后面有效数字位数最少的数据（如无小数点，则为有效位数最少者）。因此，在运算前应将各数据小数点后的位数进行处理，使之与精度最差的数据相同，然后再进行加减运算。

【例 1-7】某电压测量结果分别为 U_1=5.47V、U_2=0.0121V、U_3=25.645V。

解 U_1、U_2、U_3 的小数点后分别是 2 位、4 位和 3 位有效数字，依据取最少原则，即取小数点后 2 位数据。则 U_1=5.47V、U_2=0.01V、U_3=25.64V，则电压相加的结果应改为 $U=U_1+U_2+U_3$=5.47V+0.01V+25.64V=31.12V。

（2）乘除运算。乘除运算前仍然要对各数据进行处理，仍以有效数字位数最少为准，但与小数点无关。所得积、商的有效数字位数取决于有效数字位数最少的那个数据。

【例 1-8】某电压测量结果分别为 U_1=0.0121V、U_2=1.05782V、U_3=25.645V。

解 U_1、U_2、U_3 的有效数字分别是 3 位、6 位和 5 位有效数字，依据取有效数字最少原则，

U_1的有效数字最少，为 3 位。则对另外两个数据进行处理，则 U_2=1.05V、U_3=25.6V。则电压相乘的结果应为 $U=U_1\times U_2\times U_3$=0.0121 × 1.05 × 25.6V=0.325248V≈0.325V。

注意　若有效数字位数最少的数据中，其第一位数为 8 或 9，则有效数字位数应多计一位。

【例 1-9】某电压测量结果分别为 U_1=0.0921V、U_2=1.05782V、U_3=25.645V。

解　U_1、U_2、U_3的有效数字分别是 3 位（第一位数字是 9）、6 位和 5 位有效数字，U_1的有效数字最少，为 3 位，但是第一位数字是 9，可多取一位，即 4 位有效数字。则对另外两个数据进行处理，则 U_2=1.057V、U_3=25.64V。

（3）乘方及开方运算。乘方及开方运算规则是运算结果应比原数据多保留一位数字。

【例 1-10】数值 25.6 有 3 位有效数字，求对其乘方和开放运算的结果数值应取 4 位。

乘方结果：25.6 乘方结果为 25.6^2=655.36 =655.4（四舍五入法则）。

开方结果：25.6 开方结果为 $\sqrt{25.6}$ =5.0596=5.060。

（4）对数运算。对数运算前后的有效数字位数相等。

【例 1-11】对数值 106 求对数的值是多少?

解　数值 106 有 3 位有效数字，求对其对数后的结果数值应取 3 位。

对数结果：ln106 =4.6634=4.66。

1.3　电子电路参数的测试方法

1.3.1　电压的测量

电压的测量方法主要有电压表测量法和示波器测量法两种。

1. 电压表测量法

（1）直读法。将电压表并于被测电路两端直接读数的方法称为电压表的直读法。这种方法简便直观，是电压测量的最基本方法，如图 1-15 所示。

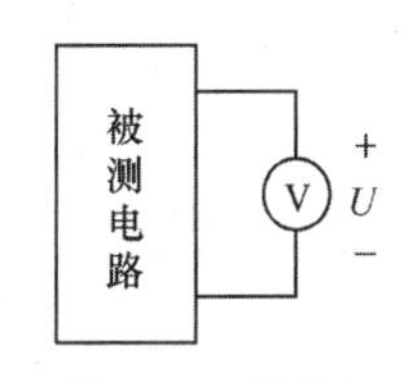

图 1-15　直读法

用电压表测量电路电压时，通常要考虑被测电路的频率、幅值的大小和被测电路的内阻等参数，如果电压表选择不恰当，则会对测量数值有很大的影响。一般以电压表的使用频率范围、测量电压范围和输入阻抗的高低作为选择电压表的依据。

选用电压表的基本要求如下所述。

① 输入阻抗高。在测量电压时，电压表并联在被测电路两端，故对被测电路有影响。被测电路的阻抗与电压表的输入阻抗可以比拟时，就会造成较大的测量误差。为了减小测量仪表对被测电路的影响，要求电压表的输入阻抗尽可能高些。一般指针万用表的输入电阻较小。数字万用表的输入阻抗高，可达 10MΩ以上。

② 测量交流电压时，电压表要有一定的使用频率范围，这个频率范围应与所测电压的频率相

适应。一般交流电表，如万用表的交流挡只适宜于测几十赫兹到几千赫兹的交流电压，毫伏表能测 1Hz～2MHz 的交流电压。

③ 有较高的精度。指针式仪表的精度按满度相对误差分为 0.05、0.1、0.2、0.5、1.5、2.5、5.0 等几个等级。如 2.5 级精度的满度相对误差为±2.5%。在电压测量中，直流电压的测量精度一般比交流电压的测量精度高。通常在较高精度的电压测量中，采用数字式电压表。一般直流数字式电压表的测量精度在 10^{-4}～10^{-8} 数量级，交流数字式电压表的测量精度在 10^{-2}～10^{-4} 数量级。

（2）补偿法测电压。用这种方法测量电压时，可以消除电压表内阻对测量结果的影响。测量线路如图 1-16 所示。图中 R 两端的电压 U_R 是待测的。电压表 V 的内阻不够高时，会给电压的测量带来误差。若按图 1-16 接入内阻很低的稳压电源 U_W，尽管电压表的内阻不够高，用它来测量稳压电源的输出电压 U_W 是不会有问题的。

为了确定 R 两端的电压，先调 U_W 使之与 U_R 接近，然后在 a、b 间接入灵敏度高的电压表 V。调 U_W 使 V 的指示为零，这时 $U_R=U_w$，电压表 V 的读数就是 U_R 的值。

以上分析可见，当电压表 V 的指示为零时，测量电路不从被测电路中吸取电流，所以对被测电路无影响。

（3）微差法测电压。用这种方法可以测出加在大电压上的微小变化电压。例如，某稳压电源的输出电压为 U，由于负载变化或电网电压波动，其输出电压变为 $U+\Delta U$，通常ΔU是很小的。

若直接将电压表接于稳压电源输出端进行测量，由于电压表的量程大于 U，故变化量ΔU 只能使得电压表指针产生极小的偏转，令人难以察觉。

采用微差法容易测量ΔU，其测量线路如图 1-17 所示。若图中被测电路的输出电压原来为 U，现外接另一辅助稳压电源，将其输出电压也调为 U，两个电压互相抵消，使电压表 V 的读数为零。若被测电路的电压由于某种原因发生变化，变为 $U+\Delta U$，那么在测量回路中，作用在电压表 V 上的电压就是ΔU。用这种方法测量电压的微小变化时，电压表的量程不必太大，与电压变化量$+\Delta U$ 相一致即可。这种测量方法不仅易于读出变化量，而且测量误差也大为减小。

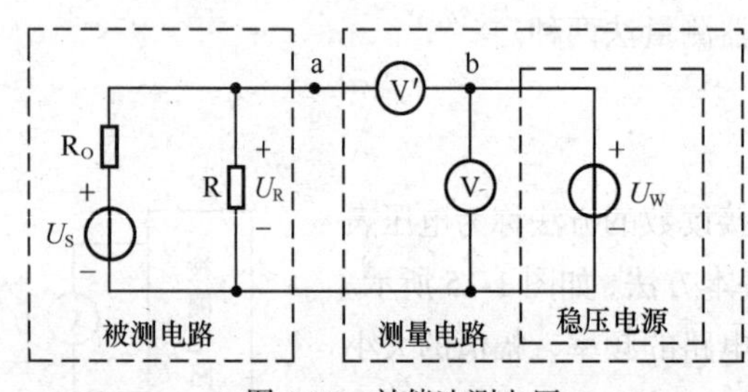

图 1-16　补偿法测电压

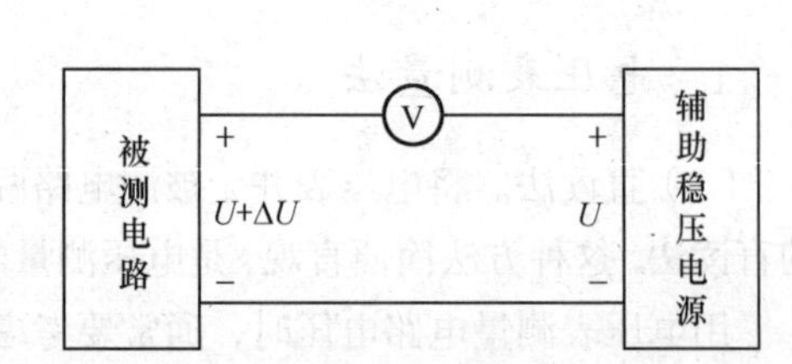

图 1-17　微差法测量电压

在测量过程中，被测电路和辅助稳压电源任何一方的输出电压都应可靠地作用在电路中，否则，失去任何一方的电压，都将使加到电压表 V 上的电压远远超过电压表的量程，从而损坏电压表。

2. 数字示波器测量法

示波器可以测量各种波形的电压幅度，既可以测量直流电压和正弦电压，又可以测量脉冲或非正弦电压的幅度。更有用的是，它可以测量一个脉冲电压波形各部分的电压幅值，如上冲量或

顶部下降量等。这是其他任何电压测量仪器都不能比拟的。

示波器分为模拟示波器和数字示波器两大类。模拟示波器由于价格、带宽等因素的限制，以后会逐渐退至后台；数字示波器由于其分辨率高、反应速度快和较低的价格渐渐得到了用户的青睐。

数字示波器可以直接读出电压的测量值，而双踪模拟示波器的电压测量方法比数字示波器复杂，需要经过换算得到测量的电压数值。

1.3.2　电流的测量

电流的测量也可以分为两大类：直接测量法和示波器测量法。

1. 直接测量法

直接测量是指测量电流时，需要将电流表串接在被测电路中直接读出读数。为了减小对被测电路工作状态的影响，要求电流表的内阻越小越好，否则将产生较大的测量误差，达不到预想的要求。

电流分为直流电流和交流电流两大类。直流电流的测量通常都采用万用表的电流挡位来测量，测量的时候注意选择合适的量程。

交流电流的测量通常采用电磁系电流表来测量。由于交流电流的分流与各支路的阻抗有关，而且阻抗分流很难做得精确，所以通常使用电流互感器来扩大交流电流表的量程。钳形电流表就是用互感器扩大电流表量程的实例。钳形电流表使用非常方便，但准确度不高。

提问：电流表的内阻很大还是很小？如果与被测电流并联，可能会发生什么事情？

2. 示波器测量法

示波器不能直接测出电流的大小，需要经过取样电阻将待测电流转换为电压来测量。在被测电流支路中串入一个小电阻（电流取样电阻），被测电流在该电阻上产生电压，用示波器测量这个电压，如图 1-18 所示，示波器上便得到电流的波形。

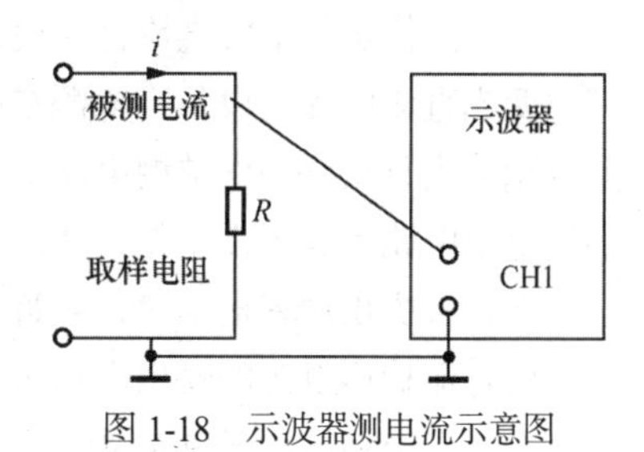

图 1-18　示波器测电流示意图

串联电阻 R 的值要选择恰当，应足够小，当它串入被测电路中时，应对被测电路无影响；同时 R 的值也不能过小，否则因被测电流在其上产生的电压太小会使示波器的光点偏转太小，影响用示波器测量电流的准确度。

第2章 常用仪器的使用

2.1 直流稳压电源

2.1.1 直流稳压电源功能

高校实验室的直流稳压电源一般是将工频正弦交流电经过降压、整流、滤波和稳压变成直流电源的设备。电源在电子测量中给电子电路提供能量，直流电源的输出电压的稳定度直接影响到被测电路的性能和测量误差的大小，如果输出电压不稳定，可能导致电子电路无法正常工作，所以它在电网电压或负载变化时，能使输出电压保持不变。在向负载提供功率输出时，可近似看作一个理想电压源，输出内阻接近于零，同时大部分的直流稳压电源的输出电压可调。

直流稳压电源种类繁多，但工作原理大同小异。下面介绍一种型号为 XJ17232 的双路可调直流稳压电源。图 2-1 所示为它的面板图，它可输出两路独立的可调电源，两路电源可串联、并联使用，输出有过载限流保护。

下面介绍直流稳压电源的面板排列图及功能。

“1”电源开关按钮：控制电源通断，按入为“开”，弹出为“关”。

“2”从路输出负端接线柱：输出电源的负极。

“3”机壳接地接线柱：与机壳和大地相连。

“4”从路输出正端接线柱：输出电源的正极。

“5”主路输出负端接线柱：输出电源的负极。

“6”机壳接地接线柱：与机壳和大地相连。

“7”主路输出正端接线柱：输出电源的正极。

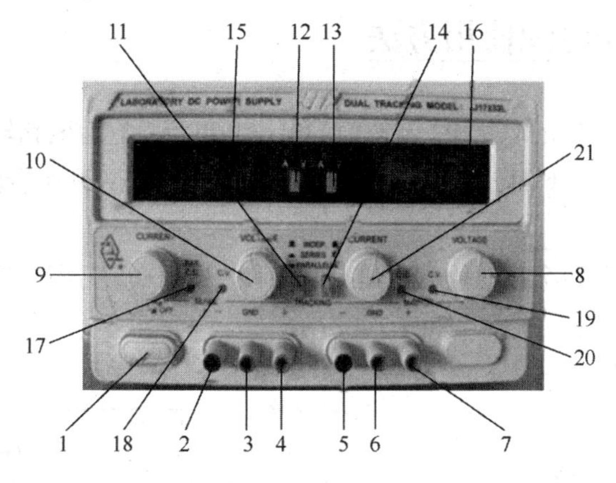

图 2-1　直流稳压电源面板

“8”主路电压控制旋钮：用于调节主路输出电压大小，当电源置于串联或并联运行时，同时调节从路输出电压大小。

“9”从路电流控制旋钮：用于调节从路最大输出电流，当外负载电流超过设定值时将被限制，电源置于并联运行时不起作用。

“10”从路电压控制旋钮：用于调节从路输出电压大小，当电源置于串联或并联运行时不起作用。

“11”二路电源控制旋钮：用于二路电源之间“独立”“串联”“并联”控制。

“12”从路电表指示选择开关：选择指示从路电压或电流。

“13”主路电表指示选择开关：选择指示主路电压或电流。

“14”二路电源控制旋钮：用于二路电源之间“独立”“串联”“并联”控制。

“15”从路电表显示：指示从路电源输出的电压或电流。

“16”主路电表显示：指示主路电源输出的电压或电流。

“17”从路稳流状态指示灯显示：当该灯亮时，表示从路电源输出处于稳流状态。

“18”从路稳压状态指示灯显示：当该灯亮时，表示从路电源输出处于稳压状态。

“19”主路稳压状态指示灯显示：当该灯亮时，表示主路电源输出处于稳压状态。

“20”主路稳流状态指示灯显示：当该灯亮时，表示主路电源输出处于稳流状态。

“21”主路电流控制旋钮：用于调节主路最大输出电流，当外负载电流超过设定值时将被限制，电源置于并联运行，同时调节从路输出电流大小。

2.1.2　直流稳压电源指标

（1）输入电压：220V，50/60Hz。

（2）主、从路的额定输出电压：0～30V。

（3）主、从路的额定输出电流：0～3A。

（4）主、从路保护：电流限制及极性反向保护。

（5）固定输出短路保护：具有输出限制及短路保护功能。

2.1.3 直流稳压电源使用方法

直流稳压电源主要是给负载输出一定幅值的电压和电流，它有两路输出，这两路电源可独立使用，也可串联组合输出。下面分别说说如何独立输出两路 15V 和组合输出±15V 电压的步骤，如图 2-2 和图 2-3 所示。

其中，“11”和“14”两个按钮均有“弹出”和“按下”两种状态，它们组合有“独立”“串联”“并联”3 种电压输出方式，如图 2-4 所示。

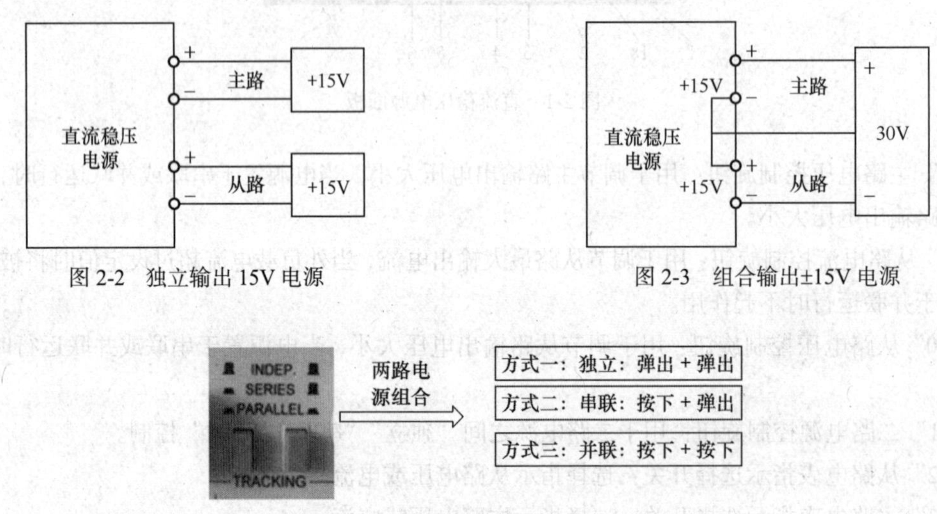

图 2-2 独立输出 15V 电源

图 2-3 组合输出±15V 电源

图 2-4 电源输出方式

（1）给负载提供输出两路独立的 15V 的电压，输出电流为最大，即 3A。操作步骤如下所述。

① 按下电源开关“POWER”，此时电源指示灯亮。

② 此时电源输出为“方式一：独立状态”，按钮“11”和“14”均处于弹出状态，此时主路和从路输出相互隔离，可分别独立作为稳压电源使用。

③ 将电流输出“9”和“21”顺时针调满，再分别调节主从的电压旋钮“10”“8”至 15V 即可，顺时针转动，输出电压增大，反之输出电压减小。此时主从电表显屏“15”和“16”显示数值为 15，电源指示灯“19”和“18”灯应亮，表示输出电压处于稳压状态。

（2）输出两路±15V 的电压，输出电流调节为最大 3A。操作步骤如下所述。

① 按下电源开关“POWER”，此时电源指示灯亮。

② 此时电源输出为“方式三：串联”，按钮“11”处于按下状态，按钮“14”处于弹出状态，此时主路和从路输出相互串联，从路电压大小跟随主路电压大小的变化而变化。

③ 将电流输出“9”和“21”顺时针调满，只需调节主路的电压旋钮“10”至 15V 即可，顺时针转动旋钮，输出电压增大，反之输出电压减小，此时从路的电压会随着主路的电压变化而变化。调节至主从电表显屏“15”和“16”均显示数值为 15V 即可，电源指示灯“19”和“18”灯应亮，表示输出电压处于稳压状态。

此时最大输出电压可至 30V，即两者电压之和，如果取中间点为地，则输出为±15V 的电压，

如图 2-3 所示。

在串联运用时，必须将“4”和“5”在外部可靠短接，否则在功率输出时，电流将流过电源内部一个开关触点，将可能引起开关损坏。且当从路电源进入限流状态时，从路电压将不跟踪主路电压。

① 接上负载后，如发现输出电压偏低或为零，说明有超载或者短路现象，应立即切断电源，排除故障后再使用。

② 稳压电源使用时必须正确与市电电源相连，并确保机壳有良好的接地。

③ 使用环境温度应不高于 40℃，湿度不大于 90%。

2.2 数字示波器

示波器是一种用途很广的电子测量仪器，它既能直接显示电信号的波形，又能对电信号进行多种测量，是电工电子实验中不可少的电子仪器。数字示波器是数据采集，A/D 转换，软件编程等一系列的技术制造出来的高性能示波器。其种类繁多，但是大部分的功能都差不多。国外做数字示波器比较好的有安捷伦、泰克和力科；国内数字示波器发展较慢，做得最好的应该是 RIGOL，性价比很高，质量也不错。本书就实验室中常用的 RIGOL　DS 5000 系列数字示波器做介绍。

2.2.1 数字示波器功能

DS 5000 系列示波器具有良好的易用性、优异的技术指标及其他众多功能特性。例如，自动波形状态设置（AUTO）功能，波形设置存储和再现功能，精细的延迟扫描功能，自动测量 20 种波形参数功能，自动光标跟踪测量功能，独特的波形录制和回放功能，内嵌 FFT 功能，多重波形数学运算功能，边沿、视频和脉宽触发功能，多国语言菜单显示功能等。DS 5000 示波器外形如图 2-5 所示。

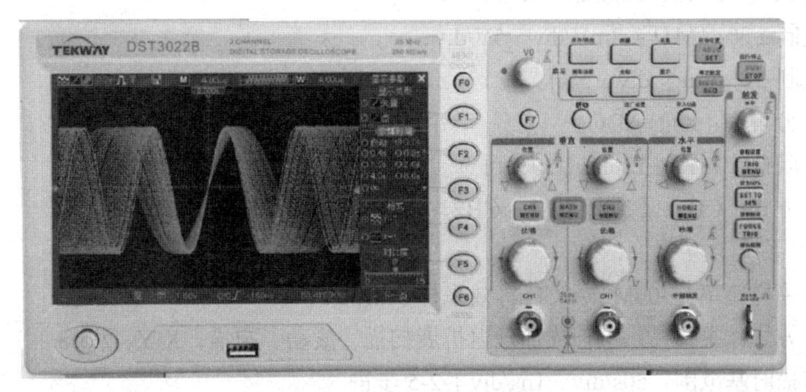

图 2-5　DS 5000 示波器外形图

DS 5000 数字示波器可以实现如下功能：

① 单次采样速率高；

② 实时显示待测波形；

③ 双通道；

④ 10 组波形、10 组设置存储和再现；

⑤ 波形处理，加、减、乘、除、反相的波形数学运算功能；

⑥ 内嵌 FFT 频率分析功能；

⑦ 边沿、视频、脉宽和延迟等多种触发方式；

⑧ 内嵌 USB 接口。

2.2.2 数字示波器指标

（1）输入电源：90～240VRMS，频率 45～440Hz。

（2）DS5000 系列示波器对应带宽和采用速率见表 2-1。

表 2-1 DS5000 系列示波器对应带宽和速率

型号	通道数	带宽	采样速率	显示	在 BNC 处上升时间
DS 5062N	2	60MHz	500MSa/s	7 寸彩色	<5.8ns
DS 5102N	2	100MHz	500MSa/s	7 寸彩色	<3.5ns
DS 5062M	2	100MHz	1GSa/s	7 寸彩色	<3.5ns
DS 5202M	2	200MHz	1GSa/s	7 寸彩色	<1.8ns

注：MSa/s 和 GSa/s 是采样速率单位，1MSa/s 表示每秒采样 1 兆个样本。

（3）垂直系统。

① 通道：CH1、CH2。

② 输入耦合：AC、DC、GND。

③ 频带宽度：DC～500MHz/50Ω阻抗。

④ 带宽限制：约 30MHz（−3dB）。

⑤ 上升时间：50Ω：0.7ns，1MΩ:1.2ns。

⑥ 偏转系统：50Ω：2mV/div～0.5V/div，

1-2-5 进制 ± 3% 1MΩ：2mV/div～5V/div，

1-2-5 进制 ± 3%(2mV/div ± 5%)。

⑦ 垂直分辨率：8bits ADC。

⑧ 输入阻抗：1MΩ//12pF 或 50Ω可选。

⑨ 工作方式：CH1、CH2、CH1 ± CH2、CH1 × CH2、CH1 ÷ CH2。

（4）水平系统。

① 实时采样速率：500MSa/s/CH 等效采样 50GSa/s。

② 水平方式：主扫描，主扫描加延迟扩展扫描，滚动、扫描，X-Y。

③ 主扫描时基范围：50s/div～1ns/div 1-2-5 步进。

④ 延迟扩展扫描时基：20ms/div～1ns/div 1-2-5 步进。

⑤ X-Y 特性：X 频带宽度：DC～125MHz（−3dB）。

⑥ 相位差：在 5MHz 时≤3°。

⑦ 参考点位置：可以设定在显示屏的左边、中心或右边。

⑧ 延迟范围：　正延迟。

2.2.3　数字示波器使用方法

1. DS5000 数字存储示波器面板的常用操作及功能说明

示波器面板各个部分的功能如图 2-6 所示。由图可知面板左边部分由电源开关、液晶显示区、标签区和软件操作键构成；右边部分由运行控制区、软件菜单区、通道总控制区、垂直控制区、水平控制区、触发控制区、探头校准信号区、外触发输入及模拟通道输入等组成，下面简单说说各个部分按键的功能。

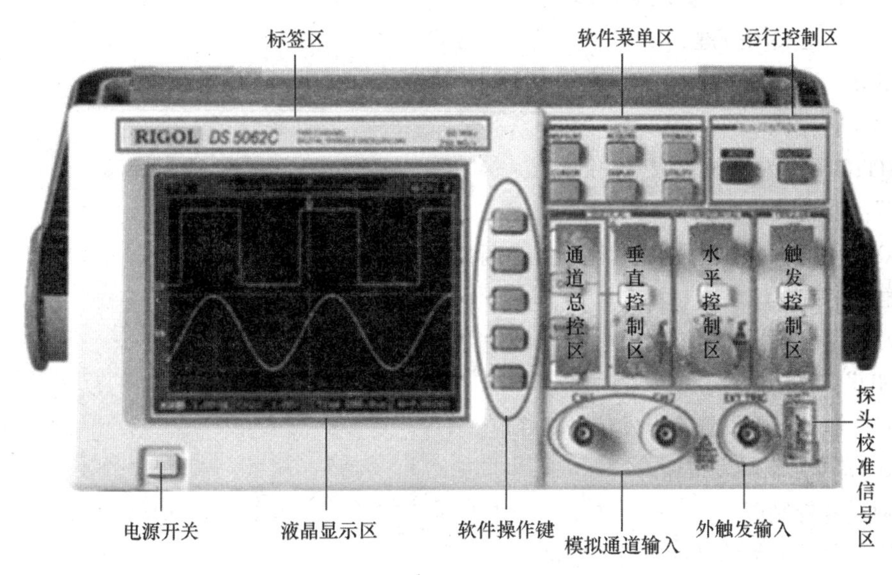

图 2-6　认识示波器前面板

（1）电源开关。按下该键使得示波器屏幕开启；弹出则关闭屏幕显示。

（2）软件操作键。按下不同的按键，就可以用来选择具体的菜单内容和功能。

（3）探头校准信号接口。用于探头的检查，与通道 1 或者通道 2 连接后在示波器上可以看见 5V，1kHz 的方波信号。

（4）运行控制区。

“RUN/STOP”连续采集/停止采集按键：按下该键可使示波器采集信号或者停止采集信号。

“AUTO”自动设置按键：按下此按键，示波器识别波形的类型，并调整控制方式，自动显示响应的输入信号。

（5）软件菜单区。

“MEASURE”测量按键：按下此键，示波器会自动测试出被测波形的各个参数，如频率、周期、平均值、峰峰值、均方根值、最小值、最大值、上升时间、下降时间、正频宽、负频宽，并显示在液晶屏幕上。

“ACQUIRE”采集按键：按下此键，可以设置采集参数，如采样、峰值检测、平均值、平均次数等参数。

“DISPLAY”显示按键：该按键的功能是选择波形如何出现及如何改变整个显示的外观，包括类型、持续、格式及对比度等。

“CURSOR”光标按键：该按键的功能是显示测量光标和光标菜单，使用多用途旋钮改变光标的位置，如幅度、时间、信源等。

“SAVE/RECALL”保存/调出按键：功能是存储示波器设置、屏幕图像或波形，或者调出示波器设置或波形。

“UTILITY”辅助功能按键：显示示波器的辅助功能，如系统状态、选项、自校正、文件功能、语音。

（6）垂直控制区。

“POSITION”：上下位置调整按键。

“OFF”：通道关闭按键。

“SCALE”：垂直方向每格显示比例大小调整按键。

（7）水平控制区。

“POSITION”：左右位置调整按键。

“OFF”：通道关闭按键。

“SCALE”：水平方向每格显示比例大小调整按键。

（8）触发控制区。

“LEVE L”：信号触发控制按键。

“MENU”：菜单按键。

“50%”：触发电平设置为出发信号峰峰值。

“FORCE”：强制触发按钮。

（9）通道总控制区。

“CH1”：通道 1 菜单显示与设置按键。

“CH2”：通道 2 菜单显示与设置按键。

“MATH”：数学计算按键。

（10）模拟通道输入区。

“CH1”：通道 1 被测信号输入接口。

“CH2”：通道 2 被测信号输入接口。

“EXT TRIG”：外触发信号输入按键。

2. 波形显示说明

（1）波形显示的自动设置。DS 5000 系列数字存储示波器具有自动设置的功能。根据输入的信号，可自动调整电压倍率、时基及触发方式至最好形态显示。应用自动设置要求被测信号的频率大于或等于 50Hz，占空比大于 1%。

基本操作方法：将被测信号连接到信号输入通道，然后按下“AUTO”按键。示波器将自动

设置垂直、水平和触发控制。如果需要，可手工调整这些控制使波形显示达到最佳。

（2）垂直系统说明。如图 2-7 所示，在垂直控制区（VERTICAL）有一系列的按键、旋钮。基本操作方法如下。

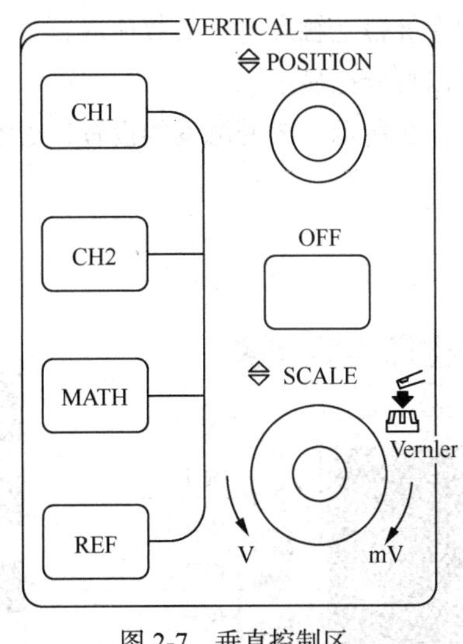

图 2-7　垂直控制区

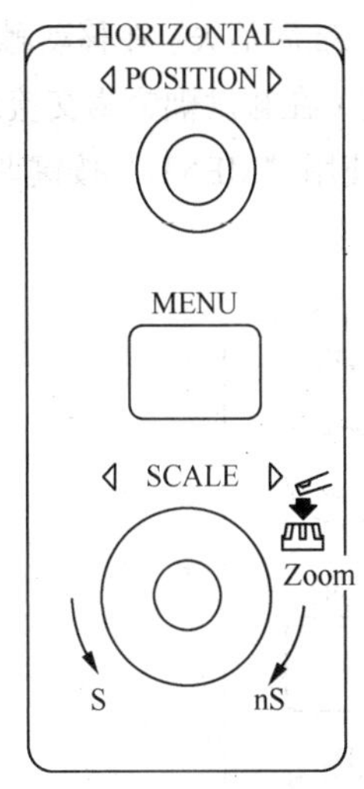

图 2-8　水平控制区

① 垂直“POSITION”旋钮控制信号的垂直显示位置。当转动垂直“POSITION”旋钮时，指示通道地（GROUND）的标识跟随波形而上下移动。

② 改变垂直设置，并观察因此导致的状态信息变化。可以通过波形窗口下方的状态栏显示的信息确定任何垂直挡位的变化。转动垂直“SCALE”旋钮改变“VOLT/div”伏/格垂直挡位，可以发现状态栏对应通道的挡位显示发生了相应变化。

③ 按“CH1”“CH2”“MATH”“REF”键，屏幕显示对应通道的操作菜单、标志、波形和挡位状态信息。

④ 按“OFF”键关闭当前选择的通道。OFF 键还具备关闭菜单的功能，当菜单未隐蔽时，按 OFF 键可快速关闭菜单。如果在按 CH1 或 CH2 键后立即按 OFF 键，则同时关闭菜单和相应通道。

⑤ COARE / FINE（粗调/细调）快捷键：切换粗调/细调不但可以通过此菜单操作，更可以通过按下垂直 SCALE 旋钮作为设置输入通道的粗调和细调状态的快捷键。

（3）水平系统。如图 2-8 所示，在水平控制区（HORIZONTAL）有一个按键、两个旋钮。基本操作方法如下所述。

① 转动水平 SCALE 旋钮改变“s/div（秒/格）”水平挡位，可以发现状态栏对应通道的挡位显示发生了相应变化。水平扫描速度从 1ns～50s，以 1—2—5 的形式步进，在延迟扫描状态可达到 10ps/div（皮秒/格）。

DELAYED（延迟扫描）快捷水平 SCALE 旋钮可以通过转动调整“s/div（秒/格）”。

② 使用水平“POTITION”旋钮调整信号在波形窗口的水平位置。

按“MENU”按键，显示 TIME 菜单。在此菜单下，可以开启/关闭延迟扫描或切换 Y—T、X—T 显示模式。此外，还可以设置水平 POSITION 旋钮的触发位移或触发释抑模式。

（4）触发系统。如图 2-9 所示，在触发控制区（TRIGGER）有 1 个旋钮、3 个按键。基本操作方法如下。

① 使用“LEVEL”旋钮改变触发电平设置。转动 LEVEL 旋钮，可以发现屏幕上出现一条橘红色或黑色的触发线，以及触发标志随旋钮转动而上下移动。停止转动旋钮，此触发线和触发标志会在约 5s 后消失。在移动触发线的同时，可以观察到在屏幕上触发电平的数值或百分比显示发生了变化（在触发耦合为交流或低频抑制时，触发电平以百分比显示）。

② 使用“MENU”按键调出触发操作菜单，如图 2-10 所示。改变触发的设置，观察由此造成的状态变化。

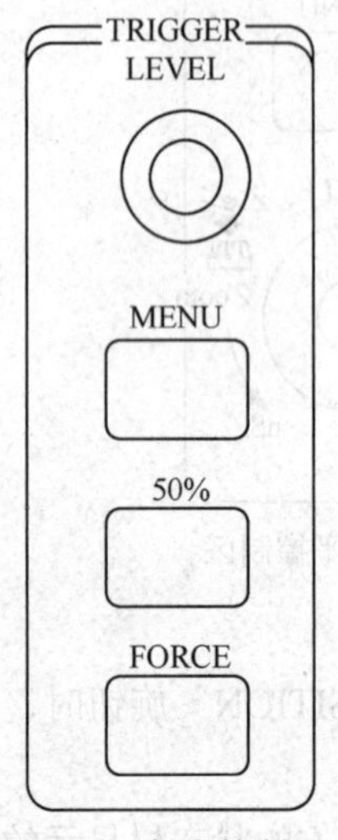

图 2-9　触发控制区

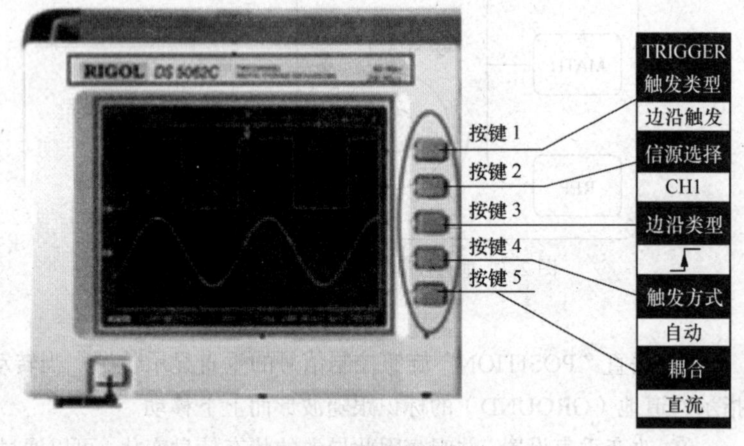

图 2-10　触发操作菜单

a. 按下“按键 1”操作键，选择触发类型为边沿触发。

b. 按下“按键 2”操作键，选择信源选择为 CH1。

c. 按下“按键 3”操作键，设置边沿类型为 ⌠。

d. 按下“按键 4”操作键，设置触发方式为自动。

e. 按下“按键 5”操作键，设置耦合为直流。

改变前 3 项的设置会导致屏幕右上角状态栏的变化。

③ 按下“50%”按键，设定触发电平在触发信号幅值的垂直中点。

④ 按下“FORCE”按键，强制产生一触发信号，主要应用于触发方式中的“普通”和“单次”模式。

【例 2-1】如果需要观测某个电路的未知信号，但是又不了解具体幅度和频率等参数时，测试步骤如下。

将合适的波形显示在屏幕上：

① 将示波器探头的开关设定为 10X；

② 按下 CH1 MENU（CH1 菜单）按钮，调节探头菜单为 10X；

③ 将通道 1（CH1）的探头连接到电路的测试点上；

④ 按下“AUTO”按钮，此时示波器就自动将波形调到最佳显示效果，如果想进一步优化波形显示，可以手动调节垂直、水平挡位，直到波形符合要求，如图 2-11 所示。

自动测量波形数值：按下“MEASURE”测量按钮，显示自动测量菜单如图 2-12 所示，单击红色方框内右边部分的按钮，此时全部测量“关闭”变为全部测量“打开”，就可在屏幕下端查看波形的各个参数值。

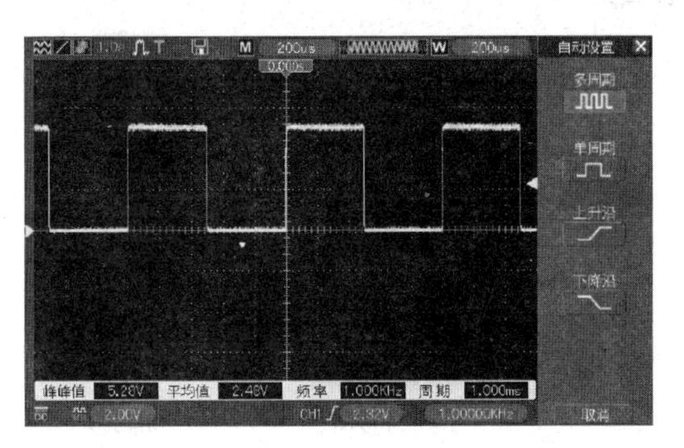

图 2-11　波形显示

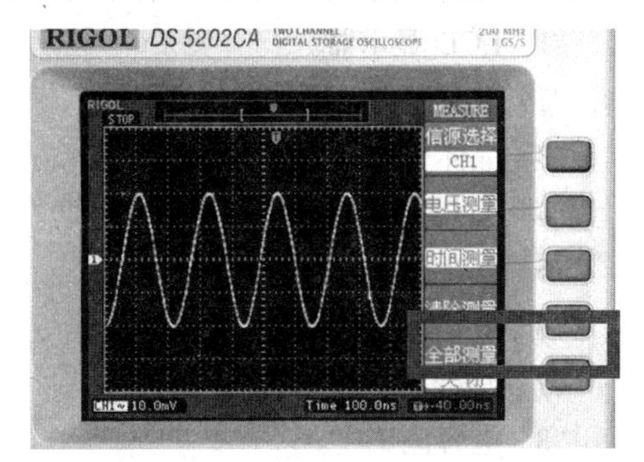

图 2-12　全部测量“关闭”

2.3 万用表

万用表又称为复用表、多用表、三用表、繁用表等，是电子测量中不可缺少的测量仪表，一般以测量电压、电流和电阻为主要目的。它是一种多功能、多量程的测量仪表。一般万用表可测量直流电流、直流电压、交流电流、交流电压、电阻和音频电平等，有的还可以测交流电流、电容量、电感量及半导体的一些参数（如 β）等。

万用表按显示方式分为指针万用表和数字万用表，它们有各自的优点和缺点，见表 2-2。

表 2-2　数字万用表和模拟万用表区别

功能 / 类型	显示方式	原理	精度	测试方式
数字万用表	数字	测试参数—模拟数字转换—数字显示	1/百万	电压测量，进行 A/D 转换，显示读数
指针万用表	指针刻度	测试参数—表头线圈—电磁感应—表头转动显示	5%	电流测量，电流驱动表头线圈

2.3.1 数字万用表的使用

数字万用表的种类繁多，但是功能均是大同小异，本章以优利德 UT39B 万用表为例来讲解。

1. UT39B 型万用表概述

UT39B 型数字万用表是一种 3 位半手动量程数字万用表。它具有特大 LCD 屏幕、全功能符

号显示及输入连接提示、全量程过载保护、自动关机、数据保持等功能和特点，可用于测量交直流电压、交直流电流、电阻、二极管、电路通断、三极管和电容。

2. 功能简介

UT39B 型万用表外形如图 2-13 所示，其中图 2-13（a）所示为万用表外形图，图 2-13（b）所示为该外用表的外形结构图，各个对应功能见表 2-3。

“1” LCD 显示器。
“2” 数据保持选择按键。
“3” 晶体管放大倍数测试输入座。
“4” 公共输入端。
“5” 其余测量输入端。
“6” mA 测量输入端。
“7” 20A/10A 电流输入端。
“8” 电容测试座。
“9” 量程开关。
“10” 电源开关。

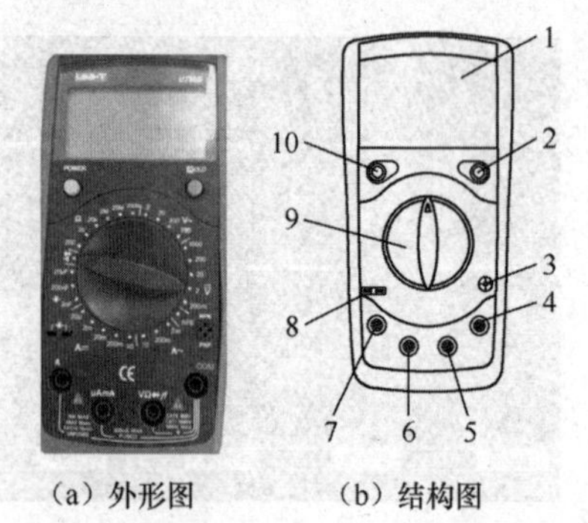

（a）外形图　（b）结构图

图 2-13　UT39B 型万用表

表 2-3　万用表功能说明

量程开关位置	功能说明	量程开关位置	功能说明
V–	直流电压测量	A	直流电流测量
A～	交流电压测量	A～	交流电流测量
Ω	电阻测量	—▷|—	二极管测量/通断测试
HFE	三极管放大倍数测量	POWER	电源开关
HOLD	数据保持开关		

3. 主要技术指标

（1）直流电压。直流电压对应的技术指标见表 2-4。

表 2-4　直流电压技术指标

量程	分辨力	准确度（a%+b 字数）
200mV	100μV	±(0.5%+1)
2V	1mV	
20V	10mV	
200V	100mV	
1000V	1V	±(0.8%+2)

（2）交流电压。交流电压对应的技术指标见表 2-5。

表 2-5　交流电压技术指标

量程	分辨力	准确度（a%+b 字数）
2V	1mV	±(0.8%+3)
20V	10mV	
200V	100mV	
750V	1V	±(1.2%+3)

（3）直流电流。直流电流对应的技术指标见表 2-6。

表 2-6　直流电流技术指标

量程	分辨力	准确度（a%+b 字数）
20μA	0.01μA	±(2%+5)
200μA	0.1μA	±(0.8%+3)
2mA	1μA	±(0.8%+1)
20mA	10μA	
200mA	100μA	±(1.5%+1)
10A/20A	10mA	±(2%+5)

（4）交流电流。交流电流对应的技术指标见表 2-7。

表 2-7　交流电流技术指标

量程	分辨力	准确度（a%+b 字数）
200μA	0.1μA	±(1%+3)
2mA	1μA	±(1%+3)
20mA	10μA	
200mA	100μA	±(1.8%+3)
10A/20A	10mA	±(3%+5)

（5）电阻。电阻测试对应的技术指标见表 2-8。

表 2-8　电阻技术指标

量程	分辨力	准确度（a%+b 字数）
200Ω	0.1Ω	±(0.8%+3)
2kΩ	1Ω	±(0.8%+1)
20kΩ	10Ω	
200kΩ	100Ω	
2MΩ	1kΩ	
20MΩ	10kΩ	±(2%+5)
200MΩ	100kΩ	±(5%+10)

（6）电容。电容测试对应的技术指标见表 2-9。

表 2-9　　　　　　　　　　　　　　　电容技术指标

量程	分辨力	准确度（a%+b 字数）
2nF	0.1Ω	
200nF	1Ω	
2μF	10Ω	
20μF	100Ω	

（7）二极管通断。二极管通断测试对应的技术指标见表 2-10。

表 2-10　　　　　　　　　　　　　　二极管通断指标

功能	量程	分辨力	输入保护	备注
二极管	—▷|—	1mV	250V≂	开路电压约 2.8V
蜂鸣通断测试	•))	1Ω	250V≂	<70Ω蜂鸣器连续发声

4. 使用方法及注意事项

（1）电阻的测量。

① 首先红表笔插入 VΩ 孔，黑表笔插入 COM 孔。

② 量程旋钮打到“Ω”量程挡适当位置。

③ 分别用红黑表笔接到电阻两端金属部分。

④ 读出显示屏上显示的数据。

注意

量程选小了显示屏上会显示“1”，此时应换用较之大的量程；反之，量程选大了，显示屏上会显示一个接近于“0”的数，此时应换用较之小的量程。

（2）直流电压的测量。

① 红表笔插入 VΩ 孔。

② 黑表笔插入 COM 孔。

③ 量程旋钮打到 V−或 V～适当位置。

④ 读出显示屏上显示的数据。

（3）交流电压的测量。

① 红表笔插入 VΩ 孔。

② 黑表笔插入 COM 孔。

③ 量程旋钮打到 V−或 V～适当位置。

④ 读出显示屏上显示的数据。

（4）直流电流的测量。

① 断开电路。

② 黑表笔插入 COM 端口，红表笔插入 mA 或者 20A 端口。

③ 功能旋转开关旋至 A～（交流）或 A−（直流），并选择合适的量程。

④ 断开被测线路，将数字万用表串联入被测线路中，被测线路中电流从一端流入红表笔，经万用表黑表笔流出，再流入被测线路中。

⑤ 接通电路，读出 LCD 显示屏数字。

（5）交流电流的测量。

① 断开电路。

② 黑表笔插入 COM 端口，红表笔插入 mA 或者 20A 端口。

③ 功能旋转开关旋至 A～（交流）或 A-（直流），并选择合适的量程。

④ 断开被测线路，将数字万用表串联入被测线路中，被测线路中电流从一端流入红表笔，经万用表黑表笔流出，再流入被测线路中。

⑤ 接通电路，读出 LCD 显示屏数字。

（6）电容的测量。

① 将电容两端短接，对电容进行放电，确保数字万用表的安全。

② 将功能旋转开关打旋电容“F”测量挡，并选择合适的量程。

③ 将电容插入万用表 CX 插孔。

④ 读出 LCD 显示屏上数字。

测量前、后，电容需要放电，否则容易损坏万用表。

（7）二极管的测量。

① 红表笔插入 VΩ 孔，黑表笔插入 COM 孔。

② 转盘打在（—▷|—）挡。

③ 判断正负。

④ 红表笔接二极管正极，黑表笔接二极管负极。

⑤ 读出 LCD 显示屏上数据。

⑥ 两表笔换位，若显示屏上为“1”，正常；否则此管被击穿。

（8）三极管的测量。

① 红表笔插入 VΩ 孔，黑表笔插入 COM 孔。

② 转盘打在（—▷|—）挡。

③ 找出三极管的基极 b。

④ 判断三极管的类型（PNP 或者 NPN）。

⑤ 转盘打在 h_{FE} 挡。

⑥ 根据类型插入 PNP 或 NPN 插孔测 β。

⑦ 读出显示屏中 β 值。

（9）数字万用表使用注意事项。

① 如果无法预先估计被测电压或电流的大小，则应先拨至最高量程挡测量一次，再视情况逐渐把量程减小到合适位置。测量完毕，应将量程开关拨到最高电压挡，并关闭电源。

② 满量程时，仪表仅在最高位显示数字“1”，其他位均消失，这时应选择更高的量程。

③ 测量电压时，应将数字万用表与被测电路并联。测电流时应与被测电路串联，测直流量时

不必考虑正、负极性。

④ 当误用交流电压挡去测量直流电压，或者误用直流电压挡去测量交流电压时，显示屏将显示“000”，或低位上的数字出现跳动。

⑤ 禁止在测量高电压（220V 以上）或大电流（0.5A 以上）时换量程，以防止产生电弧，烧毁开关触点。

⑥ 当万用表的电池电量即将耗尽时，液晶显示器左上角有电池电量低提示，会有电池符号显示，此时电量不足，若仍进行测量，测量值会比实际值偏高。

2.3.2 指针万用表的使用

指针万用表的种类繁多，本章以最典型的 MF-500 型指针万用表为例来讲解其使用方法。其面板由指针表头面板、零位调节旋钮、量程和功能调节旋钮、电阻调节旋钮和各种插孔（2500V 高压插孔、电流插孔、正极插孔、负极插孔）组成，如图 2-14 所示。

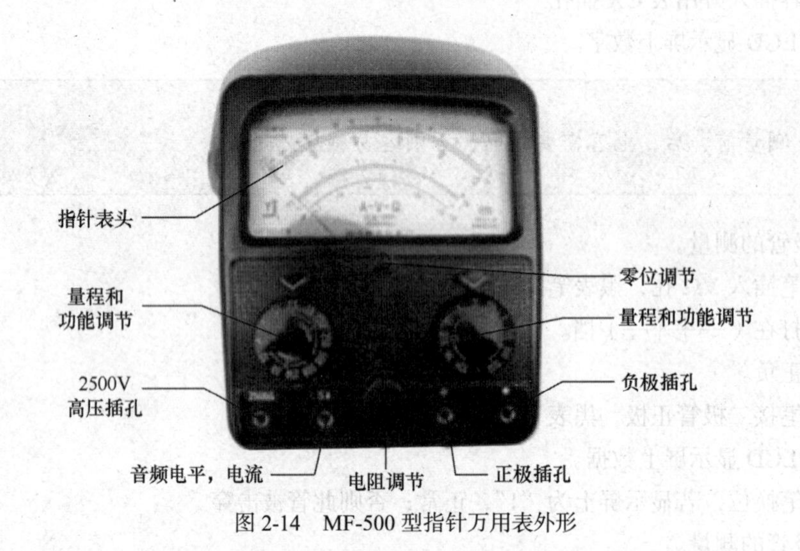

图 2-14 MF-500 型指针万用表外形

1. 指针万用表工作原理

（1）指针万用表内部电池介绍。指针表内一般有两块电池，一块低电压的 1.5V，另一块是高电压的 9V 或 15V，其黑表笔相对红表笔来说是正端。数字表则常用一块 6V 或 9V 的电池，其红表笔为正端。在电阻挡，指针表的表笔输出电流相对数字表来说要大很多，用 R×1Ω 挡可以使扬声器发出响亮的“哒”声，用 R×10kΩ 挡甚至可以点亮发光二极管（LED）。

（2）指针万用表工作原理。指针万用表的基本工作原理是利用一只灵敏的磁电式直流电流表（微安表）做表头，当微小电流通过表头时就会有电流指示，但表头不能通过大电流，所以，必须在表头上并联与串联一些电阻进行分流或降压，从而测出电路中的电流、电压和电阻。指针万用表的测量原理如图 2-15 所示。

测直流电流原理：在表头上并联一个适当的电阻（叫分流电阻）进行分流，就可以扩展电流量程。改变分流电阻的阻值，就能改变电流测量范围。

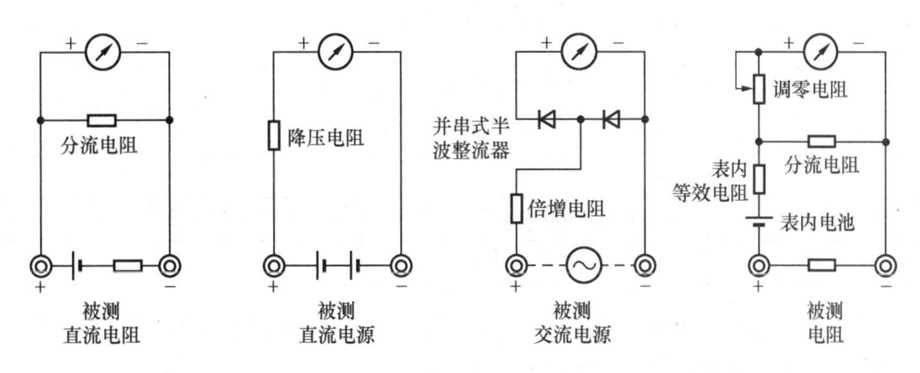

图 2-15　指针万用表的测量原理

测直流电压原理：在表头上串联一个适当的电阻（叫倍增电阻）进行降压，就可以扩展电压量程。改变倍增电阻的阻值，就能改变电压的测量范围。

测交流电压原理：因为表头是直流表，所以测量交流时，需加装一个并串式半波整流电路，将交流进行整流变成直流后再通过表头，这样就可以根据直流电的大小来测量交流电压。扩展交流电压量程的方法与直流电压量程相似。

测电阻原理：在表头上并联和串联适当的电阻，同时串接一节电池，使电流通过被测电阻，根据电流的大小，就可测量出电阻值。改变分流电阻的阻值，就能改变电阻的量程。

2. 指针万用表指标

指针万用表指标参数见表 2-11。

表 2-11　　指针万用表指标参数

名称	测量范围	灵敏度	精准度
直流电压	2.5/10/50/250/500V	20kΩ/V	2.5
直流电压	2500V	4kΩ/V	2.5
交流电压	10/50/250/500/2500V	4kΩ/V	5.0
直流电流	50μA、1/10/100/500mA		2.5
直流电阻	2/20/200kΩ、2/20MΩ		2.5
音频电平	−10～+22dB		

3. MF-500 万用表使用说明

（1）表头。万用表表头如图 2-16 所示，它是一只高灵敏度的磁电式直流电流表，万用表的主要性能指标基本上取决于表头的性能。表头的灵敏度是指表头指针满刻度偏转时流过表头的直流电流值，这个值越小，表头的灵敏度越高。测电压时的内阻越大，其性能就越好。表头上各个标识的含义见表 2-12。

表 2-12　　表头标识含义

标识	含义
V－2.5kV　4000Ω/V	交流电压及 2.5kV 的直流电压挡，其灵敏度为 4000Ω/V
A－V－Ω	可测量电流、电压及电阻
∽	交流
45－65－1000Hz	频率范围为 1000Hz 以下，标准工作频率范围为 45～65Hz
20000Ω/V　DC	直流挡的灵敏度为 20000Ω/V

“刻度 1”为第一条：标有Ω，指示的是电阻值，转换开关在欧姆挡时，即读此条刻度线。其右端为零，左端为∞，刻度值分布是不均匀的。

“刻度 2”为第二条：标有－和∽，指示的是交、直流电压和直流电流值，当转换开关在交、直流电压或直流电流挡，量程在除交流 10V 以外的其他位置时，即读此条刻度线。

“刻度 3”为第三条：标有 10V，指示的是 10V 的交流电压值，当转换开关在交、直流电压挡，量程在交流 10V 时，即读此条刻度线。

“刻度 4”为第四条：标有 dB，指示的是音频电平。

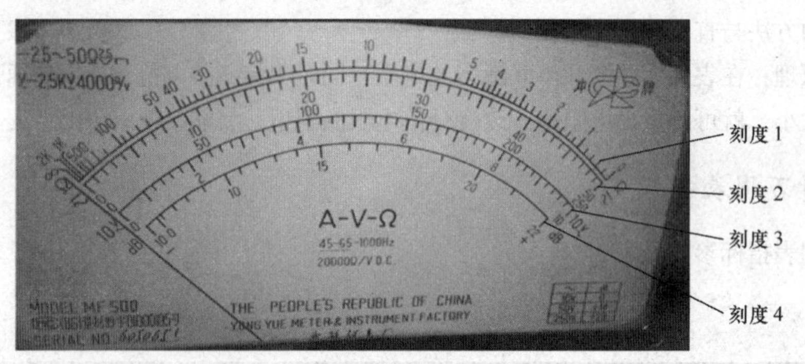

图 2-16　万用表表头

（2）使用方法。

① 在使用前应检查指针是否在机械零位上，如不指在零位，可旋转表盖上的调零器使指针指示在零位上。

② 用一副红黑测试笔分别插在表上的“+”“−”插孔里，每次测量前应预先选好待测的量程等级。

③ 测直流电压时，黑色测试笔接低电位，红色笔测试笔接高电位。将黑、红表笔分别插在负极插孔和正极插孔内，转换开关旋钮（右）至电压“V−”位置上，开关旋钮（左）至所欲测量直流电压的相应量程位置上，再将红、黑表笔跨接在被测电路两端，红表笔接高电位，黑表笔接低电位。当不能预计被测直流电压大约数值时，将开关旋钮旋（右）到最大量程的位置，然后根据指示值之大约数值选择适当的量程位置，使指针得到最大的偏转。

④ 测交流电压时，将开关旋钮（左）旋至“V~”位置上，开关旋钮（左）旋至所欲测量交流电压值相应的量程位置上，测量方法与直流电压测量相同。

⑤ 测直流电流时，将万用表的左面转换开关置于直流电流挡，右面转换开关置于 50μA～500mA 的合适量程上，电流的量程选择和读数方法与电压一样。测量时必须先断开电路，然后

按照电流从“+”到“−”的方向，将万用表串联到被测电路中，即电流从红表笔流入，从黑表笔流出。

⑥ 测电阻时，按照如下步骤进行。

a. 欧姆调零。测量电阻之前，应将两个表笔短接，同时调节“欧姆（电气）调零旋钮”，使指针刚好指在欧姆刻度线右边的零位。如果指针不能调到零位，说明电池电压不足或仪表内部有问题，并且每换一次倍率挡，都要再次进行欧姆调零，以保证测量准确。

b. 将万用表的转换开关（左边）置于Ω挡，转换开关（右边）置于电阻倍率挡上，且选择合适的倍率挡。万用表欧姆挡的刻度线是不均匀的，所以量程的选择应尽量使指针偏转到满刻度的1/3～2/3，此时测量精度最高，读数最准确。

⑦ 利用欧姆挡来测量半导体时，应将红表笔接表内电池的负端，表内电池的电流自黑表笔流出。

⑧ 万用表使用完毕后，应将选择开关旋至高电压挡位，以防误测损坏万用表。

2.4　信号发生器

信号发生器又叫信号源，它是为电子测量提供符合一定技术要求的电信号的仪器。信号发生器可产生不同波形、频率和幅度的信号，用来测试放大器的放大倍数、频率特性及元器件的参数等，还可以用来校准仪表及为各种电路提供交流信号。其种类繁多，本章主要讲解 DF1026 型信号发生器的使用方法和注意事项。DF1026 型低频信号发生器是一种便携式 RC 振荡器，可以输出正弦波及方波信号，其外形如图 2-17 所示。

图 2-17　DF1026 型信号发生器外形

2.4.1　信号发生器指标

（1）频率范围：10Hz～1MHz，分×1、×10、×100、×1kΩ、×10kΩ 5 个频段，频段内连续调节范围为 10～100Hz 乘以频段倍率。

（2）输出功率：最大功率 5W。

（3）最大输出电压：7V（正弦波）、10V（方波）。

（4）输出阻抗：600Ω。

（5）输出衰减：分 6 挡，以−10dB 步进递减。

（6）频率精度：±(3%+1Hz)。

2.4.2 信号发生器使用方法

信号发生器的面板图可由如图 2-18 所示表示，可知面板由频率调节、幅值调节、波形选择和开关等组成。下面着重说说信号发生器各个部分的使用方法。

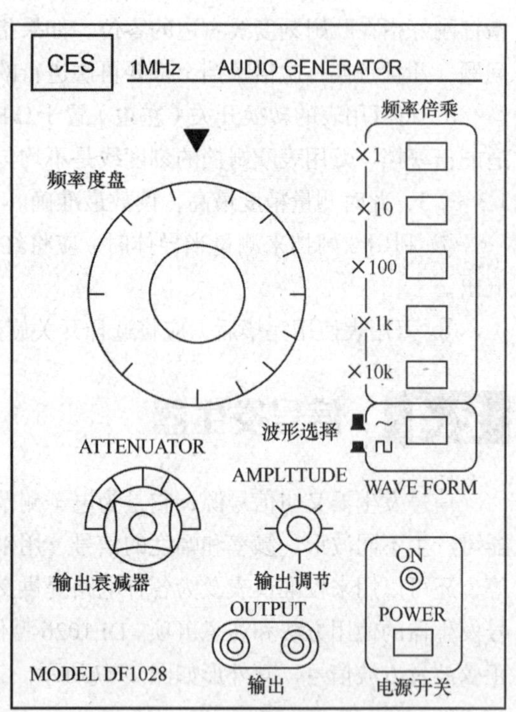

图 2-18 DF1026 型低频信号发生器面板图

1. 波形的选择

波形选择开关处于弹出位置，则输出正弦波；如处于按下位置，则输出方波。

2. 频率的调节

输出信号的频率由面板上的"频率倍乘"指示值和"频率度盘"读数值两者乘积决定。如"频率倍乘"置"×10"，"频率度盘"读数为"80"，则输出信号频率为 80×10=800Hz。

3. 输出电压的调节

输出电压的大小由面板上的"输出调节"旋钮从零到最大输出连续调节，由"输出衰减"做步进式衰减调节，进行 0～−50dB 衰减，实现输出 0～7V 的电压。

分贝与电压比（U_o/U_i）的关系为 dB，U_i是输入到衰减器的电压，U_o是衰减器输出的电压。其换算关系见表 2-13。

表 2-13 分贝数与电压比的换算表

分贝/dB	0	−10	−20	−30	−40	−50
电压比（U_o/U_i）	1	0.3163	0.1	0.03163	0.01	0.003163
输出电压范围	0～7V	0～2V	0～0.7V	0～200mV	0～70mV	0～20mV

4. 注意事项

（1）通电前将"输出调节"旋钮逆时针旋到底，使输出电压为零，然后再缓慢增加输出电压。另外，在切换衰减挡位时，应先将"输出调节"置于最小，然后再进行切换，这种操作要养成习惯。

（2）仪器在使用前，先应预热几分钟，使仪器工作稳定。

（3）注意不要将输出端短接，以免损坏仪器。

（4）注意输出端有信号端和接地端区别，使用时不可错接。

5. 举例

要求输出频率为 1kHz，幅值为 10mV 的正弦交流信号源，步骤如下所述。

（1）波形选择：波形选择按钮弹出即可。

（2）频率调节：频率倍乘选择“×10”，频率刻度盘旋转至为“100”处即可。

（3）幅值调节：幅值为 10mV，可选择−50dB 的衰减挡，然后调节“输出调节”旋钮，同时用万用表观测输出电压，使电压达到 10mV 即可。

第3章 常用电子元件识别和检测

3.1 无源器件的识别和检测

所有的电子电路都是由电子元器件构成的，电子元器件一般可分为有源和无源器件两大类。电子系统中的无源器件是指电子元器件工作时内部没有任何形式的电源，在电路中用于信号的传输，常用的电阻器、电容器、电感器、接插件等属于无源器件。而电子系统中的有源器件是指电子元器件工作时内部有电源存在，在电路中起放大、变换的作用。常用的二极管、三极管、场效应管、晶闸管、集成电路等属于有源器件。只有学习和掌握好这些常用元器件的类别、性能，了解它们的一些主要参数和判别方法，才能在电路中正确地选择和使用它们，对提高解决实际问题大有帮助。

3.1.1 电阻器的识别与检测

电阻器是电路元件中应用最广泛的一种，其质量的好坏对电路工作的稳定性有极大影响。电阻器的主要用途是稳定和调节电路中的电流和电压，在电路中常用于分流、分压、滤波（与电容组合）、耦合、阻抗匹配、负载等。部分电阻的外形示意图如图3-1（a）～（j）所示。电阻器用符号R表示，可调电阻器的符号用R_W表示，它们在电路中的图形符号如图3-1（e）～（f）所示。

1. 电阻器的分类

电阻器有不同的分类方法，可按照材料、功率、精度、用途、引出线等来分类，见表3-1。

表 3-1　电阻器分类

分类方式	内容
材料分类	碳膜电阻、水泥电阻、金属膜电阻和线绕电阻
功率分类	1/16 W、1/8 W、1/4 W、1/2W、1W、2W
精确度	±1%、±2%、±5%、±10%、±20%
用途	普通电阻和敏感电阻（如光敏、热敏、压敏、力敏、磁敏电阻器）、可调电阻
引线方式	有引线电阻和无引线电阻（尺寸有 0201 英寸、0402 英寸、0603 英寸、0805 英寸、1206 英寸等）

部分电阻器的外形示意图如图 3-1 所示。

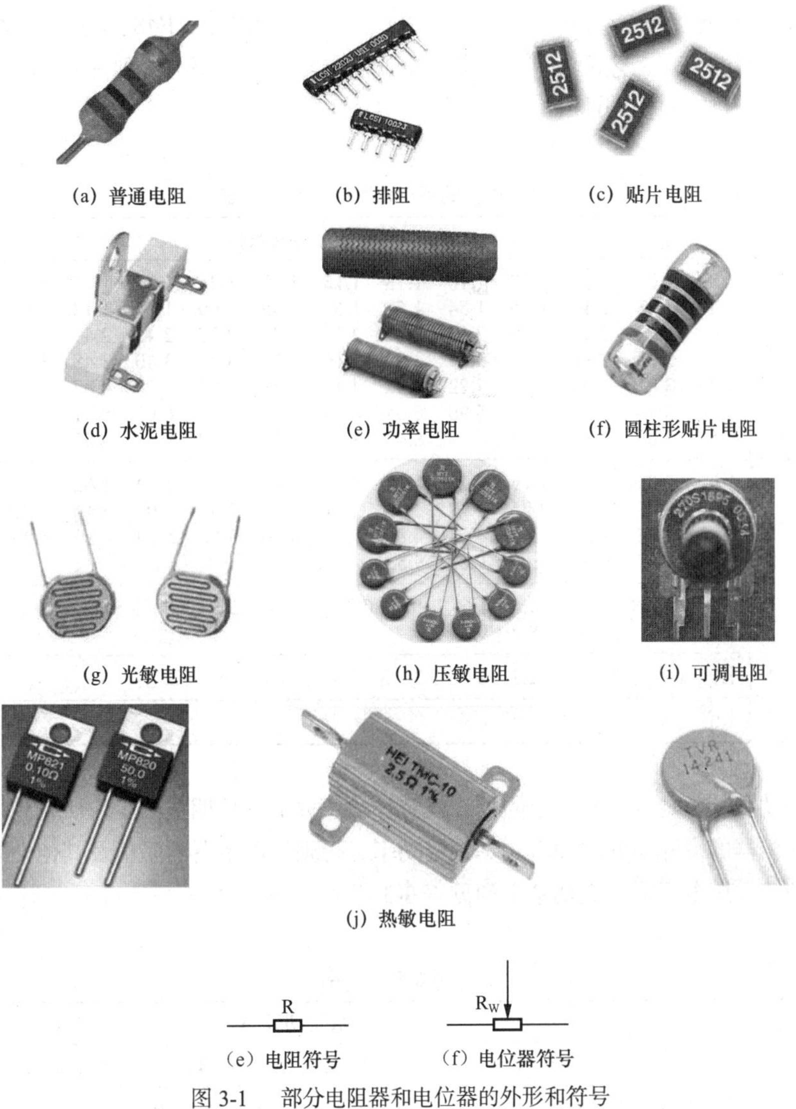

(a) 普通电阻　(b) 排阻　(c) 贴片电阻

(d) 水泥电阻　(e) 功率电阻　(f) 圆柱形贴片电阻

(g) 光敏电阻　(h) 压敏电阻　(i) 可调电阻

(j) 热敏电阻

(e) 电阻符号　(f) 电位器符号

图 3-1　部分电阻器和电位器的外形和符号

2. 电阻器的参数

电阻器的参数很多，有额定功率、标称阻值、允许误差（精度等级）、温度系数、非线性度、

电阻温度系数、噪声系数等。选用时必须根据电路的要求考虑相关的特性参数。通常情况下考虑标称阻值、允许误差和额定功率 3 项，对于特殊要求的才考虑温度系数、热稳定性、最大工作电压、噪声和高频特性等参数。

（1）标称阻值（简称标称值）。标称值是产品标识的“名义”阻值，其基本单位为欧姆（Ω）。常用单位还有千欧（kΩ）、兆欧（MΩ）。为了便于工业量产和使用者在一定范围内选用，国家规定出一系列的标称值。一般固定电阻器的标称阻值分为 E6、E12、E24、E48、E96、E192 六大系列，标称值大小是表 3-2 所列数字乘以 $10^n\Omega$，其中 n 为整数。

（2）允许误差。允许误差表示电阻器实际阻值对于标称阻值的最大允许偏差范围。它表示产品的精度。不同系列的电阻对应的误差不一样。从表 3-2 可以看出，电阻的误差为 ± 20%、± 10%、± 5%、± 2%、± 1%和 ± 0.5%（E192）。其中 E24 系列为常用电阻，E48、E96、E192 系列为高精密电阻。随着电阻器生产工艺的发展，一般的金属膜电阻的精度都可达到 ± 0.1%，目前允许误差大于 ± 5%的电阻已基本退出市场。

表 3-2　通用电阻器的标称值系列及允许误差

允许误差	系列	电阻标称值系列
± 1%	E96	1.00 1.02 1.05 1.07 1.10 1.13 1.15 1.18 1.21 1.24 1.27 1.30 1.33 1.37 1.40 1.43 1.47 1.50 1.54 1.58 1.62 1.65 1.69 1.74 1.78 1.82 1.87 1.91 1.96 2.00 2.05 2.10 2.15 2.21 2.26 2.32 2.37 2.43 2.49 2.55 2.61 2.67 2.74 2.80 2.87 2.94 3.01 3.09 3.16 3.24 3.32 3.40 3.48 3.57 3.65 3.74 3.83 3.92 4.02 4.12 4.22 4.32 4.42 4.53 4.64 4.75 4.87 4.99 5.11 5.23 5.36 5.49 5.62 5.76 5.90 6.04 6.19 6.34 6.49 6.65 6.81 6.98 7.15 7.32 7.50 7.68 7.87 8.06 8.25 8.45 8.66 8.87 9.09 9.31 9.53 9.76
± 2%	E48	1.00 1.05 1.10 1.15 1.21 1.27 1.33 1.40 1.47 1.54 1.62 1.69 1.78 1.87 1.96 2.05 2.15 2.26 2.37 2.49 2.61 2.74 2.87 3.01 3.16 3.32 3.48 3.65 3.83 4.02 4.22 4.42 4.64 4.87 5.11 5.36 5.62 5.90 6.19 6.49 6.81 7.15 7.50 7.87 8.25 8.66 9.09 9.53
± 5%	E24	1.0 1.1 1.2 1.3 1.5 1.6 1.8 2.0 2.2 2.4 2.7 3.0 3.3 3.6 3.9 4.3 4.7 5.1 5.6 6.2 6.8 7.5 8.2 9.1
± 10%	E12	1.0 1.2 1.5 1.8 2.2 2.7 3.3 3.9 4.7 5.6 6.8 8.2
± 20%	E6	1.0 1.5 2.2 3.3 4.7 6.8

（3）额定功率。额定功率是指电阻器在规定环境条件下，长期连续工作所允许消耗的最大功率。电路中电阻器的实际功率必须小于其额定功率，否则，电阻器的阻值及其他性能将会发生改变，甚至烧毁。常用电阻器额定功率系列见表 3-3。

表 3-3　电阻器额定功率

名称	额定功率/W
线绕电阻器	0.05 0.125 0.25 0.5 1 2 4 8 10 16 25 40 50 75 100 150 250 500
非线绕电阻器	0.05 0.125 0.25 0.5 1 2 5 10 16 25 50 100

电阻器的额定功率与体积大小有关，电阻器的体积越大，额定功率数值也越大，2W 以下的电阻器以自身体积大小表示功率值。电阻器体积与功率的关系见表 3-4。

表 3-4　　电阻器的体积与功率关系

额定功率/W	RT 碳膜电阻		RJ 金属膜电阻	
	长度/mm	直径/mm	长度/mm	直径/mm
1/8	11	3.9	0～8	2～2.5
1/4	18.5	5.5	7～8.3	2.5～2.9
1/2	28.0	5.5	10.8	4.2
1	30.5	7.2	13.0	6.6
2	48.5	9.5	18.5	8.6

3. 电阻器判别与选用

（1）电阻器的识读方法。

① 直标法。在电阻器表面直接用数字标出电阻值及允许误差，如图 3-2 所示。

② 文字符号法。有的电阻器表面用文字符号表示阻值，如图 3-3 所示。图 3-3（a）所示阻值为 100kΩ，图 3-3（b）所示阻值为 1.8kΩ。具体方法为：阻值的整数部分写在阻值单位标志符号的前面，阻值的小数部分写在阻值单位标志的后面。如 1K6 表示阻值为 1.6kΩ；3M3 表示 3.3MΩ。其中单位标志有 5 种：欧姆（$10^0\Omega$），用 R 表示；千欧（$10^3\Omega$），用 K 表示；兆欧（$10^6\Omega$），用 M 表示；吉欧（$10^9\Omega$），用 G 表示；太欧（$10^{12}\Omega$），用 T 表示。

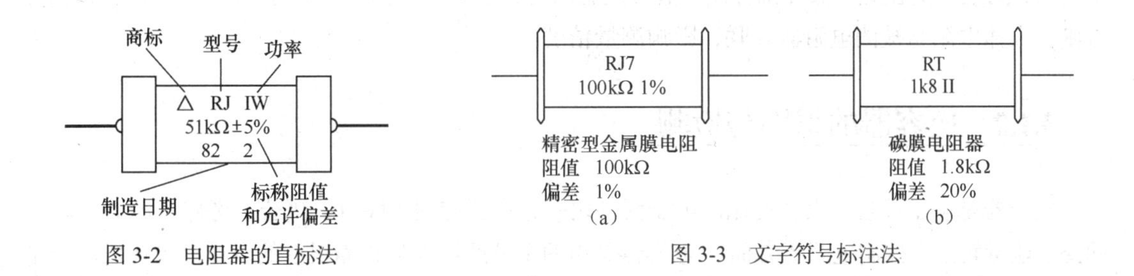

图 3-2　电阻器的直标法　　图 3-3　文字符号标注法

③ 色标法。体积小的电阻器常在表面上用不同颜色的色环排列顺序标志出阻值和允许误差，即色标法。在电阻体上有 5 道色环，第一、二、三色环分别表示阻值第一位数、第二位数、第三位数，第四色环表示倍乘，即 10 的几次方，第五色环表示阻值的允许误差。如图 3-4（a）所示，表示阻值为 1.75Ω，允许误差为 ± 1%。

有的电阻器还用四环法表示。如图 3-4（b）所示，表示 47kΩ，允许误差为 ± 5%。表 3-5 是色标法的规则。

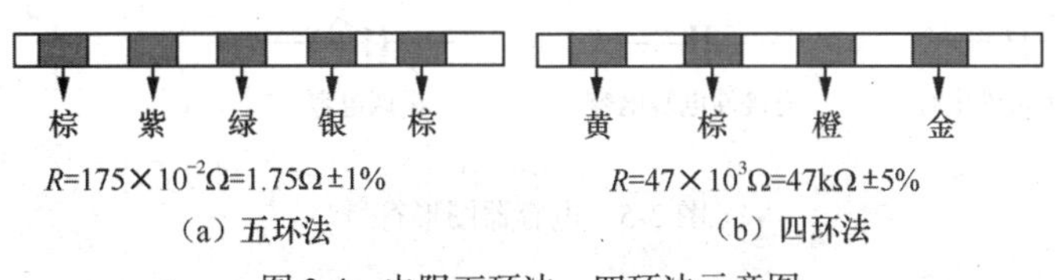

图 3-4　电阻五环法、四环法示意图

表 3-5　　色标法规则

颜色	左第一位	左第二位	左第三位	右第二位（倍乘）	右第一位（误差）
棕	1	1	1	10^1	F ± 1%
红	2	2	2	10^2	G ± 2%
橙	3	3	3	10^3	
黄	4	4	4	10^4	
绿	5	5	5	10^5	D±0.5%
蓝	6	6	6	10^6	G±0.25%
紫	7	7	7	10^7	B±0.1%
灰	8	8	8	10^8	
白	9	9	9	10^9	
黑	0	0	0	10^0	
金				10^{-1}	J±5%
银				10^{-2}	K±10%
无色				10^{-3}	M±20%

（2）电阻器的检测。电阻器的主要故障是：过流烧毁、变值、断裂、引脚脱焊等。

① 外观检查。通过目测可以看出电阻器引线是否松动、折断或电阻体烧坏等外观故障。

② 阻值测量。通常可用万用表欧姆挡对电阻器进行测量，需要精确测量阻值可以通过万用电桥进行，测量方法在此不做详细介绍。值得注意的是，测量时不能用双手同时捏住电阻或测试笔，否则，人体电阻与被测电阻器并联，影响测量精度。

3.1.2　电容器的识别与检测

电容器是电子设备中大量使用的电子元件之一，广泛应用于隔直、耦合、旁路、滤波、调谐回路、能量转换、控制电路等方面。电容器是由两个彼此绝缘且相隔很近的金属电极构成。当在两金属电极间加上电压时，电极上就会存储电荷，所以电容器是储能元件。电容的符号为 C，单位为 F（法拉），常用单位为微法（μF）、纳法（nF）、皮法（pF）等。

1. 电容的分类

电容器的种类很多，一般可归纳为两种分类方法。

（1）按照结构分三大类：固定电容器、可变电容器和微调电容器，其对应的图形符号如图 3-5 所示。

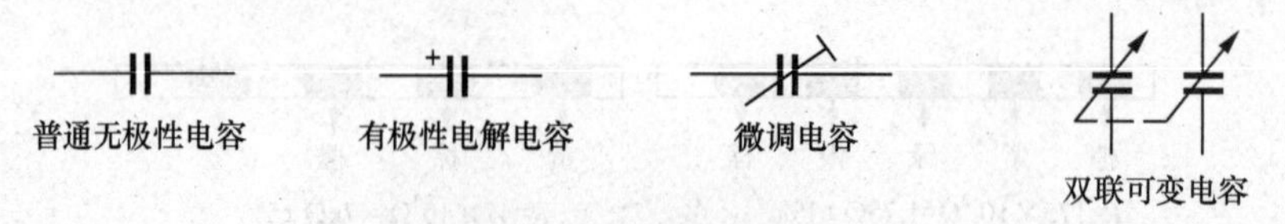

图 3-5　电容器图形符号

（2）电容器的电性能很大程度上取决于电介质的材料，按照电介质的不同，可以分为以下几类。

固体有机介质电容器，如纸介电容器、涤纶电容器、聚苯乙烯电容器等。

固体无机介质电容器：云母电容器、瓷片电容器等。

电解电容器：铝电解电容器、钽电解电容器等。

常见电容器如图 3-6 所示。

(a) 纸介电容

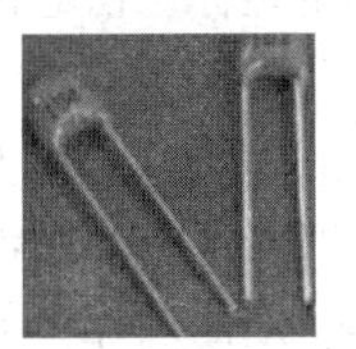

(b) 独石电容

(c) 瓷介电容器

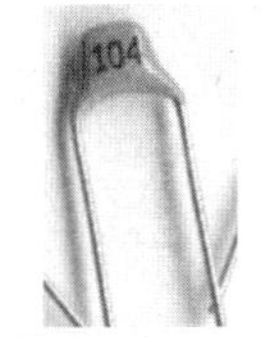

(d) 玻璃釉电容器

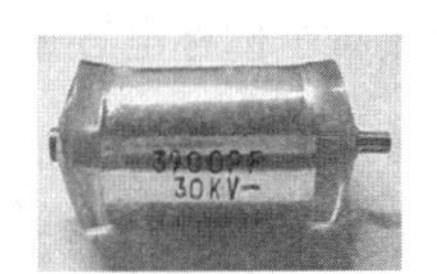

(e) 聚酯（涤纶）电容

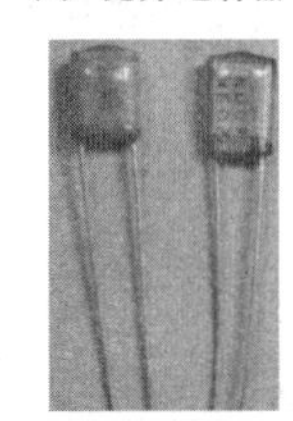

(f) 聚苯乙烯电容器

(g) 铝电解电容器

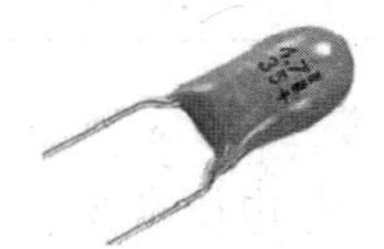

(h) 钽电解电容

(i) 铌电解电容

图 3-6 常见电容外形

常见电容器的特点及用途见表 3-6。

表 3-6 常用电容器的特点及用途

名称	型号	特点	用途
纸介电容器	CZ	体积小，容量和工作电压范围宽，精度不易控制，介质易老化，损耗大，成本低	用于低频电路
独石电容	CT	电容量大，体积小，可靠性高，电容量稳定，耐高温耐湿性好等	广泛应用于电子精密仪器，用作谐振、耦合、滤波、旁路
瓷介电容器	CC 或 CT	电气性能优异，体积很小，绝缘性好，稳定性好，损耗小，但容量小，易碎易裂	用于高频电路、高压电路、温度补偿电路、旁路或耦合电路
玻璃釉电容器	CI	体积小，质量轻，抗潮性好，能在 200～250℃高温下工作	用于小型电子仪器的交、直流电路和脉冲电路
聚酯（涤纶）电容器	CL	小体积，大容量，耐热耐湿，稳定性差	用于稳定性和损耗要求不高的低频电路
聚苯乙烯电容器	CB	绝缘电阻大，电气性能好，在很宽的频率范围内性能稳定，损耗小，但耐热性较差	用于谐振回路，滤波、耦合回路等
铝电解电容器	CD	容量大，正负极不能接错，绝缘性好，漏电及损耗大，误差较大	电源滤波，低频耦合，去耦，旁路等
钽电解电容器 铌电解电容器	CA CN	损耗、漏电小于铝电解电容器	在要求高的电路中代替铝电解电容器

2. 电容的参数

表征电容器的参数很多，下面介绍一些常用的参数。

（1）标称容量与允许误差。

① 标称容量。电容器的标称容量是标识在电容上的“名义”电容量，其数值也有标称系列，同电阻器阻值标称系列一样。

电容器容量指电容器两端加上电压后储存电荷能力的大小，存储的电荷越多，说明电容量越大。电容量的大小与介质的材料、薄厚和极板的面积、间距有关。电容量的国际单位是法拉（F），简称法。法这个单位太大，在常用的普通电容的单位中基本用不到，法常用于超级电容的单位。超级电容不是本书讲解的内容。普通电容常用的单位有微法（μF）、皮法（pF）、纳法（nF），它们的关系如下：

$$1F=10^{6}\mu F=10^{9}nF=10^{12}pF$$

② 允许误差。允许误差是实际电容量对于标称电容量的最大允许偏差范围。常用字母代表误差，具体见表 3-7。

表 3-7　误差与字母的关系

字母	B	C	D	F	G	J	K	M	N	Z
误差	±0.1%	±0.25%	±0.5%	±1%	±2%	±5%	±10%	±20%	±30%	±80%

如 103K，103 表示容量，K 表示误差为±10%。

（2）额定工作电压。电容器的额定工作电压是指电容器在规定的工作温度范围内，长期可靠地工作所能承受的最高直流电压，又称耐压值。其值通常为击穿电压的一半。一般都直接标注在电容器上，使用时，必须选择额定工作电压大于实际工作电压的电容器。固定电容器的额定电压系列见表 3-8。

表 3-8　固定电容器的额定电压系列（单位 V）

1.6	5	6.3	10	16
25	32*	40	50*	63
100	125*	160	250	300*
400	450*	500	630	1000
1600	2000	2500	3000	4000
5000	6300	8000	10000	15000
20000	25000	30000	35000	40000
45000	50000	60000	80000	100000

注：① 有*者限电解电容采用；

② 数值下有“____”者建议优先选用。

（3）绝缘电阻。电容器的绝缘电阻由所用介质质量和厚度决定，即加在电容器两端的直流电压与通过电容器的漏电流的比值。比值越大，说明漏电流越小，电容质量越好，其值一般在 10^{8}～$10^{10}\Omega$。

3. 电容的判别与选用

（1）电容器的识读方法。电容器的识别方法与电阻的识别方法基本相同，分直标法、文字符号标注法、数码表示法、色标法 4 种。

① 直标法。直标法是指将电容量数值、耐压值等参数直接标在电容器表面，如“220μF、50V”表示电容的耐压值是 50V，容量为 220μF。

② 文字符号标注法。文字符号标注法是将电容的标称值用数字和单位在电容的本体上表示出来。这种表示通常用表示数量级的字母，如μ、n、p 等加上数字组合而成。如 4n7 表示 4.7nF；47n 表示 47nF。有时候在数字前面冠以字母 R，如 R33 表示 0.33μF；有时候用大于 1 的数字表示，则单位为 pF，如 2200，则为 2200pF；有时用小于 1 的数字表示，单位为μF，如 0.22，则为 0.22μF，6n8 表示 6800pF。

③ 数码表示法。数码表示法一般用 3 位数字表示容量的大小，单位为 pF。前两位表示有效数字，第三位表示 10 的倍幂。如 102 表示 10×10^2=1000pF；224 表示 22×10^4=0.22μF。但是第三位数字是 9 时，则对有效数字乘以 0.1，如 339 表示 33×0.1pF=3.3pF。

④ 色标法。用色环或色点表示电容器的主要参数。电容器的色标法与电阻相同。颜色涂在电容器的一端或者从顶端向另一侧排列。前两位为有效数字，第三位为倍率，单位为 pF，有时色环较宽，如红红橙，两个红色涂成一个宽的，表示 22000pF。

（2）电容器的检测。在没有专用仪表的情况下，对电容的检测可以用肉眼观测或者借助万用表进行简单检测。检测方法如下。

① 外观检查。观察外表应完好无损，表面无裂口、污垢和腐蚀，标志应清晰，引出电极无折伤；对可调电容器应转动灵活，动定片间无碰、擦现象，各联间转动应同步等。

② 测试漏电电阻。用万用表欧姆挡（R×10kΩ挡），将表笔接触电容的两引线。刚搭上时，表头指针将发生摆动，然后再逐渐返回电阻为无穷大处，这就是电容的充放电现象（对 0.1μF 以下的电容器观察不到此现象）。指针的摆动越大容量越大，指针稳定后所指示的值就是漏电电阻值。其值一般为几百到几千兆欧，阻值越大，电容器的绝缘性能越好。检测时，如果表头指针指到或靠近欧姆零点，说明电容器内部短路，若指针不动，始终指向电阻为无穷大处，则说明电容器内部开路或失效。

③ 电解电容器的极性检测。电解电容器的正负极性是不允许接错的，当极性标记无法辨认时，可根据正向连接时漏电电阻大，反向连接时漏电电阻小的特点来检测判断。交换表笔前后两次测量漏电电阻值，阻值大的一次，黑表笔接触的是正极（因为指针万用表黑表笔与表内的电池的正极相接）。

3.1.3　电感的识别与检测

电感器是根据电磁感应原理制成的器件，在模拟电子电路中虽然使用不是很多，但是它们在电路中同样重要。电感和电容器一样，也是一种储能元件，它能把电能转换为磁场能，并在磁场中储存能量。用符号 L 表示，基本单位是亨利（H），常用单位还有毫亨（mH）、微亨（μH）。电感器的应用很广泛，如 LC 滤波器、调谐放大器或振荡器中的谐振回路、均衡电路、去耦电路等。

电感器的特性和电容器相反，它具有阻止交流电和通过直流电的特性。

1. 电感器的分类

依据电感器的电感量是否可调，分为固定电感器、可调和微调电感器。依据结构可分为带磁芯、铁芯和磁芯间有间隙的电感器。

常见电感器外形如图 3-7 所示，图形符号如图 3-8 所示。

(a) 工字形电感　(b) 贴片电感　(c) 环形电感

(d) 色环电感　(e) 空芯电感　(f) 可调电感

(g) 片式电感　(h) 铁芯线圈　(i) 滤波器

(j) 印刷电感　(k) 脉冲变压器

图 3-7　部分电感器外形

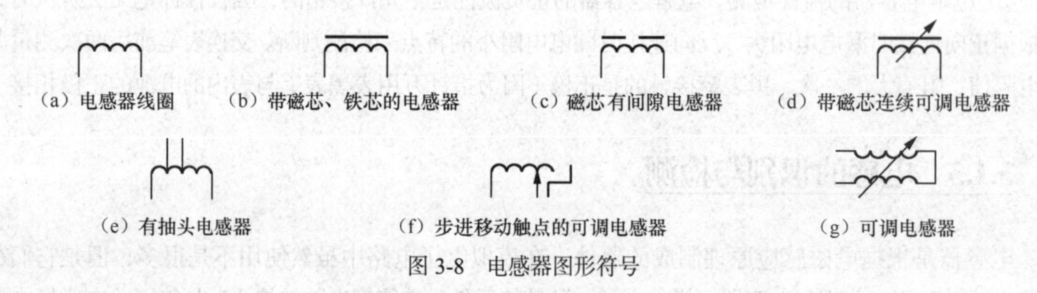

(a) 电感器线圈　(b) 带磁芯、铁芯的电感器　(c) 磁芯有间隙电感器　(d) 带磁芯连续可调电感器

(e) 有抽头电感器　(f) 步进移动触点的可调电感器　(g) 可调电感器

图 3-8　电感器图形符号

2. 电感器的识别

(1) 识读方法。

体积较大的电感线圈，其电感量及额定电流均在外壳上标出。

色码标识规则与电阻、电容色码标识规则相同，它们统称色码电感器。目前我国生产的固定电感器不采用色码标识法，而是在电感体实体上直接标出数值，即采用直标法，但习惯上仍称为色码电感器。

(2) 电感器检测方法。

① 外观检查。检查表面有无发霉现象，线圈有无松散现象，引脚有无折断或生锈等现象。如

果电感器带有磁芯，还要检查磁芯的螺纹是否配合，有无松脱现象。

② 测量。用万用表的欧姆挡测线圈的直流电阻，若直流电阻为无穷大，则表明线圈间或线圈引出线间已经断路；若直流电阻与正常值相比小得多，则说明线圈间有局部短路。

此外，对于有屏蔽罩或多线圈电感器，还要测量其绝缘性能。测量时可用万用表 R×10kΩ挡测线圈与屏蔽罩之间的绝缘电阻，此值应趋于无穷大。

3.2 有源器件的识别和检测

如果电子元器件工作时，其内部有电源存在，则这种器件叫作有源器件。这是一种电子元件，不需要能量的来源而实行它特定的功能。从物理结构、电路功能和工程参数上，有源器件可以分为分立器件和集成电路两大类。分立元件包括二极管、三极管、场效应管及晶闸管等。

3.2.1 二极管的识别与检测

半导体二极管也称晶体二极管，简称二极管。二极管具有单向导电性，可用于整流、检波、稳压及混频电路中。

1. 二极管分类

（1）二极管按材料可分为锗管和硅管两大类。两者性能区别在于：锗管正向压降比硅管小（锗管为 0.2V，硅管为 0.5～0.8V）；锗管的反向漏电流比硅管大（锗管一般为几百微安，硅管小于 1μA）；锗管的 PN 结可承受的温度比硅管低（锗管约为 100℃，硅管约为 200℃）。

（2）二极管按用途不同可分为普通二极管和特殊二极管。普通二极管包括检波二极管、整流二极管、开关二极管；特殊二极管包括稳压二极管、变容二极管、光电二极管、发光二极管等。表 3-9 为常用二极管的特性表。

常用二极管的外形图如图 3-9（a）所示，图形符号如图 3-9（b）所示。

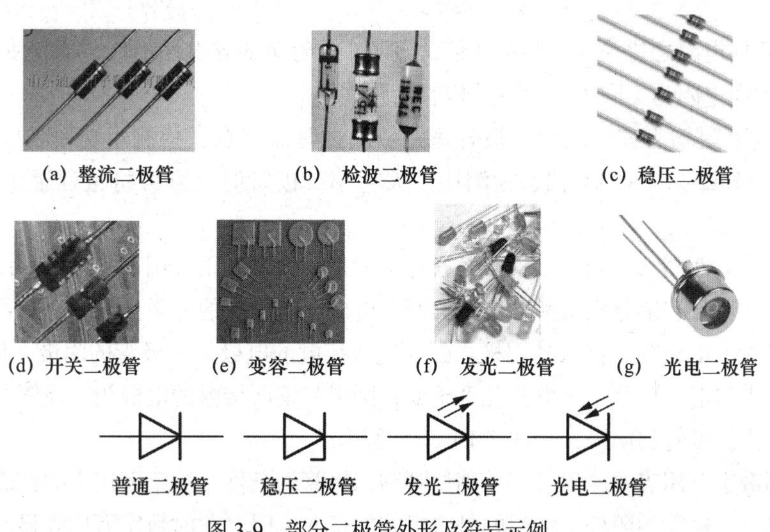

图 3-9　部分二极管外形及符号示例

表 3-9　　常用二极管特性表

名称	原理特性	用途	常用型号
整流二极管	多用硅半导体制成，利用 PN 结单向导电性	把交流电变成脉动直流，即整流	2CP、2CZ、1N4001～4007、1N5391～5399、1N5400～5408
检波二极管	常用点接触式，高频特性好	把调制在高频电磁波上的低频信号检出来	2AP
稳压二极管	利用二极管反向击穿时，两端电压不变原理	稳压限幅，过载保护，广泛用于稳压电源装置中	2CW、2DW、1N708～728、1N748、1N752～755 等
开关二极管	利用正偏压时二极管电阻很小，反偏压时电阻很大的单向导电性	在电路中对电流进行控制，起到接通或关断的开关作用	2AK1～14、2CK9～19、1N4148、1N4448
变容二极管	利用 PN 结电容附加到管子上的反向电压大小而变化的特性	在调谐等电路中取代可变电容器	2CC
发光二极管	正向电压为 1.5～3V 时，只要正向电流通过，可发光	用于指示，可组成数字或符号的 LED 数码管	2EF
光电二极管	将光信号转换成电信号，有光照时其反向电流随光照强度的增加而正比上升	用于光的测量或作为能源即光电池	2AU、2CU、2DU

整流二极管一般用在整流电路中，为了使用方便，经常会将多个整流二极管组合在一起而构成桥堆。桥堆分为全桥与半桥。半桥是由两只整流二极管封装在一起引出 3 个引脚；全桥是由 4 只整流二极管按桥式全波整流电路的形式连接并封装为一体构成的。

2. 二极管的判别与选用

（1）二极管性能的检测。可用指针万用表同一欧姆挡测量二极管的正、反向电阻的阻值来检测二极管单向导电性的性能，检测方法如下。

① 测得的反向电阻（几百千欧以上）和正向电阻（几千欧以下）之比值在 100 以上，表明二极管性能良好。

② 反、正向电阻之比为几十甚至几倍，表明二极管单向导电性不佳，不宜使用。

③ 正、反向电阻为无限大，表明二极管断路。

④ 正、反电阻均为零，表明二极管短路。测试时需注意，检测小功率二极管时，应将万用表置于 R×100Ω或 R×1kΩ挡，检测中、大功率二极管时，方可将量程置于 R×1Ω或 R×10Ω挡。

（2）二极管极性判断。当二极管外壳标志不清楚时，可以用万用表来判断。以指针万用表为例，将万用表的两只表笔分别接触二极管的两个电极，若测出的电阻为几十、几百欧或几千欧，则黑表笔所接触的电极为二极管的阳极，红表笔所接触的电极是二极管的阴极，如图 3-10（a）所示。若测出来的电阻为几十千欧至几百千欧，则黑表笔所接触的电极为二极管的阴极，红表笔所接触的电极为二极管的阳极，如图 3-10（b）所示。

也可使用数字万用表的二极管蜂鸣挡位判别二极管的极性，数字万用表的红表笔接二极管的阳极，黑表笔接二极管的阴极，测得的是二极管的正向电阻，此时数字万用表显示的是二极管正向导通时的压降，单位为毫伏（mV）。将红、黑表笔对调测得的是反向电阻，此时数字万用表显

示“1”，表示阻值无穷大。

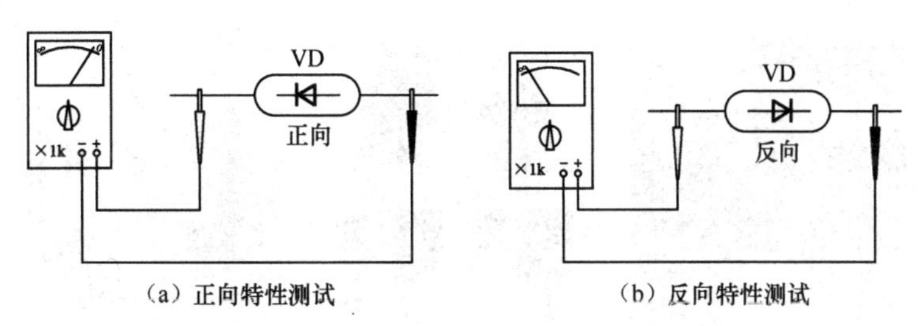

（a）正向特性测试　　（b）反向特性测试

图 3-10　二极管极性判断

3. 桥堆介绍与判别

桥堆是由几个二极管组成的桥式电路，主要作用是整流，其中：有两个脚显示“～”，是交流电压输入端，还有两个脚显示“+”和“–”，为整流后输出电压的输出端，其中“+”输出电压的正极，“–”为负极。常见桥堆的外形和图形符号如图 3-11 所示。

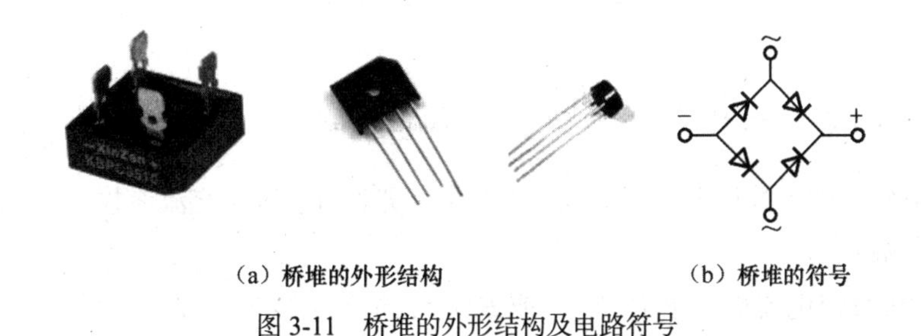

（a）桥堆的外形结构　　（b）桥堆的符号

图 3-11　桥堆的外形结构及电路符号

（1）桥堆的极性识别。桥堆的外壳一般都标识出引脚的极性，例如，交流输入端标识为“AC”或“～”，直流输出端标识为“+”和“–”。

（2）桥堆的检测方法。万用表置 R × 1kΩ挡，黑表笔接桥堆的任意引脚，红表笔先后测其余三只脚，如果读数均为无穷大，则黑表笔所接为桥堆的输出正极；如果读数为 4～10kΩ，则黑表笔所接引脚为桥堆的输出负极，其余的两引脚为桥堆的交流输入端。

3.2.2　三极管的识别与检测

半导体三极管又称晶体三极管，通常简称三极管，或称双极型晶体管，它是一种电流控制型的器件，主要用于电流放大和起开关作用。

1. 三极管的分类

（1）按材料分，三极管可分为硅三极管和锗三极管。

（2）按结构分，三极管可分为 PNP 型和 NPN 型。锗三极管多为 PNP 型，硅三极管多为 NPN 型。

（3）按用途分，三极管可分为高频（f_T>3MHz）、低频（f_T<3MHz）和开关三极管。依功率可分为大功率（P_C>1W）、中功率（0.5W<P_C<1）和小功率（P_C<0.5W）三极管。

常用三极管的外形及图形符号如图 3-12 所示。

（a）贴片三极管

（b）开关三极管

（c）金属封装三极管

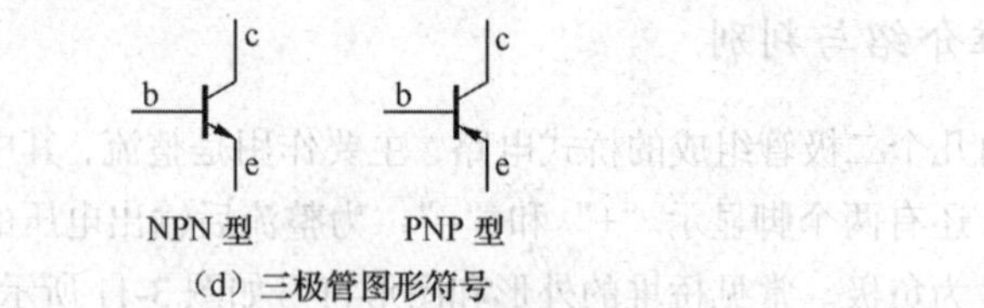

（d）三极管图形符号

图 3-12　部分三极管外形及图形符号图

2. 三极管的主要参数

表征三极管特性的参数很多，可大致分为 2 类，即直流参数、交流参数。

（1）直流参数。

① 共发射极直流电流放大倍数 h_{FE}（或 $\overline{\beta}$）。它指集电极电流 I_C 与基极电流 I_B 之比，即 $h_{FE}=I_B/I_C$。

② 集电极-发射极反向饱和电流 I_{CEO}。它指基极开路时，集电极与发射极之间加上规定的反向电压时的集电极电流，又称穿透电流。

③ 集电极-基极反向饱和电流 I_{CBO}。它指发射极开路时，集电极与基极之间加上规定的电压时的集电极电流。良好三极管的 I_{CBO} 应很小。

（2）交流参数。

① 共发射极交流电流放大系数 h_{fe}（β）。它指在共发射极电路中，集电极电流变化量ΔI_C与基极电流变化量ΔI_B之比，即 $\beta=\Delta I_C/\Delta I_B$。

② 共发射极截止频率 f_β。它是指电流放大系数因频率增高而下降至低频放大系数的 0.707 倍时的频率，即 β 值下降了 3dB 时的频率。

③ 特征频率 f_T。它是指 β 值因频率升高而下降至 1 时的频率。

3. 三极管的识别

（1）三极管极性的识别方法。小功率三极管有金属外壳封装和塑料外壳封装两种。金属外壳封装的三极管，如果管壳上带有定位销，那么，将管底朝上，从定位销起，按顺时针方向，3 根电极依次为 E、B、C；如果管壳上无定位销，且 3 根电极在半圆内，将有 3 根电极的半圆置于上方，按顺时针方向，3 根电极依次为 E、B、C，如图 3-13（a）、（b）、（c）所示。

塑料外壳封装的，面对平面，三根电极置于下方，从左到右，3 根电极依次为 E、B、C，如

图 3-13（d）所示。

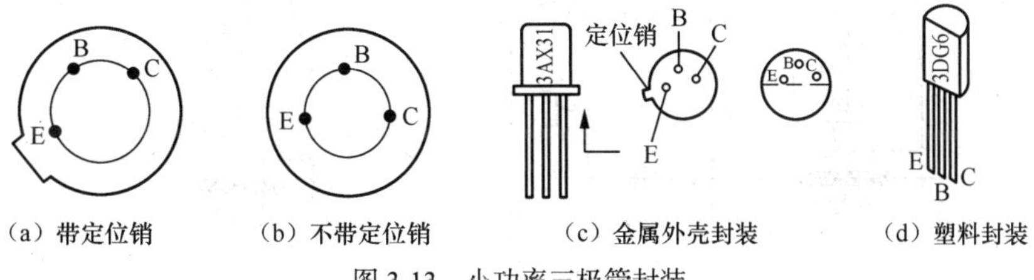

图 3-13　小功率三极管封装

大功率三极管的外形一般分为 F 型和 G 型两种，如图 3-14（a）、（b）所示。F 型管，从外形上只能看到两根电极。我们将管底朝上，两根电极置于左侧，则上为 E，下为 B，底座为 C。G 型管的 3 个电极一般在管壳的顶部，将管底朝下，3 根电极置于左方，从最下电极起，顺时针方向，依次为 E、B、C。

对于塑料外壳封装的无金属散热片三极管，3 根电极置于下方，将印有型号的侧平面正对观察者，从左到右，3 根电极依次为 E、B、C，如图 3-15（a）所示。对于塑料外壳封装的有金属散热片三极管，3 根电极置于下方，将印有型号的一面正对观察者，从左到右，三根电极依次为 B、C、E，如图 3-15（b）所示。

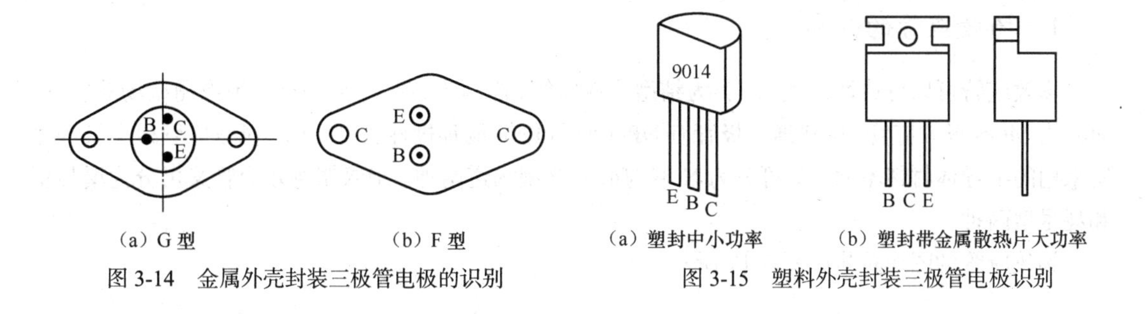

图 3-14　金属外壳封装三极管电极的识别　　图 3-15　塑料外壳封装三极管电极识别

（2）三极管的检测方法。利用万用表判别三极管引脚。

① 先判别基极 B 和三极管的类型。将万用表欧姆挡置于 R × 100Ω或 R × 1kΩ挡，先假设三极管的某极为“基极”，并将黑表笔接在假设的基极上，再将红表笔先后接到其余两个电极上，如果两次测得的电阻值都很大（或都很小），而对换表笔后测得两个电阻值都很小（或都很大），则可以确定假设的基极是正确的。如果两次测得的电阻值是一大一小，则可肯定假设的基极是错误的，这时就必须重新假设另一电极为“基极”，再重复上述的测试。

当基极确定以后，将黑表笔接基极，红表笔分别接其他两极，此时，若测得的电阻值都很小，则该三极管为 NPN 型管，反之，则为 PNP 型管。

② 再判别集电极 C 和发射极 E。以 NPN 型管为例。把黑表笔接到假设的集电极 C 上，红表笔接到假设的发射极 E 上，并且用手握住 B 和 C 极（不能用力，C 直接接触），通过人体，相当于在 B、C 之间接入偏置电阻。读出表所示 C、E 间的电阻值，然后将红、黑两表笔反接重测，若第一次电阻值比第二次小，说明原假设成立，即黑表笔所接的是集电极 C，红表笔接的是发射极 E。因为 C、E 间电阻值小，正说明通过万用表的电流大，偏置正常，如图 3-16（a）、（b）所示。

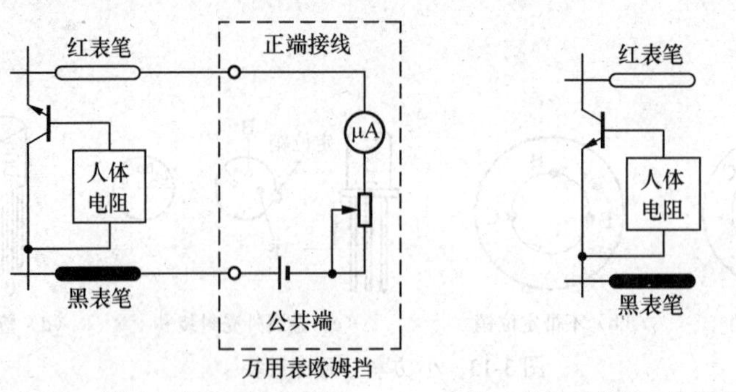

（a）基线－射极 PN 结正偏测试　　（b）基线－射极 PN 结反偏测试

图 3-16　判别三极管 C、E 电极的原理图

3.2.3　场效应管的识别与检测

场效应管（简称 FET）是一种电压控制的半导体器件。它属于电压控制型半导体器件，具有输入电阻高（10^8～$10^9\Omega$）、噪声小、功耗低、动态范围大、易于集成、没有二次击穿现象、安全工作区域宽等优点。与三极管一样也有 3 个电极，分别叫作源极（S 极，与普通三极管的发射极相似）、栅极（G 极，与基极相似）和漏极（D 极，与集电极相似）。

1. 场效应管的分类

场效应管可以分成两大类：一类为结型场效应管，简写为 JFET；另一类为绝缘栅型场效应管，简称为 MOS 场效应管。同普通三极管有 NPN 型和 PNP 两种极性类型一样，场效应管根据其沟道所采用的半导体材料不同，又可分为 N 型沟道和 P 型沟道两种。绝缘栅场效应管又可分为增强型和耗尽型两种。

场效应管的图形符号如图 3-17 所示。

G D S　G D S　G D S　G D S

（a）N 沟道结型场效应管　（b）P 沟道结型场效应管　（c）PMOS 管　（d）NMOS 管

图 3-17　场效应管的电路符号示意图

2. 场效应管的测试

（1）结型场效应管的引脚识别。将万用表的黑表笔（红表笔也行）任意接触一个电极，另一只表笔依次去接触其余的两个电极，测其电阻值。当出现两次测得的电阻值近似相等时，则黑表笔所接触的电极为栅极，其余两电极分别为漏极和源极。若两次测出的电阻值均很大，说明是 PN 结的反向，即都是反向电阻，可以判定是 N 沟道场效应管，且黑表笔接的是栅极；若两次测出的电阻值均很小，说明是正向 PN 结，即是正向电阻，判定为 P 沟道场效应管，黑表笔接的也是栅极。若不出现上述情况，可以调换黑、红表笔按上述方法进行测试，直到判别出栅极为止。

注意不能用此法判定绝缘栅型场效应管的栅极。因为这种管子的输入电阻极高，栅源间的极间电容又很小，测量时只要有少量的电荷，就可在极间电容上形成很高的电压，容易将管子损坏。

（2）估测场效应管的放大能力。将万用表拨到 R×100Ω挡，红表笔接源极 S，黑表笔接漏极 D，相当于给场效应管加上 1.5V 的电源电压。这时表针指示出的是 D-S 极间电阻值。然后用手指捏栅极 G，将人体的感应电压作为输入信号加到栅极上。由于管子的放大作用，U_{DS} 和 I_D 都将发生变化，也相当于 D-S 极间电阻发生变化，可观察到表针有较大幅度的摆动。如果手捏栅极时表针摆动很小，说明管子的放大能力较弱；若表针不动，说明管子已经损坏。

本方法也适用于测 MOS 管。为了保护 MOS 场效应管，必须用手握住螺钉旋具绝缘柄，用金属杆去碰栅极，以防止人体感应电荷直接加到栅极上，将管子损坏。MOS 管每次测量完毕，G-S 结电容上会充有少量电荷，建立起电压 U_{GS}，再接着测时表针可能不动，此时将 G-S 极间短路一下即可。

3.2.4　晶闸管的识别与检测

晶闸管又称可控硅，其特点是：只要控制极中通以几毫安至几十毫安的电流就可以触发器件导通，器件中就可以通过较大的电流。利用这种特性，其可用于整流开关、变频、交直流变换、电机调速、调温、调光及其他自控电路中。晶闸管外形图及图形符号如图 3-18 和图 3-19 所示，图中 A 为单向晶闸管阳极，K 为阴极，G 为控制极；T1 为双向晶闸管第一阳极，T2 为第二阳极。

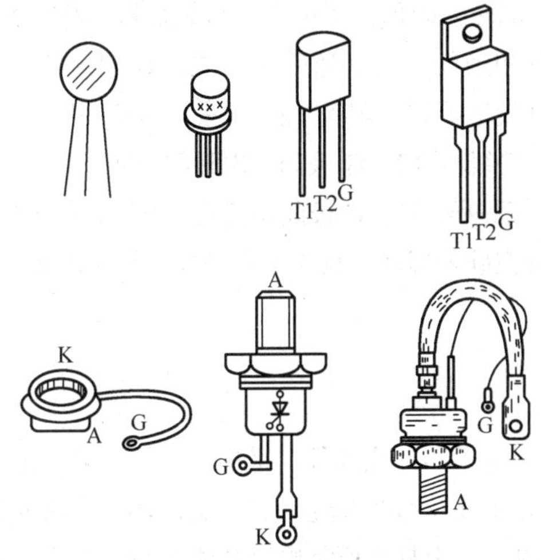

图 3-18　晶闸管外形图

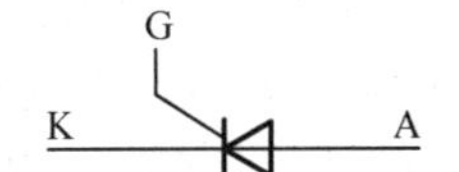

（a）单向晶闸管符号

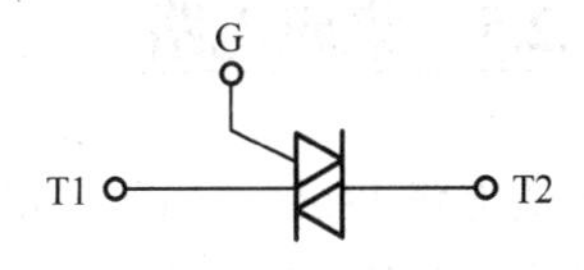

（b）双向晶闸管图形符号

图 3-19　晶闸管符号

1. 晶闸管的分类

（1）按关断、导通及控制方式分类，晶闸管可分为普通晶闸管、双向晶闸管、逆导晶闸管、门极关断晶闸管（GTO）、BTG 晶闸管、温控晶闸管和光控晶闸管等多种。

（2）按引脚和极性分类，晶闸管可分为二极晶闸管、三极晶闸管和四极晶闸管。

（3）按封装形式分类，晶闸管可分为金属封装晶闸管、塑封晶闸管和陶瓷封装晶闸管 3 种类型。其中，金属封装晶闸管又分为螺栓型、平板型、圆壳型等多种；塑封晶闸管又分为带散热片型和不带散热片型两种。

（4）按电流容量分类，晶闸管可分为大功率晶闸管、中功率晶闸管和小功率晶闸管 3 种。通常，大功率晶闸管多采用金属壳封装，而中、小功率晶闸管则多采用塑封或陶瓷封装。

（5）按关断速度分类，晶闸管可分为普通晶闸管和高频（快速）晶闸管。

2. 晶闸管的主要参数

有正向转折电压 V_{BO}、正向平均漏电流 I_{FL}、反向漏电流 I_{RL}、断态重复峰值电压 V_{DRM}、反向重复峰值电压 V_{RRM}、正向平均压降 V_F、通态平均电流 I_T、门极触发电压 V_G、门极触发电流 I_G、门极反向电压和维持电流 I_H 等。

3. 晶闸管的检测

（1）单向晶闸管的检测。万用表选电阻 R×1Ω 挡，用红、黑两表笔分别测任意两引脚间正反向电阻，直至找出读数为数十欧姆的一对引脚，此时黑表笔的引脚为控制极 G，红表笔的引脚为阴极 K，另一空脚为阳极 A。

（2）双向晶闸管的检测。用万用表电阻 R×1Ω 挡，用红、黑两表笔分别测任意两引脚间正反向电阻，结果其中两组读数为无穷大。若一组为数十欧姆时，该组红、黑表所接的两引脚为第一阳极 T1 和控制极 G，另一空脚即为第二阳极 T2。

确定 T1、G 极后，再仔细测量 T1、G 极间正、反向电阻，读数相对较小的那次测量的黑表笔所接的引脚为第一阳极 T1，红表笔所接引脚为控制极 G。将黑表笔接已确定的第二阳极 T2，红表笔接第一阳极 T1，此时万用表指针不应发生偏转，阻值为无穷大。再用短接线将 T2、G 极瞬间短接，给 G 极加上正向触发电压，T2、T1 间阻值约 10Ω。随后断开 T2、G 间短接线，万用表读数应保持 10Ω左右。互换红、黑表笔接线，红表笔接第二阳极 T2，黑表笔接第一阳极 T1。同样万用表指针应不发生偏转，阻值为无穷大。用短接线将 T2、G 极间再次瞬间短接，给 G 极加上负的触发电压，T1、T2 间的阻值也是 10Ω左右。随后断开 T2、G 极间短接线，万用表读数应不变，保持在 10Ω左右。符合以上规律，说明被测双向可控硅未损坏，且 3 个引脚极性判断正确。

3.2.5 集成电路

集成电路（Integrated Circuit，IC）是一种微型电子器件或部件。采用一定的工艺，把一个电路中所需的晶体管、二极管、电阻、电容和电感等元件及布线互连一起，制作在一小块或几小块半导体晶片或介质基片上，然后封装在一个管壳内，成为具有所需电路功能的微型结构。其中所有元件在结构上已组成一个整体，这样，整个电路的体积大大缩小，且引出线和焊接点的数目也大为减少，从而使电子元件向着微型化、低功耗和高可靠性方面迈进了一大步。用集成电路来装配电子设备，其装配密度比晶体管可提高几十倍至几千倍，设备的稳定工作时间也可大大提高。

1. 集成电路分类

（1）按制造工艺分类，集成电路可分为半导体集成电路、薄膜集成电路和由二者组合而成的混合集成电路。其中发展最快，品种最多，产量最大，应用最广的是半导体集成电路。它又可分为双极型 IC 和单极型 IC。

（2）按功能、结构分类，集成电路可以分为模拟集成电路和数字集成电路。数字集成电路包括 TTL、HTL、CMOS 集成电路等。模拟集成电路包括集成运算放大器、集成稳压电路、集成功

率放大器、集成音响电视电路、集成模拟乘法器等。模拟集成电路用来产生、放大和处理各种模拟信号。模拟集成电路有以下几方面的特点。

① 电路结构与元器件参数具有对称性。

② 用有源器件代替无源器件。

③ 采用复合结构的电路。

④ 级间采用直接耦合方式。

⑤ 电路中使用的二极管多用作温度补偿或电位移动电路，大都采用 BJT 的发射结构成。

（3）按集成度来分类，集成电路可分为小规模集成电路、中规模集成电路、大规模集成电路和超大规模集成电路。小规模集成电路（SSI）指每片的集成度少于 100 个元件或 10 个门电路。中规模集成电路（MSI）指每片的集成度为 100～1000 个元件或 10～100 个门电路。大规模集成电路（LSI）指每片的集成度为 1000 个元件或 100 个门电路以上。超大规模集成电路（VLSI）指每片集成度为 10 万个元件或 1 万个门电路以上。

（4）按封装形式分类，集成电路封装材料常有塑料、陶瓷和金属 3 种，封装形式有双列直插封装（DIP）、扁平陶瓷封装（QFP）和单列直插式封装（SIP）等。扁平陶瓷封装这种形式稳定性好，体积小，双列直插式封装这种形式有利于大规模生产进行焊接。常见集成电路封装形式如图 3-20 所示。

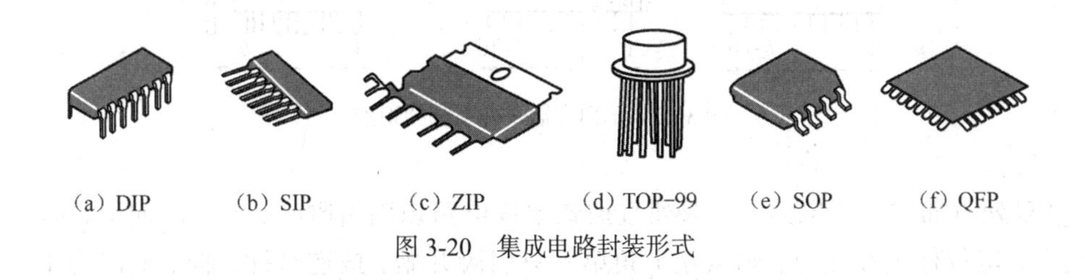

图 3-20　集成电路封装形式

2. 集成电路的引脚识别

虽然集成电路的引脚数目很多，但其排列还是有一定规律的，在使用时可按照这些规律来正确识别引脚。

（1）圆顶封装的集成电路。对圆顶封装的集成电路（一般为圆形或菱形金属外壳封装），识别引脚时，应将集成电路的引脚朝上，再找出其标记。常见的定位标记有锁口凸耳，定位孔及引脚不均匀排列等。引脚的顺序由定位标记对应的引脚开始，按顺时针方向依次排列引脚 1，2，3…如图 3-21 所示。

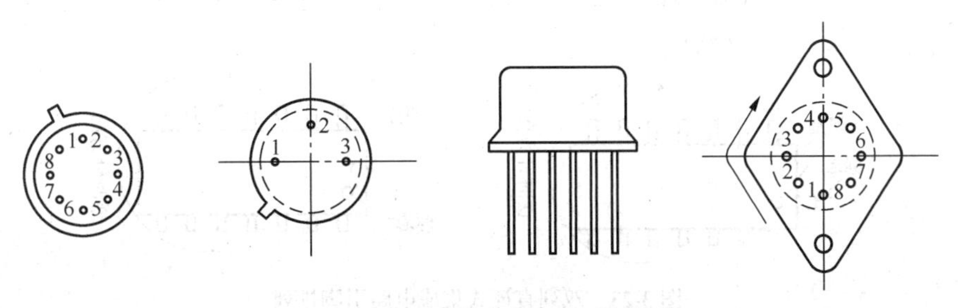

图 3-21　圆顶封装集成电路引脚排列

（2）单列直插式集成电路。对单列直插式集成电路，识别其引脚时，应使引脚朝下，面对型号或定位标记，自定位标记对应一侧的第一只引脚数起，依次为 1，2，3…引脚。这一类集成电路上常用的定位标记为色点、凹坑、小孔、线条、色带、缺角等，如图 3-22 所示。但有些厂家生产的同一种芯片，为了印制电路板上能灵活安装，其封装外形有多种。

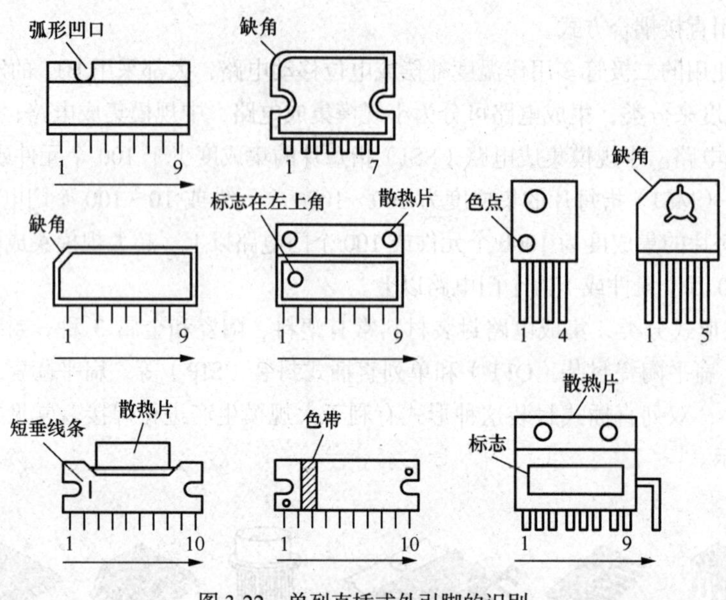

图 3-22 单列直插式外引脚的识别

（3）双列直插式集成电路。对双列直插式集成电路识别引脚时，若引脚向下，即其型号、商标向上，定位标记在左边，则从左下角第一只引脚开始，按逆时针方向，依次为 1，2，3…引脚，如图 3-23 所示。若引脚朝上，型号、商标向下，定位标志位于左边，则应从左上角第一只引脚开始，按顺时针方向，依次为 1，2，3…引脚。顺便指出，个别集成电路的引脚，在其对应位置上有缺脚符号（即无此引出脚），对这种型号的集成电路，其引脚编号顺序不受影响。

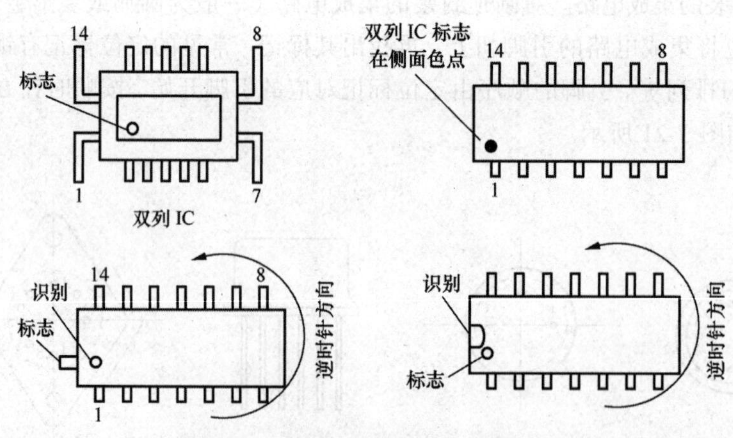

图 3-23 双列直插式集成电路引脚排列

3.3 其他机电元件的识别和检测

3.3.1 开关的识别和检测

开关是指利用手动或电信号的作用完成电气接通或断开功能的元件，大多数开关是人工手动操作的，有些开关（干簧管和霍克元件）是通过磁信号来控制线路的通和断，还有些开关是由二极管、三极管构成的无触点开关，这种开关在电路的通和断控制过程中没有机械力的参与，是电子开关。

开关元件的图形符号如图 3-24 所示，在电路中用字母 K 表示开关。

（a）一般开关（b）手动开关（c）按钮开关（d）旋转开关（e）拨码开关（f）单刀多置开关

图 3-24　开关电路符号

1. 开关的主要参数

（1）接触电阻。开关闭合时，两接通触点间导体的电阻值称为接触电阻。接触电阻要求越小越好，一般接触电阻应小于 20mΩ。

（2）额定电流。额定电流指触点正常工作时允许通过的最大电流，在交流电路中指交流电流的有效值。

（3）耐压值。耐压值指开关导通时两触点所能承受的最大电压。超过耐压值就有可能使断开的开关触点被击穿。一般开关耐压值至少大于 100V，电源（市电）开关要求大于 500V（有效值）。

（4）绝缘电阻。断开的两触点间的电阻称为绝缘电阻。绝缘电阻要求越大越好，一般开关要求 100MΩ以上。

（5）使用寿命。使用寿命指开关在正常工作条件下的有效使用次数。一般要求 10^4～10^5 次，有的可达到百万、千万次，微动开关甚至可以达到上亿次。

通常在电子设计制作中，对于开关参数的选择，只需考虑接触电阻值、额定电流及耐压值即可。

2. 常用开关介绍

下面介绍几种常用的开关。

（1）钮子开关。钮子开关是电子设备中最常用的一种开关类型，通常分为单极双位和双极双位开关，有些还带有指示灯，主要用于电源开关和电路转换开关。钮子开关外形结构如图 3-25（a）所示。

（2）拨动开关。拨动开关一般是水平滑动换位，常用于电路状态转换电路和电源电路。如收音机中的波段转换开关和调幅调频转换开关。拨动开关外形结构如图 3-25（b）所示。

（3）旋转开关。旋转开关又可分为波段开关和刷形开关两种，一般都是多级多位开关，有些开关位数多达十几位，主要用于老式万用表等各种仪器仪表中。旋转开关外形结构如图 3-26（a）所示。

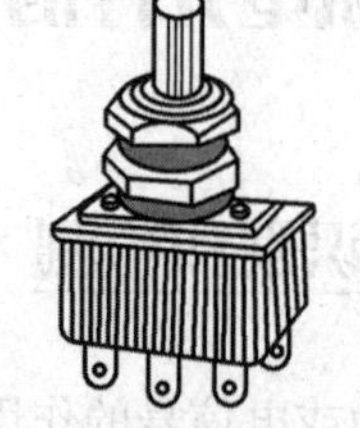
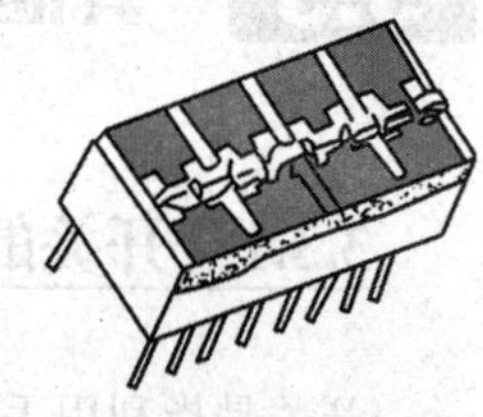

（a）钮子开关外形　（b）拨动开关外形

图 3-25　钮子开关和拨动开关外形

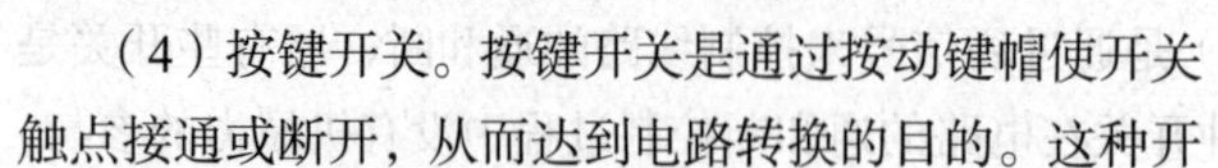

（4）按键开关。按键开关是通过按动键帽使开关触点接通或断开，从而达到电路转换的目的。这种开关按一下接通自锁，再按一下断开复位。通常用于电信设备、计算机、家用电器等。按键开头外形结构如图 3-26（b）所示。

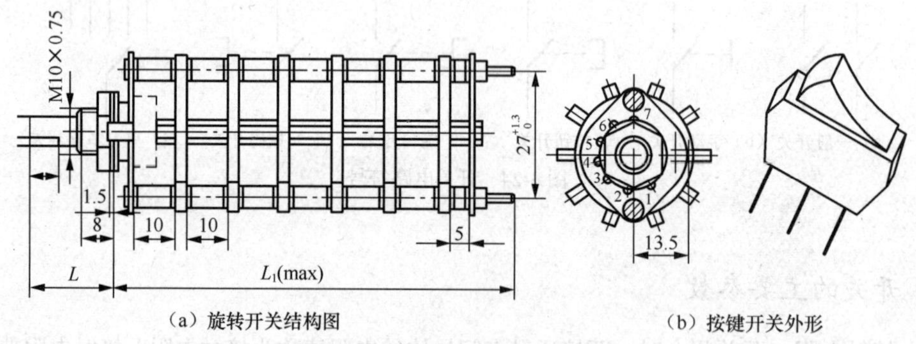

（a）旋转开关结构图　（b）按键开关外形

图 3-26　旋转开关和按键开关外形

（5）薄膜开关。薄膜开关是一种新型的按键开关。与传统的机械式开关相比，具有密封性好、质量轻、体积小、低电压、低电流，且能防水、防尘、寿命长等优点，多用于办公设备、家用电器等电子产品中，如复印机、电子测量仪器仪表、医疗设备、程控机床、洗衣机、电冰箱。几种常见薄膜开关的结构如图 3-27 所示。

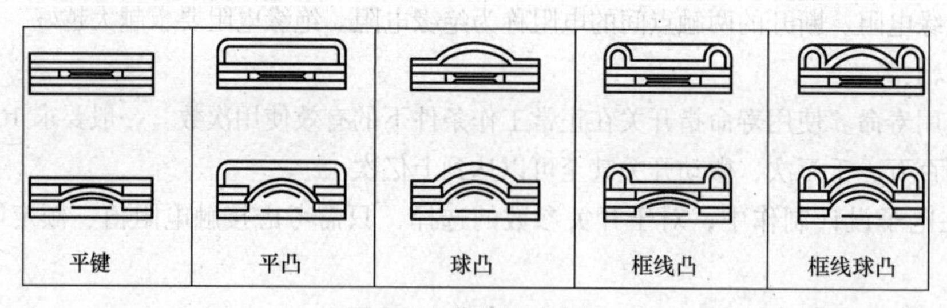

图 3-27　薄膜开关结构

（6）水银开关。水银开关是在玻璃管或金属管内装有规定数量的水银，再引出电极密封而成的。水银开关是根据水银导电及流动的特点，利用方向的改变（通常采用倾斜方式）使水银球接通或断开开关引线，使用方便。通常用于玩具及防盗报警等产品中。水银开关外形结构如图 3-28 所示。

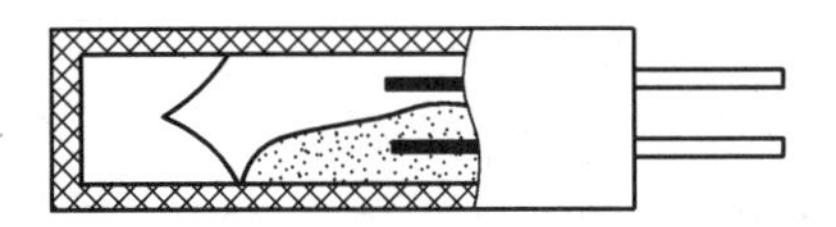
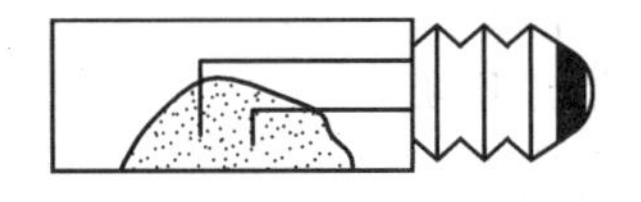

图 3-28　水银开关结构

（7）定时开关。定时开关实质上是在开关基础上加定时器，它可以在一定时间限内动作，常用于电风扇、洗衣机、电饭煲、录像机等家用电器中。常见的类型有机械式、电子式、电机驱动式等。机械式的原理类似于机械时钟，以发条为动力，通过齿轮组的转动带动偏心轮利用凸起或凹槽来完成相应触点的接通和断开。电子式一般是通过改变振荡器的时间常数来控制定时时间，用继电器或晶闸管完成触点的通、断。电机驱动式与机械式类似，不同之处是将动力由机械发条改为电驱动的电动机。

3. 开关的检测

将数字万用表转换开关拨至 200Ω或蜂鸣器挡位，用一表笔接在极（刀）接触点上，另一表笔接在某一位接触点上，当该极（刀）与开关某一接触点（位）相连接时，两个触点应导通，电阻值为 0；该极与其他接触点不相连时应不通（断开），此时，绝缘电阻大于 100MΩ，表示该开关正常，可以使用。

3.3.2　扬声器的识别和检测

扬声器俗称为喇叭，是能将电信号转换成声信号，并辐射到空气中去的电声换能器。它是收音机、录音机、音响设备中的重要元件。常见的扬声器有动圈式、舌簧式、压电式等几种，如图 3-29 所示。但最常用的是动圈式扬声器（又称电动式）。动圈式扬声器又分为内磁式和外磁式，因为外磁式便宜，通常外磁式用得多。当音频电流通过音圈时，音圈产生随音频电流变化的磁场，在永久磁铁的磁场中时而吸引时而排斥，带动纸盆振动发出声音。

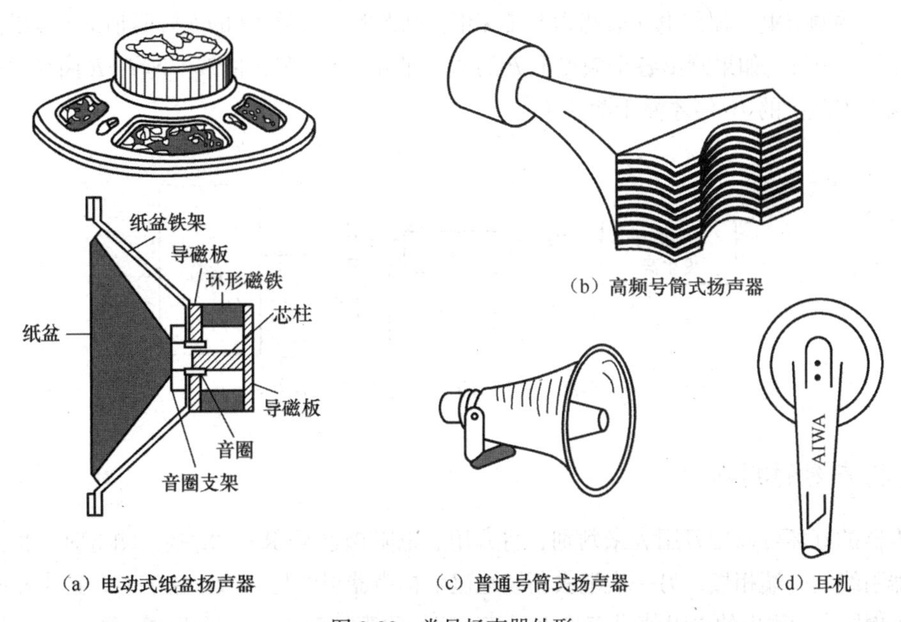

（a）电动式纸盆扬声器　（b）高频号筒式扬声器　（c）普通号筒式扬声器　（d）耳机

图 3-29　常见扬声器外形

1. 扬声器的分类

按工作原理分类，可分电动式、电磁式、静电式、压电式、离子式等。

按辐射方式分类，可分为直接辐射式扬声器、号筒式扬声器、耳机扬声器。

按用途分类分为高保真（Hi-Fi）扬声器、监听扬声器、扩声类扬声器、收音机、录音机、电视机用扬声器、警报用扬声器、水下及船舶扬声器、汽车扬声器，还有家庭影院要求的扬声器。

2. 扬声器的电声参数

一般从市场购来的优质扬声器的性能参数如标称功率、阻抗、谐振频率、频率范围等可以从有关手册查得，不需要用户自己去测量。但如有特殊需要，如制作一个质量较满意的助音箱，就必须对所使用的扬声器有关参数进行了解。

（1）扬声器音圈直流电阻的测量。扬声器音圈的直流电阻可以用万用表欧姆挡直接测量。测量时，首先使挡要尽量靠近它的标称阻抗值。一般说来，直流电阻要小于标称阻抗值，为标称阻抗的 80%～90%。因此，有了电阻值即可以估计出阻抗值。例如，电动式扬声器的直流电阻为 7.4Ω，那么它的交流阻抗应为 8Ω；若直流电阻为 15Ω，那么它的交流阻抗就大约为 19Ω。

（2）扬声器谐振频率的测量。测量时，要选择适当的环境，例如，在测试现场的 3m 之内不可有太大的反射物体，在有效范围内不可有其他磁性物质等。操作时，应将扬声器装在障板上，障板的面积应为扬声器有效辐射面积的 10 倍，以保它在障板上的辐射条件。

测量方法是先测出扬声器的阻抗曲线，对应于曲线峰值的频率即为谐振频率。

先把被测的扬声器置于音箱中，按图 3-30 接好电路。给音箱供大约 0.1W 的音频功率（由音频信号发生器提供，根据 $P=V^2/R$ 来估算，式中 V 是电压表读数，R 为音箱扬声器的标称阻抗），音频信号发生器固定一频率 f，将开关 K 接通音箱，此时电压表上有数值 U；再把开关 K 打在电位器 W 上，并调节电位器使电压表指数与 U 相同，则此时电位器 W 的实际阻值 R 即为助音箱（被测扬声器）的阻抗。如果测出各个频点上 R 的值，即可绘出“阻抗曲线”即 f—R 曲线（一般要取 W 值是扬声器阻抗的 10 倍才便于测量）。

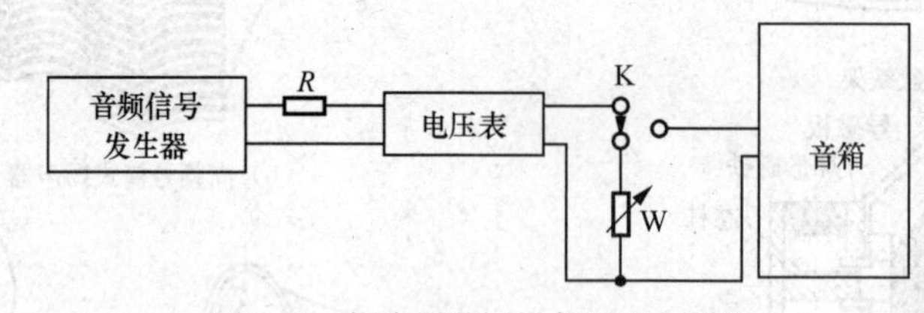

图 3-30　扬声器谐振频率测试连接图

3. 扬声器的判别

扬声器的好坏可以用万用表来判别，将万用表电阻挡置于 R×10Ω挡。测试时，将其一表笔与扬声器引线的一端相接，另一表笔去断续地碰触扬声器引线另一端。碰触时，扬声器应发出较响的“喀喇”声，测出的电阻值是直流电阻值，比标称阻抗值要小，是正常现象。如果没有声音，

则说明被测扬声器的引线已断，或者是音圈开路，还有可能音圈被粘死，通电时不能动弹，这时可以用手指按一按纸盆的音圈部位，试一试是否松动。

扬声器上一般都标有标称功率和标称阻抗值，例如，0.25W 8Ω。一般认为扬声器的口径比较大，标称功率也大。使用时，输入功率不要超过标称功率太多，以防损坏。

3.3.3　接插件的识别和检测

插接件又叫连接器，是在两块电路板或两部分电路之间完成电气连接，实现信号和电能的传输和控制，应用在电子设备的主机和各个部件之间进行电气连接，或者在大功率的分立元件与印制电路板之间进行电气连接，这样便于整机的组装和维修。

理想的接插件应该接触可靠，具有良好的导电性，足够的机械长度，适当的插拔力和很好的绝缘性。接插点的工作电压和额定电流应当符合标准，满足电气要求。

1. 接插件的分类

（1）按照工作频率分类。接插件可分为低频和高频。低频是指适合频率 100MHz 以下工作的连接器；高频是指适合在频率 100Hz 以上工作的高频接插件，如同轴连接器。

（2）按照外形结构特征分类。

① 圆形连接器；主要用于 D 类连接，端接导线、电缆等，外形为圆筒形。

② 矩形连接器：主要用于 C 类连接，外形为矩形或梯形。

③ 条形连接器：主要用于 B 类连接，外形为长条形。

④ 印制电路板连接器：主要用于 B 类连接，包括边缘连接器、板装连接。

⑤ IC 连接器：主要用于 A 类连接，通常称为插座。

⑥ 导电橡胶连接器：用于液晶显示器与印制电路板的连接。

（3）按用途分类。

① 电缆连接器：连接多股导线、屏蔽线及电缆，由固定配对器组成。

② 机柜连接器：一般由配对的固定连接器组成。

③ 电源连接器：通常称为电源插头插座。

④ 射频同轴连接器：也称为高频连接器，用于射频、视频及脉冲电路。

⑤ 光纤光缆连接器。

⑥ 其他专用连接器：如办公设备、汽车电器等专用的连接器。

2. 常用连接器介绍

（1）圆形连接器。圆形连接器主要有插接式和螺纹连接式两大类。插接式通常用于插拔较频繁、连接点数少且电流不超过 1A 的电路连接。螺纹连接式俗称航空插头插座，它有一个标准的旋转锁紧机构，在多接点和插拔力较大的情况下连接较方便，抗震性极好；同时还容易实现防水密封及电场屏蔽等特殊要求，适用于电流大、不需经常插拔的电路连接。此类连接的节点数量可从两个到近百个，额定电流可从 1A 到数百安，工作电压均在 300～500V。圆形连接器的外形如图 3-31 所示。

（2）矩形连接器。矩形排列能充分利用空间的位置，所以被广泛应用于机内互连。当带有外壳或锁紧装置时，也可用于机外的电缆和面板之间的连接。本类插头插座可分为插针式和双曲线簧式；有带外壳的和不带外壳的；有锁紧式和非锁紧式。接点数目、电流、电压均有多种规格，应根据电路要求选用。矩形连接器的外形如图 3-32 所示。

（3）印制电路板连接器。印制电路板连接器的结构有直接型、绕接型、间接型等，主要规格有排数、芯数、间距和有无定位等。连接器的簧片有镀金、镀银之分，要求较高的场合应用镀金插座。印制电路板连接器的外形如图 3-33 所示。

图 3-31　圆形连接器

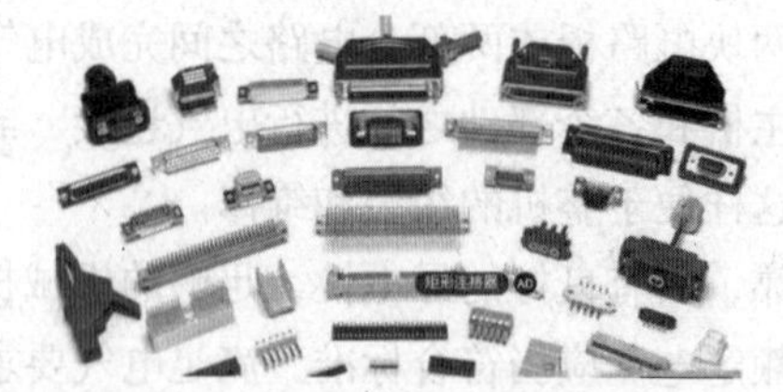

图 3-32　矩形连接器

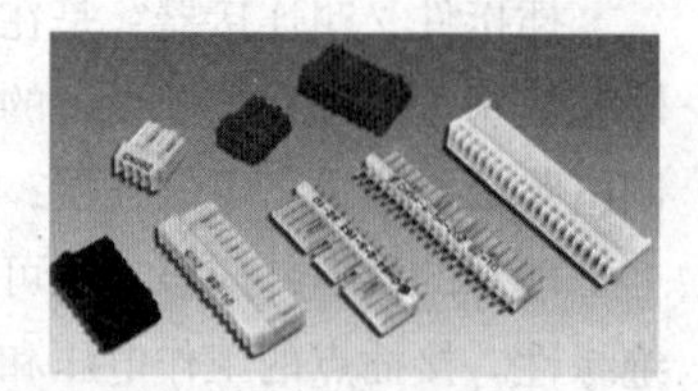

图 3-33　印制板电路连接器

（4）D 形连接器。D 形连接器具有非对称定位和连接锁紧机构，常用连接点数为 9、15、25、37 等几种，可靠性高，定位准确，广泛应用于各种电子产品的机内及机外连接，其外形如图 3-34 所示。

（5）带状电缆这接器。带状电缆连接器多用于数字信号传输，其外形如图 3-35 所示。

图 3-34　D 型连接器

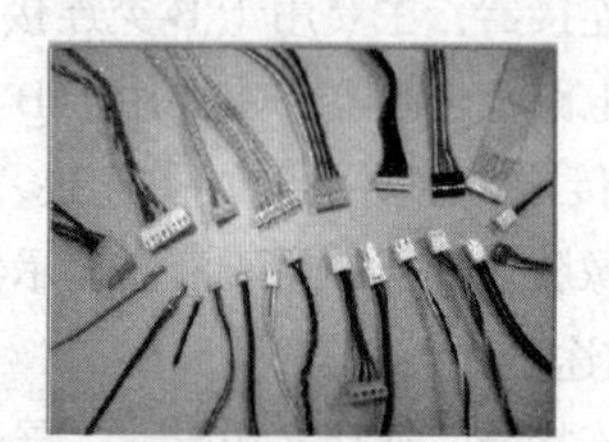

图 3-35　带状电缆连接器

（6）AV 连接器。AV 连接器也称为音视频连接器或视听设备连接器，用于各种音响、录放像设备、CD 机、VCD 机及多媒体计算机声卡、显示卡等部件的声音和图像信号连接。AV 连接器又可分为音频连接器、直流电源连接器、同芯连接器、射频同轴连接器等。AV 连接器的外形如图 3-36（a）、（b）、（c）、（d）所示。

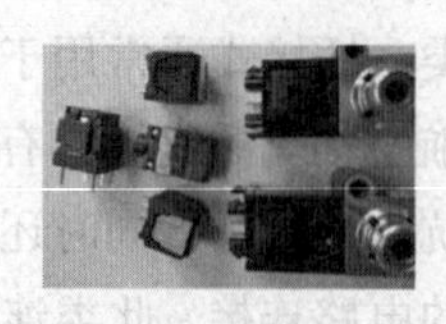

（a）音频连接器

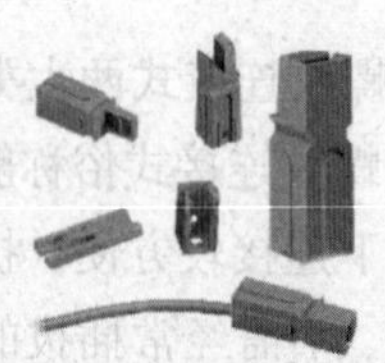

（b）直流电源连接器

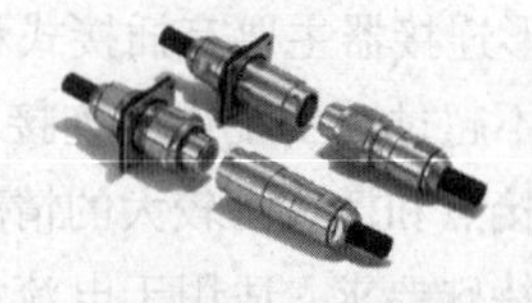

（c）同芯连接器

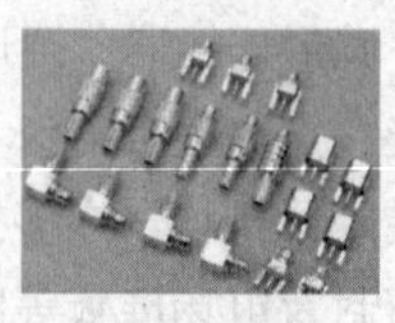

（d）射频同轴连接器

图 3-36　AV 连接器

（7）条形连接器。条形连接器主要用于印制电路板与导线的连接，在各种电子产品中都有广泛应用。常用的插针间距有 2.54mm 和 3.96mm 两种，插针尺寸也不同，工作电压为 250V，工作电流为 1.2A（间距 2.54mm）、3A（间距 3.95mm），接触电阻约为 0.010Ω。此种连接器插头与导线一船采用压接，压接质量对连接器可靠性影响很大。连接器的机械寿命约 30 次。条形连接器的外形如图 3-37 所示。

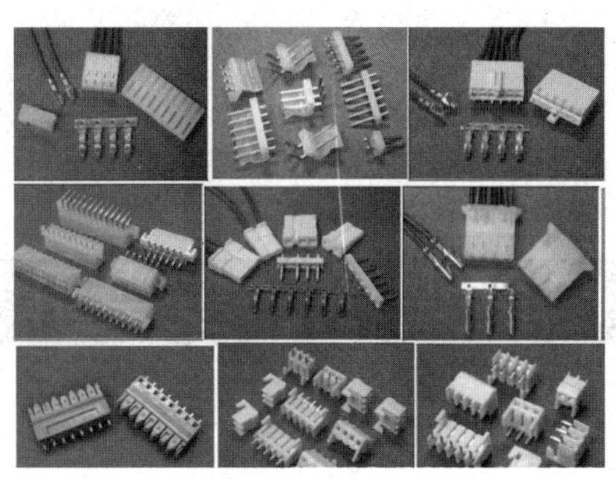

图 3-37　条形连接器

第4章 电子电路调试、安装和焊接技术

4.1 焊接技术

4.1.1 烙铁

烙铁是电子制作和电器维修的必备工具，主要用途是焊接元件及导线。烙铁常见外形如图 4-1 所示。烙铁一般由烙铁头、烙铁芯、烙铁把、电源线等几部分组成，如图 4-2 所示。若是恒温烙铁还有调温和调电压消除静电的电源盒，其中烙铁头有刀型、尖头型等其他形状，如图 4-1（b）、（c）所示。

(a) 恒温烙铁

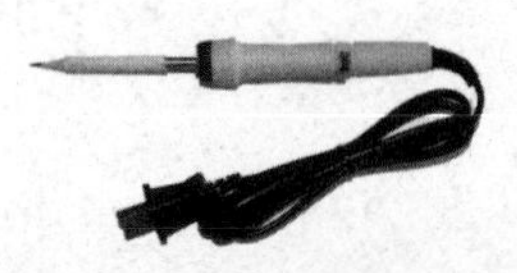

(b) 尖头烙铁

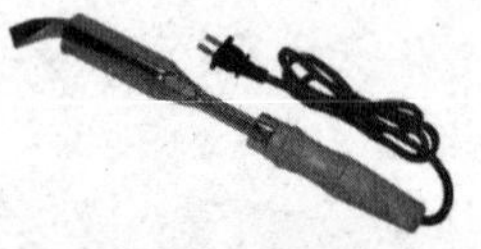

(c) 刀口烙铁

图 4-1 烙铁外形

1. 烙铁分类

（1）按机械结构分类。内热式电烙铁：烙铁芯安装在烙铁头里面，如图 4-2（b）所示，它的发热效率比外热式的高。外热式电烙铁：烙铁头安装在烙铁芯里面，如图 4-2（a）所示。

（2）按功能分类。按功能可分为无吸锡电烙铁和吸锡式电烙铁。吸锡式电烙铁其实就是带加热功能的吸锡器，是电烙铁和吸锡器的结合体。无吸锡电烙铁就是普通

的电烙铁。

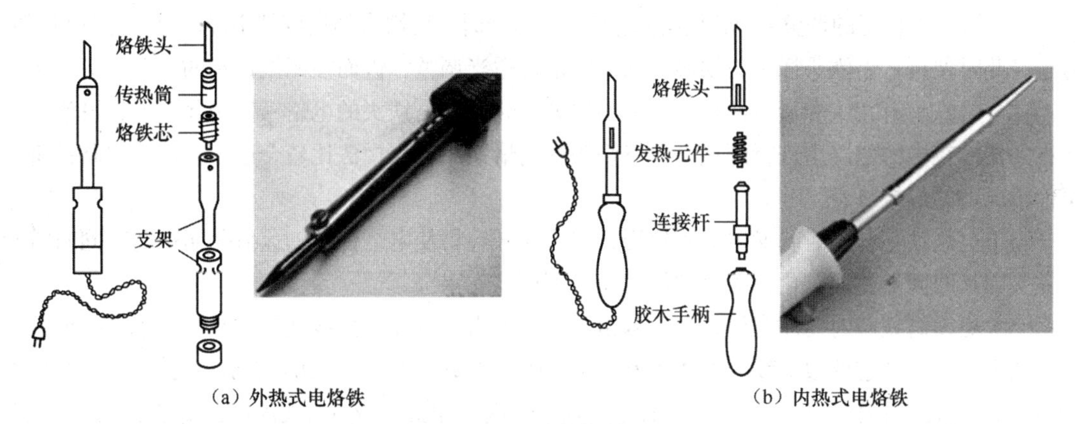

图 4-2　电烙铁结构

（3）按用途分类。根据用途不同又分为大功率电烙铁和小功率电烙铁。

一般小功率的烙铁是内热式的，功率大小有 25W、50W 等。

一般大功率的烙铁是外热式的，功率大小有 75W、100W、300W 等。

（4）按功率大小分类。按功率大小可分为低温烙铁、高温烙铁和恒温烙铁。

① 低温烙铁通常为 30W、40W、60W 等，主要用于普通焊接。

② 高温烙铁通常指 60W 或 60W 以上烙铁，主要用于大面积焊接，例如，电源线的焊接等。

③ 恒温烙铁。恒温是指能把温度控制在设定的温度周围，当温度高于设定的温度时，恒温电烙铁停止加热，当温度低于设定的温度时，恒温电烙铁又开始加热，温度保持在设定的温度周围，以达到恒温的目的，烙铁头不会很快烧死，常见外形如图 4-3 所示。

图 4-3　恒温电烙铁外形

（5）按烙铁头的形状分类。按烙铁头的形状可分为尖嘴烙铁、斜口烙铁、刀口烙铁等。

① 尖嘴烙铁：用于普通焊接。

② 斜口烙铁：主要用于贴片元件焊接。

③ 刀口烙铁：用于 IC 或者多脚密集元件的焊接。

2. 烙铁的使用要求

（1）新烙铁在使用前的处理：一把新烙铁不能拿来就用，必须先对烙铁头进行处理后才能正常使用，就是说在使用前先给烙铁头镀上一层焊锡。具体的方法是：首先用锉把烙铁头按需要锉成一定的形状（注意长寿命电烙铁不可以这样做），然后接上电源，当烙铁头温度升至能熔锡时，将松香涂在烙铁头上，等松香冒烟后再涂上一层焊锡，如此进行二至三次，使烙

铁头的刃面及其周围镀上一层焊锡。

（2）烙铁头长度的调整 ：焊接集成电路与晶体管时，烙铁头的温度就不能太高，且时间不能过长，此时便可将烙铁头插在烙铁芯上的长度进行适当调整，进而控制烙铁头的温度。

（3）烙铁头有直头和弯头两种，当采用握笔法时，直烙铁头的电烙铁使用起来比较灵活，适合在元器件较多的电路中进行焊接。弯烙铁头的电烙铁用在正握法比较合适，多用于线路板垂直桌面情况下的焊接。

（4）电烙铁不易长时间通电而不使用，因为这样容易使电烙铁芯加速氧化而烧断，同时将使烙铁头因长时间加热而氧化，甚至被烧“死”不再“吃锡”。

（5）更换烙铁芯时要注意引线不要接错，因为电烙铁有 3 个接线柱，而其中一个是接地的，另外两个是接烙铁芯两根引线的（这两个接线柱通过电源线直接与 220V 交流电源相接）。如果将 220V 交流电源线错接到接地线的接线柱上，则电烙铁外壳就要带电，被焊件也要带电，这样就会发生触电事故。

（6）电烙铁在焊接时，最好选用松香焊剂，以保护烙铁头不被腐蚀。烙铁应放在烙铁架上。应轻拿轻放，千万不要将烙铁上的锡乱抛。

3. 烙铁的正确使用

电烙铁的握法综合而言有 3 种，反握法、正握法和握笔法。

（1）反握法，就是用五指把电烙铁的柄握在掌内。此法适用于大功率电烙铁，焊接散热量较大的被焊件，如图 4-4（a）所示。

（2）正握法，此法使用的电烙铁也比较大，且多为弯形烙铁头，如图 4-4（b）所示。

（3）握笔法，此法适用于小功率的电烙铁，焊接散热量小的被焊件，如焊接收音机、电视机的印制电路板及其维修等，如图 4-4（c）所示。

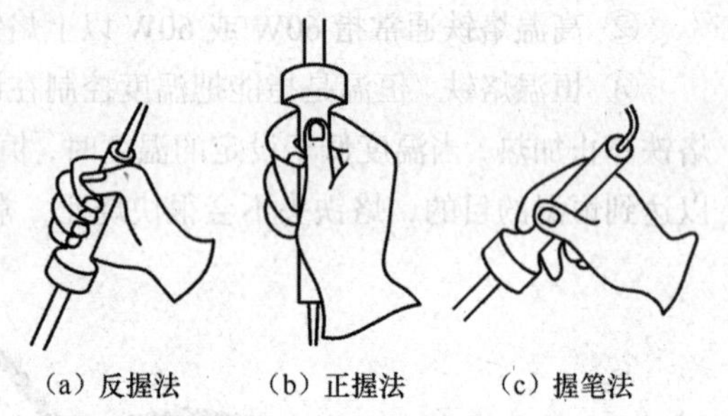
（a）反握法　（b）正握法　（c）握笔法

图 4-4　烙铁的正确握法

4.1.2　焊接材料

1. 焊料

凡是用来熔合两种或两种以上的金属面，使之成为一个整体的金属或合金都叫焊料。按组成成分可分为锡铅焊料、银焊料和铜焊料，在电子装配中多用锡铅焊料。

通常所说的焊锡是指锡和铅的二元合金，它是种软焊料。焊锡有二元或多元合金组成。

纯锡能与多种金属反应，形成金属面化合物。如果用铅和锡制成合金，即锡铅合金。图 4-5 给出了锡铅合金熔化温度随着锡的含量变化的情况，称为锡铅合金状态图。从图 4-5 可以看出，只有纯铅（A 点）、纯锡（C 点）、易熔合金（B 点）是在单一温度下熔化的。其他配比构成的合金则是在一个温度区域内熔化的，其上限（A—B—C 线）叫作液相线，下限（A—D—B—E—C 线）叫作固相线，两个温度线之间为半液体区，焊料呈现稠糊状，B 点合金可由固体直接变成液体或从液体冷却成固体，中间不经过半液这个状态，称 B 点为共晶点。按共晶点的配比合金称为共晶合金。

共晶合金含锡为 63%，铅为 37%。这种配比的焊锡叫共晶焊锡，共晶点的熔化温度为 183℃。当锡含量高于 63%时，熔化温度升高，强度降低，当锡含量少于 10%时，焊接强度变差，接头发脆，焊料润滑能力差。选用共晶焊料焊接，可减少虚焊发生，也可避免因受热过高而损坏元器件，从而提高了产品焊接质量。

为使用方便，有的焊锡丝在丝中心加有助焊剂松香，制成松香焊锡丝。如果在助焊剂松香中再加入盐酸二乙胺，就构成了活性焊锡丝。

焊锡丝直径有 0.5mm、0.8mm、0.9mm、1.0mm、1.2mm、1.5mm、2.0mm、2.3mm、2.5mm、3.0mm、4.0mm、5.0mm 等多种。扁带焊料的规格也有很多种。

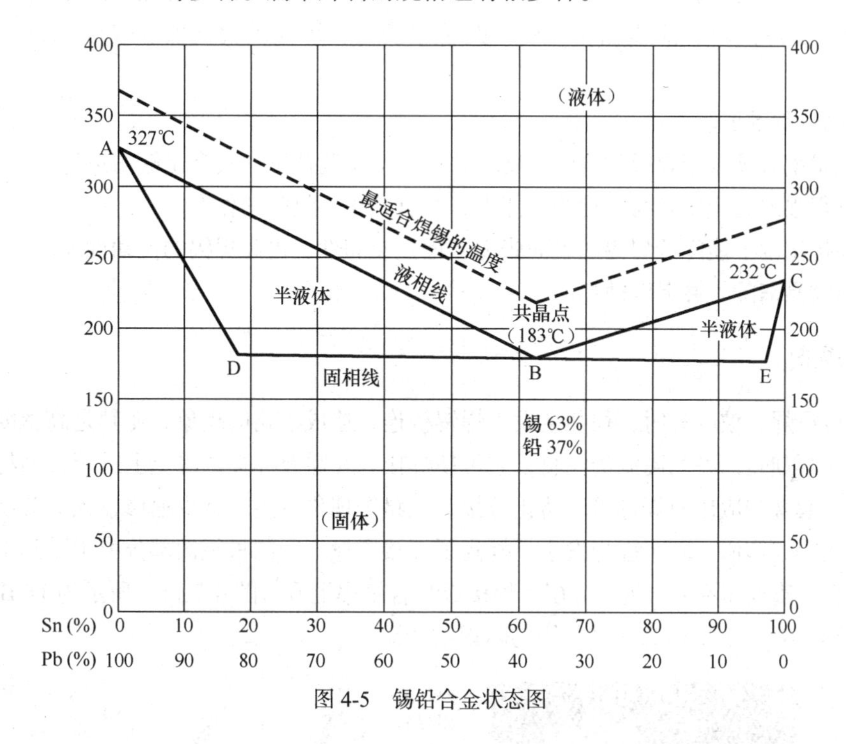

图 4-5　锡铅合金状态图

2. 助焊剂

焊接时，为了使熔化的焊锡能黏结在被焊金属表面上，就必须借助化学的方法将金属表面的氧化物薄膜除去，使金属表面能显露出来。凡是具有这种作用的化学药品，称为助焊剂。常用的助焊剂有固态、液态和气态之分，如图 4-6 所示。有松香、松香酒精水、120 活性焊剂、601 焊剂、701 焊剂等。

(a) 固态松香树脂助焊剂

(b) 液态助焊剂

(c) 气态助焊剂

图 4-6　助焊剂图片

（1）助焊剂的作用。电子装配时常用焊接方法实施电子元器件之间电的连接，而助焊剂便成为获得优质焊接点的必要工艺措施。

助焊剂的作用：

① 溶解并消除焊接点表面的氧化物和杂质；

② 保护焊接点在焊接时不再被氧化；

③ 降低焊接点与焊锡的表面张力，提高焊锡的流动性和浸润能力。

助焊剂涂在焊接点上后，在热作用下熔化、沸腾，冲破焊锡表面的氧化剂，同时驱除焊锡和金属面之间的空气，使被焊表面与空气隔离，焊锡就能直接附着在金属表面上。同时焊锡碰到沸腾的助焊剂时，能增加流动性，改善湿润性，因而大大增加了焊接能力，提高焊接点质量。

（2）对助焊剂的要求。

① 熔化温度必须低于焊锡的熔化温度，并在焊接温度范围内具有足够的热稳定性。

② 应有很强的去金属表面氧化物的能力，并有防止再氧化的作用。

③ 在焊接温度下能降低焊锡的表面张力，增强浸润性，提高焊锡的流动性能。

④ 残余物易清除，并无腐蚀性。

3. 阻焊剂

在进行行浸焊、波峰焊时，往往会发生焊锡桥连，造成短路的现象，尤其是高密度的印制板更为明显。阻焊剂是一种耐高温的涂料，它可使焊接只在需要焊接的焊点上进行，而将不需要焊接的部分保护起来。应用阻焊剂可以防止桥接、短路等现象发生，减少返修，提高劳动生产率，节约焊料可使焊点饱满，减小虚焊发生，提高了焊接质量。印制板板面部分由于受到阻焊膜的覆盖，热冲击小，使板面不易气泡、分层，焊接成品合格率上升。图 4-7（a）所示为 PCB 上的防阻焊绿油膜，图 4-7（b）所示为一种常用的阻焊剂产品。

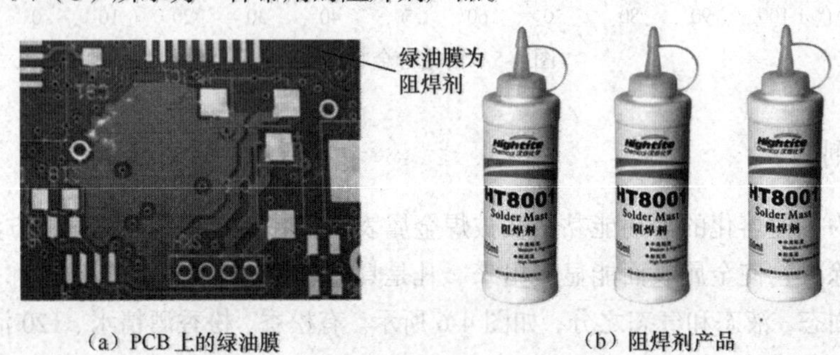

（a）PCB 上的绿油膜　　（b）阻焊剂产品

图 4-7　阻焊剂

光敏阻焊剂固化时间较快，适合自动化流水线生产，又无溶剂挥发，对环境污染少，有利于保护劳动场所，也有利于操作人员劳动保护。常用的光敏阻焊剂有 BH-1、BH-2 和 BX-1 丝网感光胶和热固化型阻焊剂。

4.1.3 焊接方法

焊接是制造电子产品的重要环节之一，如果没有相应的工艺质量保证，任何一个设计精良的

电子产品都难以达到设计要求。在科研开发、设计试制、技术革新的过程中制作一、两块电路板，不可能也没有必要采用自动设备，经常需要进行手工装焊。

1. 手工焊接步骤

手工焊接时，要掌握好电烙铁的温度和焊接时间，选择恰当的烙铁头和焊点的接触位置，才可能得到良好的焊点。正确的手工焊接操作过程可以分成5个步骤，如图4-8所示。

（1）准备施焊。左手拿焊丝，右手握烙铁，进入备焊状态，如图4-8（a）所示。要求烙铁头保持干净，无焊渣等氧化物，并在表面镀有一层焊锡。

（2）加热焊件。烙铁头靠在两焊件的连接处，加热整个焊件全体，时间为1～2s。对于在印制板上焊接元器件来说，要注意使烙铁头同时接触两个被焊接物。例如，图4-8（b）中的导线与接线柱、元器件引线与焊盘要同时均匀受热。

（3）送入焊丝。焊件的焊接面被加热到一定温度时，焊锡丝从烙铁对面接触焊件，如图4-8（c）所示。注意：不要把焊锡丝送到烙铁头上！

（4）移开焊丝。当焊丝熔化一定量后，立即向左上45°方向移开焊丝，如图4-8（d）所示。

（5）移开烙铁。焊锡浸润焊盘和焊件的施焊部位以后，向右上45°方向移开烙铁，结束焊接，如图4-8（e）所示。从第3步开始到第5步结束，时间也是1~2s。

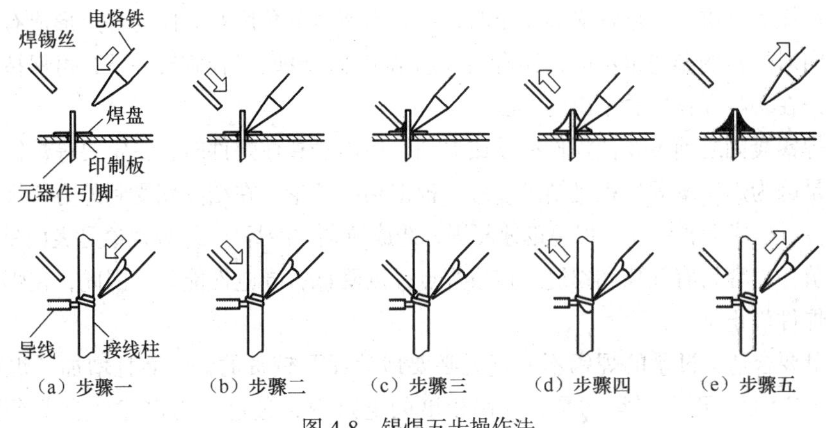

图4-8　锡焊五步操作法

对于热容量小的焊件，如印制板上较细导线的连接，可以简化为3步操作。

① 准备：同以上步骤一。

② 加热与送丝：烙铁头放在焊件上后即放入焊丝。

③ 去丝移烙铁：焊锡在焊接面上浸润扩散达到预期范围后，立即拿开焊丝并移开烙铁，并注意移去焊丝的时间不得滞后于移开烙铁的时间。

对于吸收低热量的焊件而言，上述整个过程的时间不过2～4s，各步骤的节奏控制，顺序的准确掌握，动作的熟练协调，都是要通过大量实践并用心体会才能解决的问题。有人总结出了在五步骤操作法中用数秒的办法控制时间：烙铁接触焊点后数一、二（约2s），送入焊丝后数三、四，移开烙铁，焊丝熔化量要靠观察决定。此办法可以参考，但由于烙铁功率、焊点热容量的差别等因素，实际掌握焊接火候并无定章可循，必须具体条件具体对待。试想，对于一个热容量较大的焊点，若使用功率较小的烙铁焊接时，在上述时间内，可能加热温度还不能使焊锡熔化，焊接就无从谈起。

2. 焊接操作要求

（1）保持烙铁头的清洁。因为焊接时烙铁头长期处于高温状态，又接触焊剂等杂质，其表面很容易氧化并沾上一层黑色杂质，这些杂质几乎形成隔热层，使烙铁头失去加热作用。因此，要用一块湿布或湿海绵随时擦烙铁头。

（2）采用正确的加热方法。要靠增加接触面积加快传热，而不要用烙铁对焊件加力。有人似乎为了焊得快一些，在加热时用烙铁头对焊件加压，这是徒劳无益而危害不小的。它不但加速了烙铁头的损耗，而且更严重的是对元器件造成损坏或不易觉察的隐患。正确办法应该根据焊件形状选用不同的烙铁头，或自己修整烙铁头，让烙铁头与焊件形成面接触而不是点或线接触，这就能大大提高效率。

（3）加热要靠焊锡桥。非流水线作业中，一次焊接的焊点形状是多种多样的，我们不可能不断更换烙铁头，要提高烙铁头加热的效率，需要形成热量传递的焊锡桥。所谓焊锡桥，就是靠烙铁上保留少量焊锡作为加热时烙铁头与焊件之间传热的桥梁。显然，由于金属液的导热效率远高于空气，而使焊件很快被加热到焊接温度。应注意，作为焊锡桥的锡保留量不可过多。

（4）烙铁撤离有讲究。烙铁撤离要及时，而且撤离时的角度和方向与焊点形成有一定关系，不同撤离方向对焊料的影响也不同，还有的人总结出撤烙铁时轻轻旋转一下，可保持焊点适当的焊料，这都是在实际操作中总结出的办法。

（5）在焊锡凝固之前不要使焊件移动或振动。用镊子夹住焊件时，一定要等焊锡凝固后再移去镊子。这是因为焊锡凝固过程是结晶过程，根据结晶理论，在结晶期受到外力（焊件移动）会改变结晶条件，形成大粒结晶，焊锡迅速凝固，造成所谓“冷焊”。外观现象是表面呈豆渣状。焊点内部结构疏松，容易有气隙和裂缝，造成焊点强度降低，导电性能差。因此，在焊锡凝固前，一定要保持焊件静止。

（6）锡量要合适。过量的焊锡不但毫无必要地消耗了较贵的锡，而且增加了焊接时间，相应降低了工作速度。更为严重的是，在高密度的电路中，过量的锡很容易造成不易觉察的短路。但焊锡过少不能形成牢固的结合，同样也是不允许的，特别是在板上焊导线时，焊锡不足往往造成导线脱落。

（7）不要用过量的焊剂。过量的助焊剂会对基板有一定的腐蚀性，降低导电性，产生迁移和短路，影响产品的使用。

（8）不要用烙铁头作为运载焊料的工具。有人习惯用烙铁沾上焊锡去焊接，这样很容易造成焊料的氧化，焊剂的挥发，因为烙铁头温度一般都在 300℃左右，焊锡丝中的焊剂在高温下容易分解失效。在调试、维修工作中，不得已用烙铁焊接时，动作要迅速敏捷，防止氧化造成劣质焊点。

焊接加热挥发出的化学物质对人体是有害的，如果操作时鼻子距离烙铁太近，则很容易将有害气体吸入，一般烙铁与鼻子的距离应至少不少于 20cm，通常以 30cm 为宜。

适当的温度对形成良好的焊点是必不可少的。

3. 焊接质量检测

（1）良好的焊点要求。良好的焊点要求焊料用量恰到好处，表面圆润，有金属光泽，如图4-9所示。外表是焊接质量的反映。从外表直观看典型焊点，对它的要求如下所述。

① 形状为近似圆锥而表面稍微凹陷，呈漫坡状，以焊接导线为中心，对称成裙形展开。虚焊点的表面往往向外凸出，可以鉴别出来。

② 焊点上，焊料的连接面呈凹形自然过渡，焊锡和焊件的交界处平滑，接触角尽可能小。

③ 表面平滑，有金属光泽。

④ 无裂纹、针孔、夹渣。

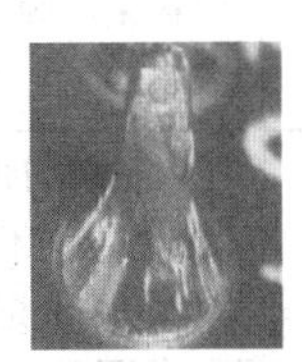

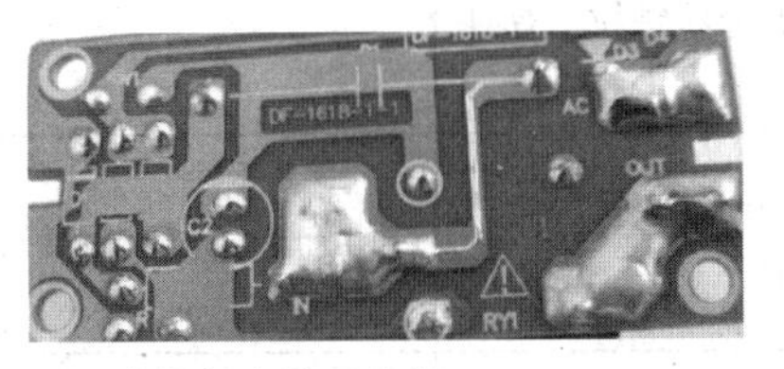

图4-9　合格焊点外观分析

（2）不良焊点原因分析。加热时间和方法不当，会形成不良焊点，典型不良焊点外形如图4-10所示。当加热时间不足，造成焊料不能充分浸润焊件，形成夹渣（松香）、虚焊；当加热时间过长，造成过量的加热，除可能造成元器件损坏外，还有如下危害和外部特征。

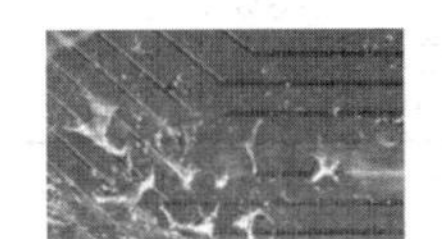

(a) 焊料飞溅成网

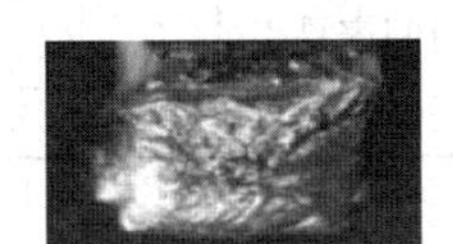

(b) 焊接过程中焊点受到应力

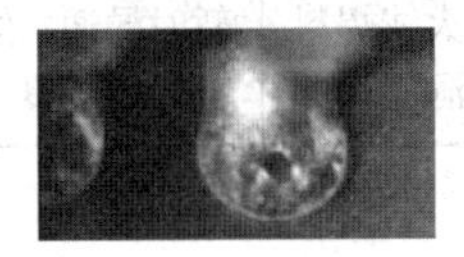

(c) 吹孔（焊点有孔）

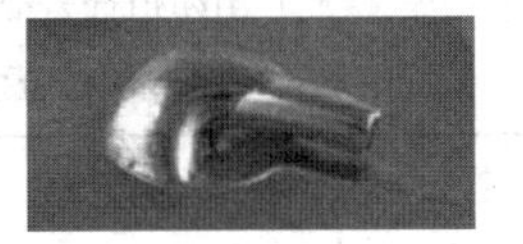

(d) 焊点不湿润

图4-10　不合格焊点外观分析

① 焊点外观变差。如果焊点锡已浸润焊件后还继续加热，造成熔态焊锡过热，烙铁撤离时容易造成拉尖，同时出现焊点表面粗糙颗粒，失去光泽，焊点发白。

② 焊接时所加松香焊剂在温度较高时容易分解碳化（一般松香 210℃开始分解），失去助焊剂作用，而且夹到焊点中造成焊接缺陷。如果发现松香已发黑，肯定是加热时间过长所致。

③ 印制板上的铜箔是采用黏合剂固定在基板上的。过多的受热会破坏黏合层，导致印制板上铜箔的剥落。

造成焊点缺陷的原因很多，表4-1中分析了不良焊点产生的原因和机理。

表4-1　焊点的缺陷和分析

焊点缺陷	外观特点	危害	原因分析
焊料过多	焊料面呈凸形	浪费焊料，且可能包藏缺陷	焊丝撤离过迟
松动	导线或元器件引线可移动	导通不良或不导通	焊锡未凝固前，引线移动造成空隙

（续表）

焊点缺陷	外观特点	危害	原因分析
拉尖	出现尖端	外观不佳，容易造成桥接现象	① 助焊剂过少，而加热时间过长 ② 烙铁撤离角度不当
焊料过少	焊料未形成平滑面	机械强度不足	焊丝撤离过早
虚焊	焊缝中夹有松香渣	强度不足，导通不良，有可能时通时断	① 加焊剂过多，或已失效 ② 焊接时间不足，加热不足 ③ 表面氧化膜未去除
过热	焊点发白，无金属光泽，表面较粗糙	焊盘容易剥落，强度降低	烙铁功率过大，加热时间过长
冷焊	表面呈豆腐渣状颗粒，有时可有裂纹	强度低，导电性不好	焊料未凝固前，焊件被移动或烙铁瓦数不够
浸润不良	焊料与焊件交接面接触角过大，不平滑	强度低，不通或时通时断	① 焊件清理不干净 ② 助焊剂不足或质量差 ③ 焊件未充分加热
不对称	焊锡未流满焊盘	强度不足	① 焊料流动性不好 ② 助焊剂不足或质量差 ③ 加热不足
桥接	相邻导线连接	电气短路	① 焊锡过多 ② 烙铁撤离方向不当
针孔	目测或低倍放大镜可见有孔	强度不足，焊点容易腐蚀	焊盘孔与引线间隙太大
气泡	引线根部有时有喷火式焊料隆起，内部藏有空洞	暂时导通，但长时间容易引起导通不良	引线与孔间隙过大或引线浸润性不良

4.2 安装和调试技术

电路设计完成后，需要组装成实际电路以测试其性能，以检验设计的合理性，同时这也为后面生产安装、调试工艺的制定提供依据。在电路组装时应具有一定的技能技巧和调试方法，否则，电路设计再好，也有可能达不到想要的结果。

4.2.1 电路安装

在实验板上插接或用导线连接元器件时，对照电路图，应按信号和电流的流向，依次连接各部分元器件。连接时，为防止遗漏或连接错误，应抓住电路节点和关键元器件，看信号流经的这个节点上连接了几条支路，将这几条支路线连接完，然后过渡到其他节点。连接时，先串后并。

1. 安装前的准备

（1）安装电路之前，至少应对电路图进行一次全面审查，这样既可以加深对电路原理的认

识，还可以发现和解决电路图中可能存在的问题，为实验打下极好的基础。审图应从全局出发，检查总体方案是否合适，有无问题，再审查各单元电路的原理是否正确，电路形式是否合适。还应根据图中所标出的各元器件的型号、参数值等，验算能否达到性能指标，有无恰当的裕量。

（2）准备好常用的工具和材料。要将各种各样的电子元器件及结构各异的零部件装配成符合要求的电子产品，一套基本的工具是必不可少的。如电烙铁、钳子、改锥、镊子和焊锡。正确使用得心应手的工具，可大大提高工作效率，保证装配质量。

（3）清点、测试实验要用到的电子元器件。所有元器件在安装前要全部测试一遍，将元器件参数测试结果认真记录下来（可记录在电路图上），在对电路性能进行理论计算时，元器件参数应使用这些实测值，有条件的还应当对所用元器件进行老化处理，以保证元器件的质量。

2. 元器件的排列和连接

电路的安装一般采用印制电路板、实验箱或面包板。印制电路板的焊接组装可以提高学生的焊接技术，但器件可重复利用率低。在实验箱或面包板上连接组装电路，元器件便于插接且电路便于调试，并可提高元器件的重复利用率。

元件的排列对电路的性能影响很大，不同电路在排列元件时有不同的要求，因此，应根据电路要求，将元器件合理地排列在电路板上，有了一个整体布局后，再逐步连接或焊接。

考虑元器件排列布局时，一般应注意以下几点。

（1）合理安排输入、输出、电源及各种可调元件（如电位器、可变电容等）的位置，力求使用、调节方便安全。输入电路与输出电路不要靠近，避免寄生耦合产生自激振荡。

（2）集成电路的方向要保持一致，以便正确布线和查线。在接插集成电路时，首先应认清方向，不要倒插，特别注意引脚不能弯曲。

（3）在进行元器件的装插时，应根据电路图的各部分功能，确定元器件在实验箱或面包板上的位置，并按信号的流向将元器件顺序连接，以易于调试。

（4）电解电容要注意正极接高电位，负极接低电位。

（5）为了便于查线，可根据连线的不同作用选择不同颜色的导线。如正电源采用红色导线，负电源采用蓝色导线，地线采用黑色导线，信号线采用黄色导线等。

（6）选择导线时要注意，导线直径和插接板的插孔直径要一致，过粗会损坏插孔，过细则与插孔接触不良。连接用的导线要求紧贴在插接板上，避免接触不良。连接线不允许跨在集成电路上，一般从集成电路的周围通过，尽量做到横平竖直，这样便于查线和更换器件。注意，高频电路部分的连线应尽量短。

（7）应将标明元器件数值的一面朝外，以方便辨认。

（8）元器件的引脚和接线需要绝缘时，要套上绝缘套管，并且要套到底。

（9）组装电路时注意电路之间要共地。

（10）元器件插装到印制电路板上，无论是卧式安装还是立式安装，这两种方式都应该使元器件的引线尽可能短一些。在单面印制板上卧式装配时，小功率元器件总是平行地紧贴板面；在双面板上，元器件则可以离开板面 1~2mm，避免因元器件发热而减弱铜箔对基板的附着力，并防止元器件的裸露部分同印制导线短路。

正确的组装方法和合理的布局不仅使电路整齐美观，而且能提高电路工作的可靠性，便于检查和排除故障。

4.2.2 电路调试

在电路连接和检查完毕后，下面一道工序就是调试。电路调试要求掌握常用仪器设备的使用方法和一般的实验测试技能。调试中，要求理论和实际相结合，既要掌握书本知识，又要有科学的实验方法，才能顺利地进行调试工作。本书只就一般调试步骤和方法做些介绍。调试就是借助于仪器仪表对电路进行调整和测量，使各项指标符合设计要求，同时也是判断设计是否成功的重要依据，因此，调试在电路设计中是很重要的一个环节。

1. 一般调试方法

电子电路安装完毕后，一般按以下步骤进行调试。

（1）检查电路。对照电路图检查电路元器件是否连接正确，器件引脚、二极管方向、电容极性、电源线、地线是否接对；连接或焊接是否牢固；电源电压的数值和方向是否符合设计要求等。

（2）按功能块分别调试。任何复杂的电子装置都是由简单的单元电路组成，把每一部分单元电路调试为能正常工作，才可能使它们连接成整机后有正常工作的基础。所以先分块调试电路既容易排除故障，又可以逐步扩大调试范围，实现整机调试。分块调试既可以装好一部分就调试一部分，也可以整机装好后，再分块调试。

（3）先静态调试，后动态调试。调试电路不宜一次加电源同时又加信号进行电路实验。由于电路安装完毕之后，未知因素太多，如接线是否正确无误，元器件是否完好无损、参数是否合适等，都需从最简单的工作状态开始观察、测试。所以，一般是先加电源不加信号进行调试，即静态调试；工作状态正确后再加信号进行动态调试。

（4）整机联调。每一部分单元电路或功能块工作正常后，再联机进行整机调试。调试重点应放在关键单元电路或采用新电路、新技术的部位。调试顺序可以按信息传递的方向或路径，一级一级测试，逐步完成全电路的调试工作。

（5）指标测试。电路能正常工作后，立即进行技术指标的测试工作。根据设计要求，逐个检测指标完成情况。未能达到指标要求，需分析原因找出改进电路的措施，有时需要用实验凑试的办法来达到指标要求。

2. 模拟电路调试需注意的问题

（1）静态调试。模拟电路加上电源电压后，器件的工作状态是电路能否正常工作的基础。所以调试时一般不接输入信号，首先进行静态调试。有振荡电路时，也暂不要接通。测试电路中各主要部位的静态电压，检查器件是否完好、是否处于正常的工作状态。若不符合要求，一定要找出原因并排除故障。

（2）动态调试。静态调试完成后，再接上输入信号或让振荡电路工作，各级电路的输出端应有相应的信号输出。线性放大电路不应有波形失真；波形产生和变换电路的输出波形应符合设计要求。调试时，一般是由前级开始逐级向后检测，这样比较容易找出故障点，并及时调整改进。

如果有很强的寄生振荡，应及时关闭电源采取消振措施。

在完成通电观察后，根据电路各部分功能不同，按信号的流向分功能块逐一进行调试。这时的调试分静态、动态调试，各功能块不加测试信号，仅加电源，调节电路参数，使各部分静态工作点合适。然后加测试信号，用示波器等仪器观测输出信号是否正常。若不正常，就要进行参数调整或故障检查，直到正常为止，然后进行下一模块的调试，同时将上一模块的输出信号作为下一模块的测试信号。

在前面设计时，所依据的参数、公式等有许多还是理论性的或经验性的，最终的实际电路是否满足设计指标，满足的程度如何，这些都需要通过实际测试数据来说明。因此，掌握一定的测试理论和测试方法是平时实验课的重要教学目的之一。

4.2.3　故障查询方法

检查与排除电路故障，是实验的主要内容之一。能否迅速而准确地排除故障，反映了实验者基础知识和基本技能的水平。

模拟电路类型较多，故障原理与现象不尽相同，所以这里仅介绍检查与排除电路故障的一种方法和步骤。

1. 检查电路故障的基本方法

在实验电路搭接好之后，若不能工作，首先应检查电源供电线路，例如，检查电源插头（或接线端）接触是否良好、电源线是否折断、保险丝是否完好、整流电路是否正常等。

在确认供电系统正常后，可用测试电阻法、测试电压法 、波形显示法、替代法 4 种方法排除实验电路故障。

（1）测试电阻法。测试电阻法可分为通断法和测阻值法两种。

通断法用于检查电路中连线、焊点有无开路、脱焊，不应连接的点、线之间有无短路等。在使用无焊接实验电路板或接插件时，常出现接触不良、断路或短路故障，利用通断法可以迅速确定故障点。

测阻值法用来测量电路中元器件本身引线间的阻值，从而判断元器件功能是否正常，例如，电阻器的阻值是否变更、失效或断路，电容器是否击穿或漏电严重，变压器各绕组间绝缘是否良好，绕组直流电阻值是否正常，半导体器件引线间（即 PN 结）有无击穿，正、反向阻值是否正常等。

① 该法检查实验电路应在关闭电源的情况下进行。

② 测试电路中电解电容器时，电解电容器的正极端对地应短路一下，泄放掉其存储的电荷，以免损坏欧姆表。

③ 被测元器件引线至少要有一端与电路脱开，以消除其他元器件的影响。

（2）测试电压法。用测试电阻法检查之后，确认实验电路内无短路故障，即可接上电源 V_{CC}，观察电路元器件是否有“冒烟”或“过热”等异常现象。若正常，则可用测试电压法继续寻找故障。

使用万用表的电压挡位测试，并将各测试点测得的电压值与有关技术资料给定的正常电压值相比较，判断故障点和故障原因。电路中的电压可分为以下3种情况。

① 电压值是已知的，如电源电压 V_{CC}、稳压管的稳定电压等。

② 有些测试点的正常电压值可估算出来。如已知晶体管集电极电阻 R_C 和集电极电流 I_{CQ}，则 R_C 上的压降即可求出。

③ 有些测试点的正常电压值可与同类正常电路对比得到。

（3）波形显示法。在电路静态正常的条件下，可将信号输入被检查的电路（振荡电路除外），然后用示波器观察各个测试点的电压波形，再根据波形判断电路故障。

波形显示法适用于各类电子电路的故障分析。如对于振荡电路，可以直接测出电路是否起振，振荡波形、幅度和频率是否符合技术要求；对于放大电路，可以判断电路的工作状态是否正常（有无截止或饱和失真），各级电压增益是否符合技术要求，以及级间耦合元件是否正常等。

以上对于数字电路同样适用。波形显示法具有直观、方便、有效等优点，因此它得到了广泛应用。

（4）替代法。在故障判断基本正确的情况下，对可能存在故障的元器件，可用同型号的元器件替代。替代后，若电路恢复正常工作，则说明原来的元器件存在故障。这种检查方法多用于不易直接测试元器件有无故障的情况，如无条件测量电容器容量、晶体管是否存在软击穿。当检查集成电路质量优劣时，可用替代法进行检查。

当用替代法检查电路时，应注意替代前必须检查被替代元器件供电电压是否符合要求，被替代元器件的外围大器件是否正确等。当电源电压不正确或外围元件存在异常现象时，不可贸然替代。特别是对连线较多、功率较大、价格较高的元器件，替代时更应慎重，防止再次造成不必要的损失。

2. 排除故障的一般步骤

以上介绍了排除故障的一般方法。至于如何迅速、准确地找出电路故障点，还要遵循一定的步骤。

排除电路故障，要在反复观察、测试与分析的过程中，逐步缩小可能发生故障的范围，逐步排除某些可能发生故障的元器件，最后把故障压缩在一个小的范围内，确定已损坏或性能变差的元器件。根据这一思路，拟定如下检查步骤。

（1）直观检查。观察电路有无损坏迹象，如阻容元件及导线表面颜色有无异变、焊点有无脱焊、导线有无折断、触摸半导体器件外壳是否过热等。若经直观检查，未发现故障原因或虽然排除了某些故障，但电路仍不能正常工作，则按下述步骤做进一步检查。

（2）判断故障部位。首先应查问电路原理图，按功能将电路划分成几个部分。弄清信号产生或传递关系，以及各部分电路之间的联系和作用原理，然后根据故障现象，分析故障可能发生在哪一部分，再查对安装工艺图，找到各测试点的位置，为检测做好准备。

（3）确定故障所在级。根据以上判断，对可能发生故障的部分，用电压测试法对各级电路进行静态检查，用波形显示法进行动态检查。检查顺序可由后级向前级推进或者相反。下面以电压放大电路为例加以说明。

① 由前级到后级进行检查。将测试信号从第一级输入，用示波器从前级至后级依次测试各级

电路输入与输出波形。若发现其中某一级输入波形正常而输出波形不正常或无输出，则可确定该级或该级负载存在故障。为准确判断故障发生的部位，可断开该级的输出负载（即后级耦合电路），若该级仍不正常，则可确定故障就在该级。断开后，若该级输出恢复正常，则故障发生在后级电路和后级输入电路中。

② 由后而前推进检查。将测试信号由后级向前级分别加在各级电路的输入端，并同时观察各级输入与输出信号波形，如果发现某一级有输入信号而无输出信号或输出信号失常，则该级电路可能有故障，这时可将该级与其前后级断开，并进一步检测。

③ 确定故障点。故障级确定后，要找出发生故障的元器件，即确定故障点。通常是用电压测试法测出电路中各静态电压值，并予以分析，即可确定该级电路中的故障元器件。例如，测得故障级中晶体管的 U_{BE}=0，可判断为发射结击穿短路，或者发射极电阻开路，若 U_{BE}>>0.7V，则可初步确定该管已经损坏，然后切断电源，拆下可能有故障的元器件，再用测试仪器进行检测。这样，即可准确无误地找出故障元器件。

④ 修复电路。找到故障元器件后，还要进一步分析其损坏的原因，以保证电路修复后的稳定性和可靠性。对接线复杂的电路更换新元器件时，要记清各引线的焊接位置，必要时可做适当标记，以免接错而再次损坏元器件。修复的电路应通电试验、测试各项技术指标，看其是否达到了原电路的技术要求。

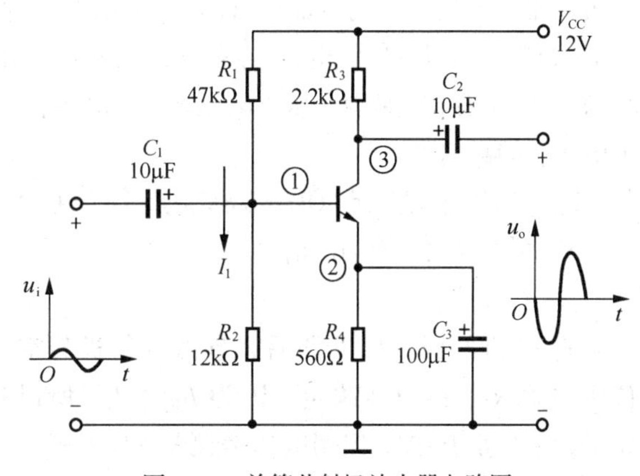

图 4-11　单管共射极放大器电路图

3. 单管共射极放大器故障分析

单管共射极放大器电路如图 4-11 所示。它由 8 个元器件组成。除连线故障外，有 8 个故障点。图中①②③为测试点。

在未进行故障分析之前，估算出各测试点静态电压值和三极管集电极静态参数 I_{CQ}、U_{CEQ}，有助于迅速确定故障点。

测试点①点电压即是三极管基极静态电位：

$$U_B = U_1 = \frac{R_2}{R_2 + R_1} V_{CC} = \frac{12}{12+47} \times 12 \approx 2.4(\text{V})$$

测试点②点电压即是三极管发射极静态电位：

$$U_E = U_2 = U_B - U_{BE} = 2.4 - 0.7 = 1.7(\text{V})$$

集电极静态电流：

$$I_{CQ} = U_E / R_4 = 1.7/560 \approx 3(\text{mA})$$

测试点③点电压即是三极管集电极静态电位：

$$U_C = U_3 = V_{CC} - I_{CQ} R_3 = 12 - 3 \times 2.2 = 5.4(\text{V})$$

发射极与集电极之间的电压：

$$U_{CEQ} = V_{CC} - I_{CQ} R_3 - I_{CQ} R_4 = 3.7(\text{V})$$

下面以图 4-11 所示单管共射放大器为例分析各元件的故障现象。

（1）电阻器故障。

① R_1开路。

a. 分析原因：流过R_1和基极的电流为零，即I_{BQ}=0，故知I_{CQ}=0，晶体管截止。

b. 实测电压值：点①U_B=0，点②U_E=0，点③U_C=V_{CC}=12V。

c. 故障现象：无输出信号。

② R_2开路。

a. 分析原因：原来流过R_2的电流全部流入基极。但是，基极电流的大小受晶体管有限增益的限制，因此流过R_1的电流减小，R_1的压降减小，基极电位升高，促使晶体管进入过饱和状态，此时集电极电压U_C仅比发射极电压U_E高0.1V左右。

b. 实测电压值：点①U_B=3.2V，点②U_E=2.5V，点③U_C=2.6V。

c. 故障现象：输出信号负半周被切割。

③ R_3开路。

a. 分析原因：R_3开路后，使集电极直流偏置电源被切断。因此，I_{CQ}=0，发射极电流都来自基极，即I_{EQ}=I_{BQ}。这时，晶体管的BE结相当一个与R_4串联并与R_2并联的正向偏置二极管。由于I_{EQ}很小，所以发射极电压U_E很低，约0.1V。虽然集电极U_C应为0V，但用万用表测量U_C时却为0.1V左右。这是因为接入电压表后，晶体管的BC结也是一个正向偏置的二极管，电流流经了电压表的高内阻。

b. 实测电压值：点①U_B=0.8V，点②U_E=0.1V，点③U_C=0.1V。

c. 故障现象；无输出信号。

④ R_4开路。

a. 分析原因：R_4开路后，导致发射极悬空，故I_{EQ}=0，I_{CQ}=0，集电极U_C=V_{CC}，基极电位由电阻R_1、R_2分压决定。因为I_{BQ}<<I_1，所以基极电位与R_4未开路时基本相同，发射极电压U_E应该等于0V，但用电压表测量U_E不等于0V，其原因是电压表的内阻使发射极到地构成通路。

b. 实测电压值：点①U_B=2.4V，点②U_E=1.7V，点③U_C=12V。

c. 故障现象：无输出信号。

（2）电容器故障。

① C_1或C_2开路。

a. C_1或C_2开路后，放大电路直流偏置不变。在动态条件下，用示波器可以迅速查出哪个电容器失效或开路。

b. 故障现象：无输出信号。

② 在动态条件下C_3开路。C_3开路后，直流偏置条件不变。C_3开路信号电流全部通过R_4，从而形成电流串联负反馈，使电压增益明显下降。

③ 在动态条件下C_3短路。

a. 分析原因：C_3短路后，发射极电阻R_4被短接，因此点②U_E=0V。这时，三极管处于过饱和状态，集电极电流将会很大，然而集电极电流受到集电极电阻R_3的限制，其最大值I_{CQ}=V_{CC}/R_3。

b. 实测电压值：点①U_B=0.7V，点②U_E=1.7V，点③U_C=0.15V。

c. 故障现象：当输入信号很小时，无输出信号；当输入信号足够大时，输出为正弦脉冲。

（3）三极管故障。

① BC 结开路，集电极静态电流 I_{CQ}=0，BE 结正向偏置。

a. 实测电压值：点①U_B=0.8V，点②U_E=0.1V，点③U_C=12V。

b. 故障现象：无输出信号。

② BC 结短路。

a. 集电极与基极电位相同，即 U_B=U_C，这时形成了一条 R_3—BE 结—R_4 的串联通路，其电阻值比 R_1 或 R_2 小得多，故 R_1、R_2 的影响可忽略不计。流过 R_4 的电流：

$$I_E \approx \frac{V_{CC} - U_{BE}}{R_1 + R_3} = \frac{12 - 0.7}{2.2 + 0.56} \approx 4(\text{mA})$$

b. 实测电压值：点①U_B=3V，点②U_E=2.3V，点③U_C=3V。

c. 故障现象：输出信号与输入信号大小近似相等，相位相同。

③ BE 结开路。

a. 分析原因：BE 结开路后，BC 结反偏，I_{BQ}=0V，I_{CQ}=0V，R_3 和 R_4 上的压降为 0V，U_B 由 R_1、R_2 分压决定。

b. 实测电压值：点①U_B=2.4V，点②U_E=0V，点③U_C=12V。

c. 故障现象；无输出信号。当基极引线或发射极引线断开（或接触不良）时，故障现象与 BE 结开路时完全相同。

④ BE 结短路。

a. 分析原因：BE 结短路后，R_1 与 R_2 并联，晶体管失去电流控制作用，I_{CQ}=0V，所以 U_E=U_B，且电压较低（R_4 的阻值很小）。

b. 实测电压值：点①U_B=0.13V，点②U_E=0.13V，点③U_C=12V。

c. 故障现象：无输出信号。

⑤ CE 结短路。

a. 分析原因：晶体管的 CE 结短路后，发射极与集电极等电位，即 U_E=U_C，其值等于 R_4 和 R_3 的分压值。基极电位不变，这是由于发射极电位高于基极，致使 BE 结反偏的缘故。

b. 实测电压值：点①U_B=2.4V，点②U_E=2.56V，点③U_C=2.5V。

c. 故障现象：无输入信号。

上述故障分析方法，对于多级交流放大电路来说同样适用，但注意在分析和检测过程中，还需考虑耦合元件故障造成的互相影响的因素。

4.2.4　安装和调试应用举例

声光控电路的安装和调试

任务：设计并实践安装、调试一个夜间老人“方便”时使用的灯开关。

技术指标如下：

（1）用气囊哨声开关灯；

（2）抗干扰能力强，一般的讲话声、打击声不能开关灯；

（3）工作安全可靠，价低。

1. 依据要求设计电路图

分析指标得到原理框图如图 4-12 所示，可以画出对应原理图，如图 4-13 所示。

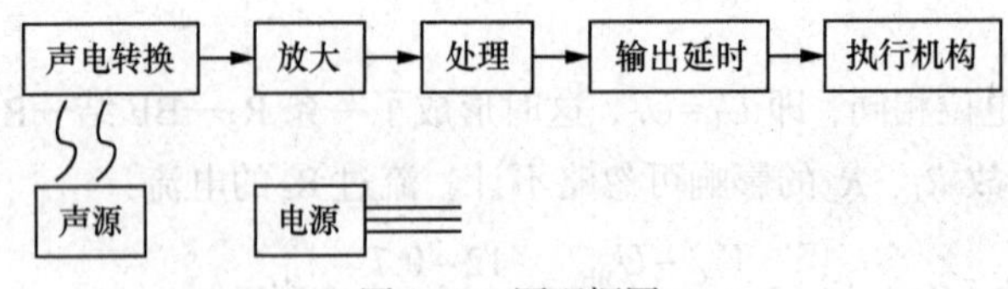

图 4-12 原理框图

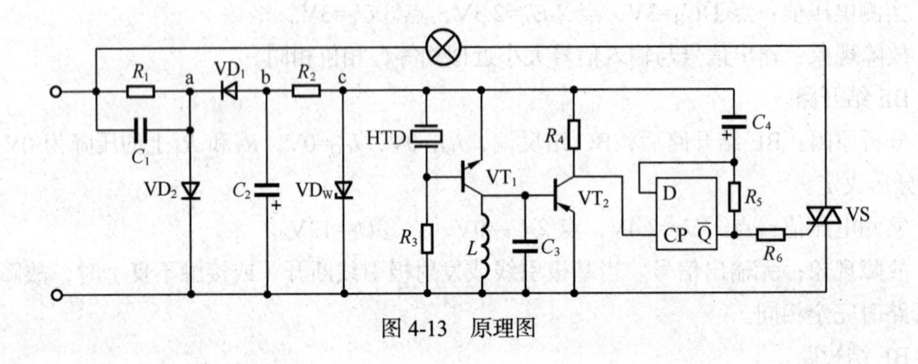

图 4-13 原理图

2. 所需元件清单

依据原理图图 4-13 得到其中的元器件清单，见表 4-2。

表 4-2 元器件清单

序号	名称	参数	备注
1	高压无极电容 C_1	0.47μF/400V	
2	压电陶瓷	AT1240TP	
3	一般电容	0.1μF	
4	电解电容 C_2	2200μF/25V	
5	电解电容 C_4	100μF/16V	
6	双向晶闸管	3A/600V	
7	双 D 触发器	CD4013	
8	稳压管	12V	
9	二极管	1N4004	
10	电阻 R_1	1MΩ	
11	电阻 R_5	150kΩ	
12	电感 L	10mH	
13	三极管 VT_1	9013	
14	三极管 VT_2	9012	
15	电容 C_3	3900pF	

3. 元器件检测及焊接

（1）元器件检测（用普通万用表来判别元件好坏）。

① 驻极体话筒的检测。用万用表来判断话筒的漏极和源极。首先将万用表拨至 R × 1kΩ挡，黑红表笔分别测试 S、D 两接点，记下所测阻值。比较两次测试值，阻值较小的那组测试，黑表笔的接触点为源极（S），红表笔的接触点为漏极（D）。

话筒极性判断后，据图 4-14 的测试原理因和声压作用原理相同，同样用万用表来判断其灵敏度的高低。具体为：将万用表拨至 R × 1kΩ挡。黑表笔接漏极，红表笔接源极和接地，此时用嘴吹话筒，观看表头的指示。若无指示，则话筒失效，若有指示，则据指示范围的大小，说明其灵敏度的高低。

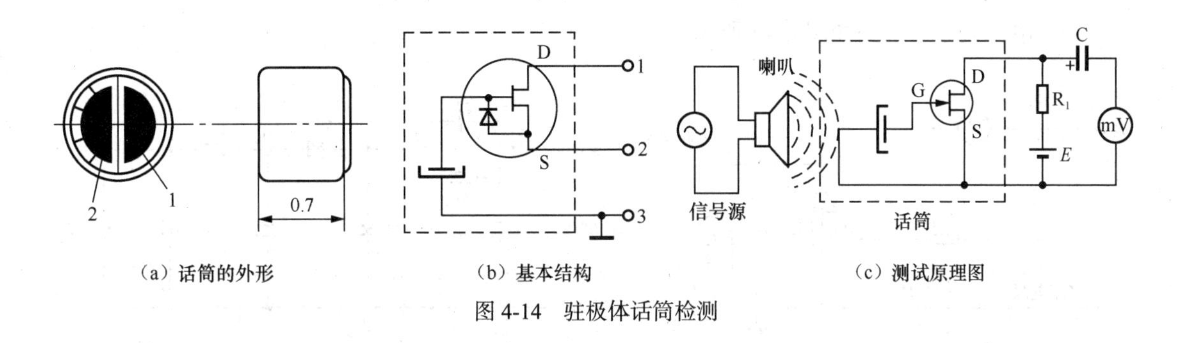

（a）话筒的外形　（b）基本结构　（c）测试原理图

图 4-14　驻极体话筒检测

② 双向晶闸管的检测。双向晶闸管的检测如图 4-15 所示，用万用表来判别其极性。首先将万用表拨至 R × 10kΩ或 R × 100kΩ挡，分别测引脚间的正反向电阻。若测得两引脚间的正反向电阻很小（约 100），则这两引脚为 T1 和 G 极，余下的即为 T2。接着区分 T1 和 G 极；任选一极为 T1，将万用表拨至 R × 1Ω挡，不分表笔的正负，将两表笔分别接至 T1（假设）和 T2，在保持和 T2 相接的情况下和 G（假设）相连，这时可看到阻值变小，说明此时可控硅因触发导通而处于通态。再在保持和 T2 相接的情况下和 G 断开，若仍处于通态，则对换两表笔，重复上述步骤，如仍能处于通态，则假设成立，否则不成立。

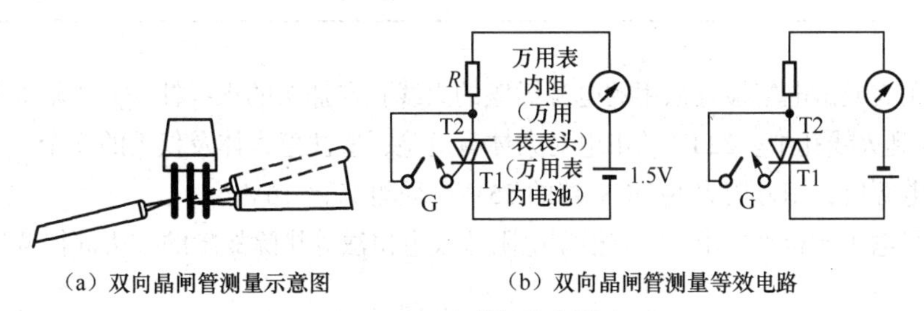

（a）双向晶闸管测量示意图　（b）双向晶闸管测量等效电路

图 4-15　双向晶闸管的测试

晶闸管门极电流 I_G 的测试：晶闸管随触发电流的变化，将由截止一逐渐导通一完全导通，或反方向进行。其检测方法如图 4-16 所示。

③ 其他元件（电阻、电容、三极管、二极管）的检测可参考第 3 章中元件的识别。

（2）元器件焊接。焊接技术在装配生产过程中也是一个重要环节，所以良好的焊接技术是电

路的关键。印制板制好后，首先应清除铜箔面氧化层，然后在铜箔面上涂一层松香水，它既是保护层，又是良好的助焊剂。

印制板处理好之后，将所有元器件的引脚在焊入电路板之前处理干净，再搪上锡，这样易焊接和焊牢，且不伤元器件。元器件检测无误以后，就可以正确安装元器件了。

全部焊完后，应检查有无漏焊、虚焊等情况，检查时将每个元器件用镊子轻轻拉一拉，看是否摇动，若有摇动，则需要重新焊接；若检查无误，则焊接工序完成。

4. 测试方案和调试技术

本机调试过程如下。

（1）宏观检查。用眼、镊子等工具检查是否有漏焊、虚焊、脱焊等现象， 用普通万用表的欧姆挡检查各点的阻值，粗查是否有短路、断路或元器件错焊等情况。

（2）电源调试。电路如图 4-17 所示。

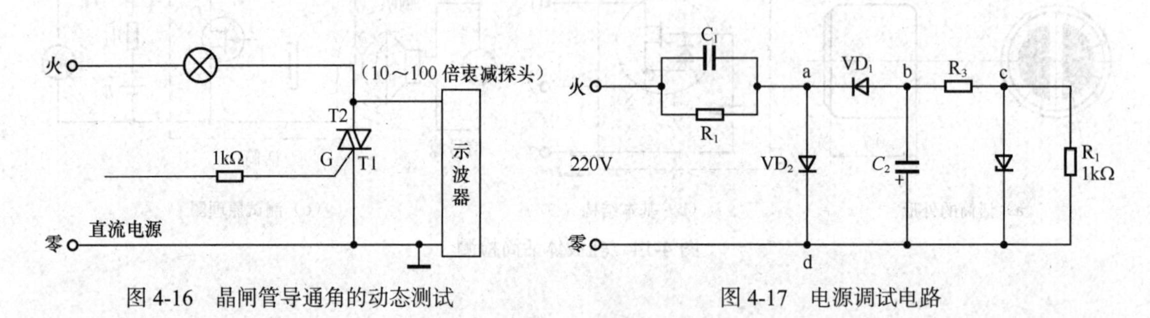

图 4-16　晶闸管导通角的动态测试　　　图 4-17　电源调试电路

用万用表检查各点间的阻值，与参考值对照，相差甚大时，查找故障所在。电源间电阻调试值见表 4-3。

表 4-3　电源间电阻调试值

	R_{ab}	R_{ba}	R_{bc}	R_{da}	R_{ad}	R_{db}	R_{cd}
参考值	兆欧级别的阻值	1.5kΩ	200Ω	兆欧级别的阻值	1.5kΩ	200kΩ	250Ω

① 用万用表或试电笔检查欲用的电源插座的火线孔和插头的火线柱。插电源插头时，一定要让火线柱插入到火线孔中。220V 的市电对人体有危险，应注意人体及仪表的安全。

② 插入电源后，用万用表的 DCV 挡的 25V 量程测 V_{cd}≈16V。

③ 如测得电压不合乎要求，则应根据电阻法或电位法等排除故障的方法进行调试、分析，最终排除故障。

④ 用示波器观测 u_{ad}、u_{bd}、u_{cd} 的波形，波形应该如图 4-18 所示。

（3）信号采集、放大、处理、延时等电路的调试。调试电路图如图 4-19 所示。

① 用观察法检查各元器件的型号、参数、位置的正确性、焊点的牢固性。

② 用电阻法调试各元器件的参数、极性，由测试数据列表，判断 VT_1、VT_2 的极性和 R、L、C 值是否正确。

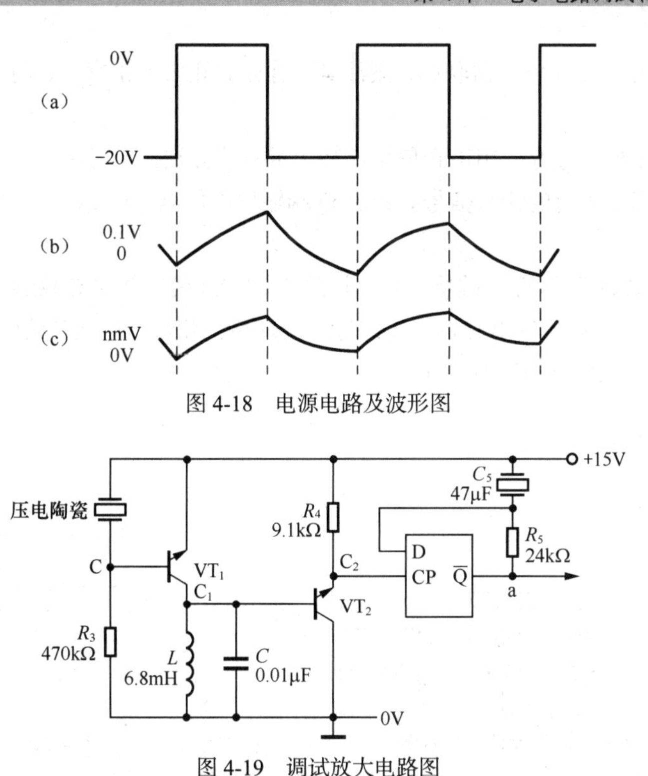

图 4-18　电源电路及波形图

图 4-19　调试放大电路图

③ 用电位法判断:由直流稳压电源提供所得的电源电压，用万用表检查各点对地的电位是否与表 4-4 的参考值相近，若相差较大，则查找故障原因，直至正常为止。

表 4-4　　各点对地电位

V_b	V_{c1}	V_{c2}	V_a	V_d
−14.3V	−0.1V	0V	≈0V	≈0V

④ 观测放大器的放大参数。信号发生器的输出接 C（输出衰减 6dB，f=1kHz），示波器接至 VT_2 的集电极测试点 C_2，调节信号源的输出幅度及示波器的各开关旋钮，观测波形和放大倍数。VT_1 工作于近饱和放大区，VT_2 工作于近截止放大区，信号大时进入饱和区。调节电阻，即可改变放大倍数，使 A_u 在 60dB 左右，即认为合乎要求。仪器连接图及 C_2 点的波形如图 4-20 所示。

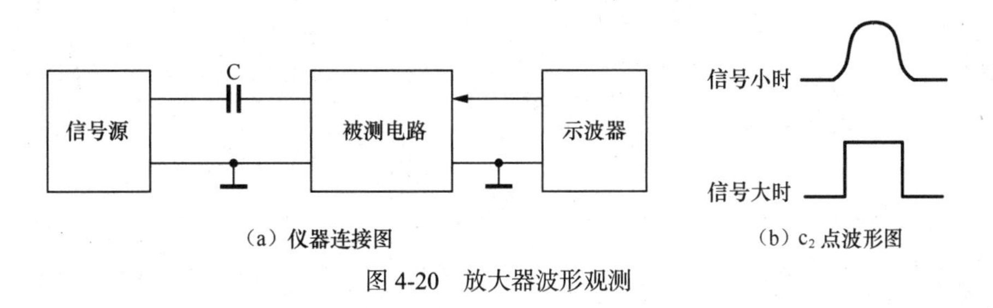

（a）仪器连接图　　（b）c_2 点波形图

图 4-20　放大器波形观测

⑤ 观测 D 触发器的功能。将 CD4013 的 R、S 端接地，D 端与电源断开，而与 $\overline{Q}$ 端相连，即将 D 触发器接成二进制计数器，连接图如图 4-21 所示。

信号源输出接至 CP，用示波器观察 Q 端输出波形。此时 Q 端输出信号的周期应是输入信号周期的两倍。工作正常后，将信号源输出衰减 60dB 后经 C 接入图 4-13 电路中的 b 点，CP 接放

大器输出，即将放大器与D触发器联调，观测其工作是否正常。正常后，将电路恢复到正确连接方式，再逐级联调。

⑥声控调试。去掉信号源，用声音信号代替，示波器分别接至各端口，用等待扫描方式来观察各点的波形，应当是短暂的音频信号。最后Q端输出电位是“1”或“0”的不定电平（因为信号的个数是不定的）。

⑦ 延时调试。D触发器的D端接“1”，拆除R端接地线，并在Q端接便于观察用的发光二极管。电路如图4-22所示。发出有效声音信号，使灯亮，并观测灯亮延续的时间 t，如不满足所需要求，则改变 R_5、C_5，直至满意为止。

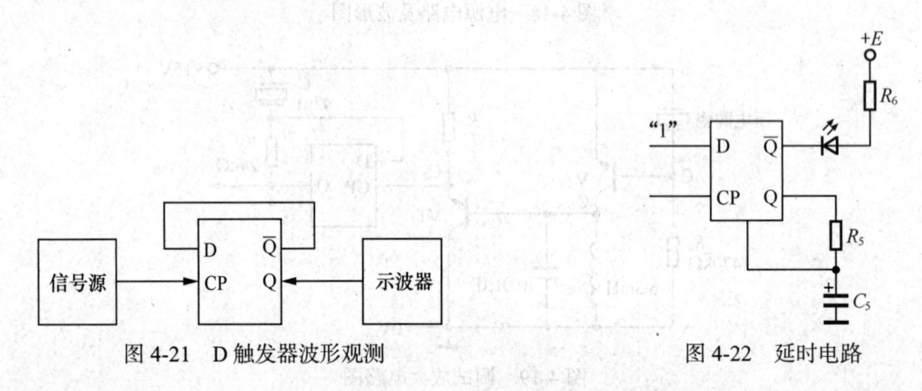

图4-21　D触发器波形观测　　图4-22　延时电路

⑧ 与实际电源整机的调试。撤除直流稳压电源和信号源，接上被调板上实际使用的220V交流市电电源，进行整机观测和调试，直到各部分工作正常，达到预期目的和满意效果为止。

下篇
实验篇

第5章 模拟电子技术基础实验

5.1 常用电子仪器的使用

一、实验目的

1. 学会正确使用音频信号源、万用表、数字示波器。
2. 学会使用数字示波器的调整方法，初步掌握用数字示波器观察和测量正弦波。

二、实验原理

1. 熟悉音频信号源的使用

音频信号源是用来产生正弦波信号的电子仪器，故又称正弦波信号发生器。可以输出正弦波信号（输出最大值 7V）及方波信号（输出最大值 10V）。其具体使用方法见第 2 章“2.4 信号发生器”。

2. 熟悉万用表的原理和使用方法

万用表分为指针万用表和数字万用表两大类，其工作原理和使用方法见第 2 章“2.3 万用表”。

3. 熟悉数字示波器的原理和使用方法

数字示波器的工作原理和使用方法见第 2 章“2.2 数字示波器”。

三、实验设备与器件

音频信号源（DF1026）：一台。
数字示波器：一台。
数字万用表：一只。
模拟万用表：一只。

四、实验内容与步骤

（1）测试音频信号源在不同“输出衰减”dB 挡时的输出电压，测试输出衰减为 0dB～–50dB 时音频信号源输出的最大电压。

测试方法是将音频信号源的频率调整到 1kHz 保持不变，先将“输出衰减”调到 0dB，再调节“输出调节”至 max，使输出电压达到最大值，并保持不变。然后逐挡改变输出“衰减器”dB 挡位，测量音频信号源在不同衰减挡时的最大输出电压，记入表 5-1。

表 5-1　　不同输出“衰减”dB 挡时输出最大电压值

“输出衰减”dB 值	0	–10	–20	–30	–40	–50
电子电压表测试值/V						

（2）用数字示波器测试音频信号源输出的正弦波电压的幅度和周期。按表 5-2 所示要求，使信号发生器输出不同频率、不同电压数值（用电子电压表测定）的正弦波电压信号，要求在示波器上进行显示和测量正弦波电压的幅度和周期。

表 5-2　　正弦电压测量

正弦信号	频率/Hz		250	500	1k	20k	100k
	有效值/V		1.41	0.4	0.05	0.008	5
信号发生器旋钮位置	输出衰减/dB						
	频段旋钮（位置）		8				
示波器参数	电压/V	有效值/U_{rms}	1.41				
		峰峰值/U_{PP}	4				
		振幅=$0.5U_{PP}$	2				
	周期 prd/ms		4				
	频率 fred/Hz						

（3）用万用表测电阻的阻值。分别用数字万用表和指针万用表测发下的电阻的阻值，将测试的结果填入表 5-3 中，数字和指针万用表均要打到欧姆电阻挡位。注意：模拟指针万用表测电阻，使用前均要调零。

表 5-3　　万用表测电阻阻值

名称	电阻 1	电阻 2	电阻 3	结论
数字万用表				
指针万用表				

（4）用指针万用表测试二极管的正负极。指针万用表欧姆挡的内部电路如图 5-1 所示，黑表笔接正极性，红表笔接负极性。将万用表打到 R × 100Ω 挡位，测试二极管的正反向电阻阻值。若正向电阻为 2kΩ以下，黑表笔接的是正极。同理，测得反向电阻为几百千欧（很大），则黑表笔接的是负极，说明二极管具有单向导电性。请将二极管的测试数据填入表 5-4 中。

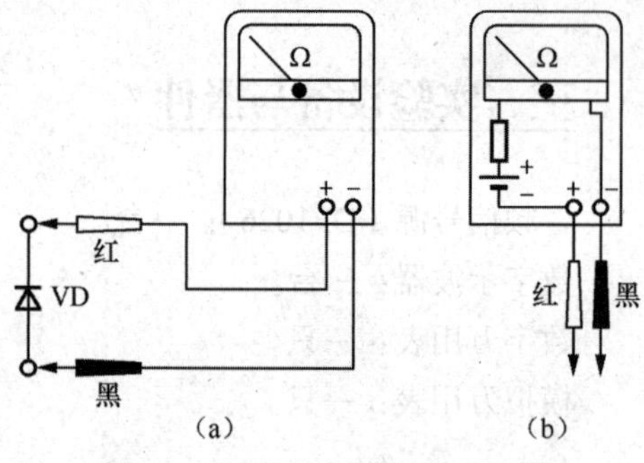

图 5-1　指针万用表测电阻示意图

表 5-4　　指针万用表测二极管的单向导电性

	型号	正向阻值（kΩ）	反向阻值（kΩ）	结论（二极管正负极的确定）
二极管 1	1N4148			
二极管 2				
二极管 3				
二极管 4				

提示： 若反向电阻太小，失去单向导电性；若正反向电阻无穷大，则断路；若都为零，则短路。

（5）用指针万用表测小功率三极管的电极。具体测量方法请见第 2 章“2.3 万用表”。将确定的电极填入表 5-5。

表 5-5　　三极管电极的测试

名称	型号	外形	结论
三极管 NPN	9012	1 2 3	1— 2— 3—
三极管 PNP	9013	1 2 3	1— 2— 3—

（6）指针万用表确定好所测三极管的 E、B、C 后，将三极管放入数字万用表对应的 h_{fe} 插孔中测三极管的电流放大倍数 β，测得的放大倍数填入表 5-6 中。

表 5-6　　三极管放大倍数的测量

名称	型号	β
三极管 NPN	9012	
三极管 PNP	9013	

五、实验报告要求

将测试的数据写入实验报告，应包括内容：实验内容、实验原理、实验电路、实验步骤，将

测试值与计算值比较（取一组数据进行比较），分析产生误差的原因。

六、预习内容

1. 实验前应先参阅前面对仪器的使用介绍，学习其使用方法及性能参数。
2. 示波器测试波形时，应怎样调节才能使波形显示稳定？
3. 对使用的示波器，怎样来读取被测波形的电压幅值和周期？
4. 对所使用的音频信号源的信号频率是怎样调节的？其输出电压又是怎么样调节的？

七、实验总结

分贝是如何定义的？在工程上有什么应用？

5.2 单管低频放大器的测试

单级低频放大器是放大器电路的基本单元，学会这种放大器的分析方法、设计方法、参数的测试、电路的调整方法，对分析和设计其他放大器具有很重要的意义。本实验采用共射放大电路来进行测试相关电路的参数，它能把几十赫兹到几百千赫兹的信号进行不失真的放大。

一、实验目的

1. 掌握静态工作点的测量和调试方法。
2. 掌握放大器的电压放大倍数测试方法。
3. 研究静态工作点对输出波形失真和电压放大倍数的影响。
4. 了解放大器的输入电阻和输出电阻的测试方法。

二、实验原理

实验电路如图 5-2 所示。图 5-3 所示为电阻分压式工作点稳定单管放大器实物电路图。它的偏置电路采用 R_{b1} 和 R_{b2} 组成的分压电路，并在发射极中接有电阻 R_e，以稳定放大器的静态工作点。当在放大器的输入端加入输入信号 u_i 后，在放大器的输出端便可得到一个与 u_i 相位相反、幅值被放大了的输出信号 u_o，从而实现了电压放大。

元件参考参数：$R'_{b1}=10\text{k}\Omega$, $R_{b2}=10\text{k}\Omega$ $R_c=5.1\text{k}\Omega$, $R_e=2\text{k}\Omega$, $R=1\text{k}\Omega$, $R_L=5.1\text{k}\Omega$, $C_1=10\mu\text{F}$, $C_2=10\mu\text{F}$, $C_e=20\mu\text{F}$, $R_w=200\text{k}\Omega$, $V_{CC}=+12\text{V}$, VT：3DG6，β=50~60。

基本原理分析如下。

三极管构成放大器种类有共射、共集和共基 3 种组态电路。本次实验采用带有发射极偏置电阻的分压偏置式共射放大电路（见图 5-2），使学生能够掌握一般放大电路的基本测试与调整方法。放大器应先进行静态调试，然后进行动态调试。放大电路静动态测试需要用到的各个设备仪器连接框图如图 5-4 所示，注意各个设备仪器和电路的公共部分——地线一定要连

接在一起。

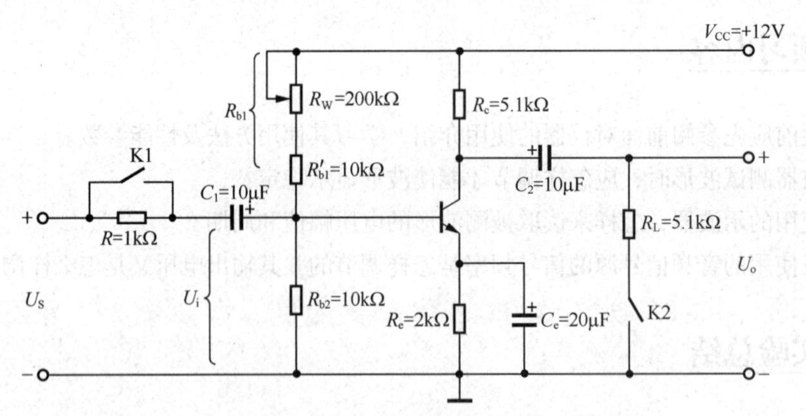

图 5-2　分压偏置单管放大电路

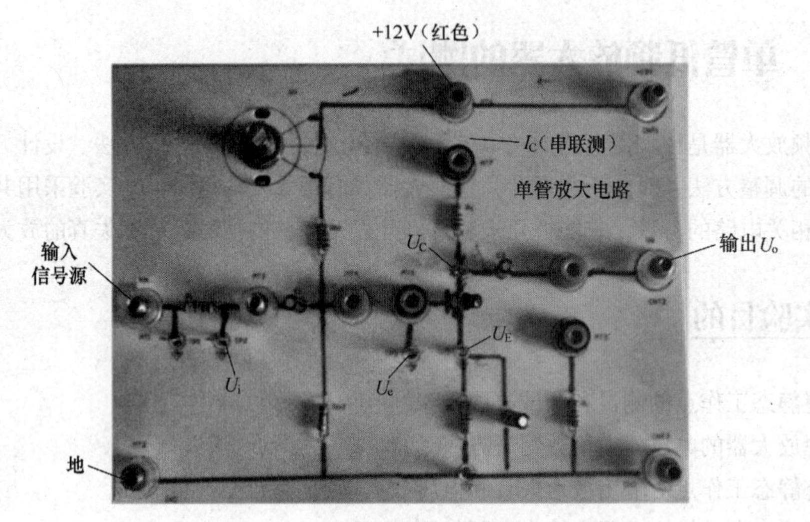

图 5-3　分压偏置单管放大电路实物图

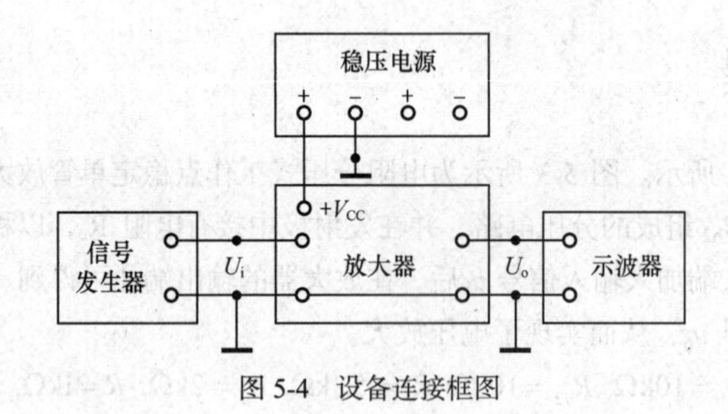

图 5-4　设备连接框图

1. 静态工作点的估算与测量

当流过偏置电阻 R_{b1} 和 R_{b2} 的电流远大于晶体管的基极电流时，

$$U_{BQ} \approx \frac{R_{b1}}{R_{b1}+R_{b2}} V_{CC}$$

$$I_{\mathrm{EQ}} = \frac{U_{\mathrm{BQ}} - U_{\mathrm{BEQ}}}{R_{\mathrm{E}}} \approx I_{\mathrm{CQ}}$$

$$U_{\mathrm{CEQ}} = U_{\mathrm{CC}} - I_{\mathrm{CQ}}(R_{\mathrm{C}} + R_{\mathrm{E}})$$

测量放大器的静态工作点，应在输入信号 u_i=0 的情况下进行，必要时将输入端对“地”交流短路，用直流电压表（一般采用万用表直流电压挡）测量电路有关点的直流电位，并与理论估算值相比较。若偏差不大，则可调整电路有关电阻如 R_W，使之电位值达到所需值；若偏差太大或不正常，则应检查电路有无故障、测量有无错误等。

2. 放大器动态指标的估算与测试

放大器的动态指标包括电压放大倍数、输入电阻、输出电阻、最大不失真输出电压（动态范围）和通频带等。

理论上，电压放大倍数：

$$A_{\mathrm{u}} = -\beta \frac{R_{\mathrm{C}} // R_{\mathrm{L}}}{r_{\mathrm{be}}}$$

输入电阻：

$$R_i = R_{b1} // R_{b2} // r_{be}$$

输出电阻：

$$R_o = R_c$$

（1）电压放大倍数的测量。调整放大器到合适的静态工作点，然后加入输入电压 u_i，在输出电压 u_o 不失真的情况下，用数字示波器测出 u_i 和 u_o 的有效值，则 $A_{\mathrm{u}} = \frac{U_{\mathrm{o}}}{U_{\mathrm{i}}}$。

（2）输入电阻的测量。为了测量放大电路的输入电阻，按图 5-5 所示电路在被测放大器的输入端与信号源之间串入一已知电阻 R，在放大器正常工作的情况下，用数字示波器测出 U_i 和 U_o，则

$$R_{\mathrm{i}} = \frac{U_{\mathrm{i}}}{I_{\mathrm{i}}} = \frac{U_{\mathrm{i}}}{U_{\mathrm{s}} - U_{\mathrm{i}}} R$$

图 5-5　输入、输出电阻的测量

（3）输出电阻的测量。按图 5-5 所示电路，在放大器正常工作条件下，测出输出端不接负载 R_L 的输出电压 U_o 和接入负载后的输出电压 U_L，因为 $U_{\mathrm{L}} = \frac{R_{\mathrm{L}}}{R_{\mathrm{o}} + R_{\mathrm{L}}} U_{\mathrm{o}}$，所以可以求出

$$R_{\mathrm{o}} = \left(\frac{U_{\mathrm{o}}}{U_{\mathrm{L}}} - 1 \right) R_{\mathrm{L}}$$

（4）最大不失真输出电压的测量。由理论上可知，静态工作点在交流负载线的中点时，可

以获得最大动态范围。因此，在放大器正常工作情况下，逐步增大输入信号的幅度，并同时调节 R_W，当用示波器观察输出波形出现双向限幅失真时，再减小输入信号幅度，使输出波形刚好不失真，则此时输出波形的峰峰值就是最大不失真输出电压 U_{oPP}。

（5）放大器幅频特性的测量。放大器的幅频特性是指放大器的电压放大倍数 A_u 与输入信号频率 f 之间的关系曲线。单管阻容耦合放大电路的幅频特性曲线如图 5-6 所示。A_{um} 为中频电压放大倍数，通常规定电压放大倍数随频率变化下降到中频放大倍数的 $1/\sqrt{2}$，即 $0.707A_{um}$ 所对应的频率，分别称为下限频率 f_L 和上限频率 f_H，则通频带

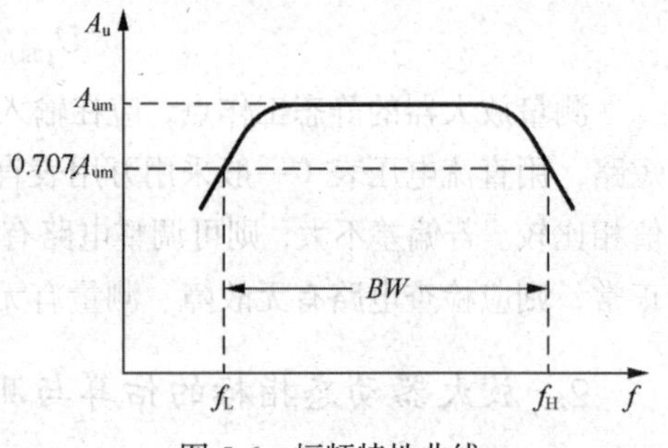

图 5-6　幅频特性曲线

$$BW=f_H-f_L$$

改变输入信号频率 f，保持输入信号的幅值 u_i 不变，用数字示波器监视测出相应的不失真输出电压 u_o 值，并计算电压增益 $A_u=\dfrac{U_o}{U_i}$，即可得到被测网络的幅频特性。这种用逐点法测出的幅频特性通常叫静态幅频特性。

三、实验仪器与器材

信号发生器：一台。

数字示波器：一台。

双路直流稳压电源：一台。

数字万用表：一只。

电路板：一块。

四、实验内容与步骤

1. 给实验电路板正确连线

实验电路如图 5-2 所示。各电路仪器可按图 5-4 所示方式连接，为防止干扰，各仪器的公共端（地线）必须连在一起，同时信号源、数字示波器的引线应采用专用电缆线或屏蔽线，防止干扰，接通无误后接通直流电源 12V。

2. 调试静态工作点

选取放大器静态工作点的原则，总的要求是信号工作在三极管输出特性的线性工作区，失真要小，噪声要低，耗电要少。本实验要求按指定工作点调试和以最大不失真输出为依据调试工作点。

（1）按 $U_E=2.1\text{V}$ 调整。调节 R_W，用万用表测 U_E 电位，使 $U_E=2.1\text{V}$。

（2）在以上调整的基础上，均要求测试各点电位 U_C、U_B、I_B、I_C，并记于表 5-7 中。测试时，将输入端断开，不接信号源，测量该电路静态工作点。

表 5-7　　静态工作点测试值

项目 \ 工作条件	V_{CC}=12V　U_E=2.1V					
	测量					计算
名称	U_B/V	U_C/V	U_E/V	I_B/μA	I_C/mA	$U_{CE}=V_{CC}-I_CR_C-I_CR_E$/V
数据			2.1			
三极管工作状态						

3. 放大电路参数测量

放大倍数测量如下。

保持表 5-7 中的 R_W 的位置不变，即 U_E=2.1V，低频信号发生器输出频率为 1kHz 的正弦波信号，低频信号发生器接在电路输入端 U_i，调节输入信号的大小，用示波器监测放大电路输出端 U_o，使得 U_o 波形为最大不失真。用电子电压表测量此时输入和输出电路信号的大小，将测量数值填入表 5-8，并计算电路放大倍数 A_u。

表 5-8　　电路放大倍数 A_u 的测量

项目 \ 工作条件	保持表 5-7 中的 R_W 的位置不变，低频信号发生器输入 1kHz 的正弦波信号			
	测量			计算
名称	U_s/mV	U_i/mV	U_o/V	$A_u=U_o/U_i$
空载		U_i= （u_i–t 坐标，原点 O）	U_o（空载）=	
接入负载 R_L			U_o（负载）=	

4. 研究静态工作点与输出波形失真关系

保持表 5-8 中最大不失真输出不变，即输入信号幅值不变，输出信号幅值最大不失真时，分别逆时针和顺时针调节 R_W，使输出波形出现明显饱和失真和截止失真时，用万用表测试三极管三个电极直流电位，并用数字示波器观测输出波形 U_o 的失真状态，填写表 5-9。

表 5-9　　波形失真时的工作点

测试条件	输出波形 U_o	U_B/V	U_C/V	U_E/V	失真类型
R_W=0	（u_o–t 坐标，原点 O）				
R_W=∞	（u_o–t 坐标，原点 O）				

5. 输入和输出电阻的测试（选做）

根据表 5-10 数据计算输入电阻，填入表 5-11 中。将表 5-8 中测量数据填入表 5-10 中，计算输出电阻的大小。

表 5-10　　输出电阻测试

测试条件	测试数据		由测试值计算	理论计算
表 5-8 中测量数据	U_o（空载）/V	U_o（负载）/V	$r_o=\left(\dfrac{\dot{U}_o(空载)}{\dot{U}_o(负载)}-1\right)R_L$	$r_o \approx R_c$

表 5-11　　输入电阻测试

测试条件	测试数据		由测试值计算	
I_c	$\dot{U}_S$ /V	$\dot{U}_i$ /V	$r_i=\dfrac{\dot{U}_i}{\dot{U}_S-\dot{U}_i}R$	$r_i \approx r_{be}$
给定值 1mA				

6. 测量幅频特性曲线

保持表 5-7 中的 R_W 的位置不变，即 $U_E=2.1V$，保持输入信号 U_i 的幅值不变，改变输入信号 U_i 的频率 f，测试输出信号 U_o 幅值的大小，填入表 5-12 中。

表 5-12　　幅频特性测试

U_i=　　mV									
f/Hz	20	60	100	400	1k	10k	100k	200k	400k
U_o									
A_u									

五、实验报告要求

将测试的数据写入实验报告，应包括：实验内容，实验原理，实验电路，实验步骤，列表整理测量结果等内容，并把实测的静态工作点、电压放大倍数、输入电阻、输出电阻之值与理论计算值比较（取一组数据进行比较），分析产生误差的原因。

总结 R_C、R_L 电阻值及静态工作点对放大器电压放大倍数、输入电阻、输出电阻的影响。

讨论静态工作点变化对放大器输出波形的影响。

六、预习内容

1. 预习电压放大器分压式偏置电路的工作原理及各元件作用。
2. 预习元件参数变化对工作点和波形的影响。
3. 如何计算放大器的电压放大倍数、输入电阻及输出电阻？
4. 试估算在输出电压不失真情况下，该放大器的最大允许输入电压为多大？

七、实验总结

1. 外负载 R_L 对放大器输出的动态范围有何影响？

2. 如果调节 $\dot{U}_S$ 大小，而 $\dot{U}_o$ 值为零，则电路有哪些故障？如何进行测试，判断故障点？

3. 为什么静态工作点不能用电子毫伏表进行测量？在测试输入电阻 R_i 过程中，能否直接测量辅助电阻 R 上的电压？

八、实验开拓内容

1. 研究如何提高电路的电压放大倍数（提示：稍微增加静态 I_C 或增加 R_C，对放大倍数及动态范围有什么影响）。

2. 对单管交流放大器采用 β 大的管子，观察能否提高电压放大倍数。

5.3 负反馈放大电路的测试

一、实验目的

1. 加深理解放大电路中引入负反馈的方法和负反馈对放大器各项性能指标的影响。

2. 了解并测试反馈放大电路中各个参数的大小。

二、实验原理

负反馈在电子电路中有着非常广泛的应用，虽然它使放大器的放大倍数降低，但能在多方面改善放大器的动态指标，如稳定放大倍数，改变输入、输出电阻，减小非线性失真和展宽通频带等。因此，几乎所有的实用放大器都带有负反馈。

负反馈放大器有 4 种组态，即电压串联、电压并联、电流串联、电流并联。本实验以电压串联负反馈为例，分析负反馈对放大器各项性能指标的影响。

1. 有反馈的放大器电路

图 5-7 所示为带有负反馈的两级阻容耦合放大电路，在电路中通过 R_f 把输出电压 U_o 引回到输入端，加在晶体管 VT_1 的发射极上，在发射极电阻 R_{F1} 上形成反馈电压 U_f。根据反馈的判断法可知，它属于电压串联负反馈。

主要性能指标如下。

（1）闭环电压放大倍数

$$A_{uf} = \frac{A_u}{1 + A_u F_u}$$

式中：$A_u = \dfrac{U_o}{U_i}$——（无反馈）开环电压放大倍数；

$1+A_u F_u$——反馈深度；

$F_u = \dfrac{R_{F1}}{R_f + R_{F1}}$——反馈系数。

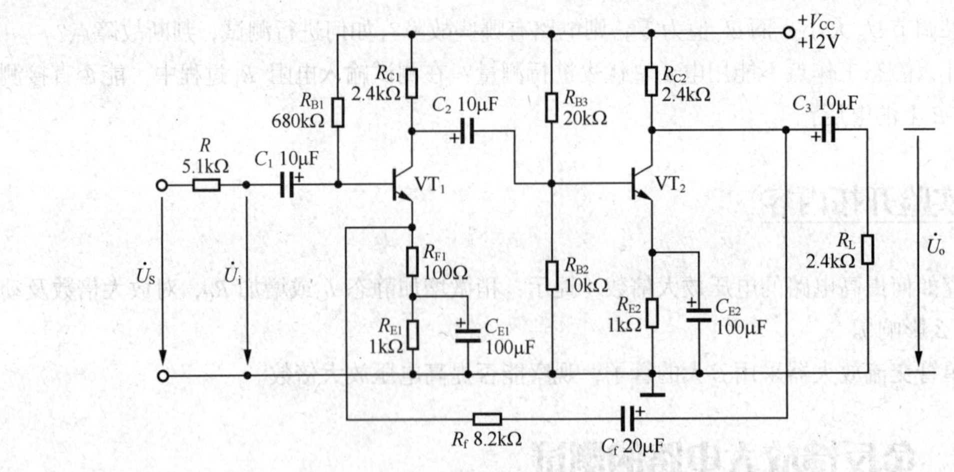

图 5-7　带有电压串联负反馈的两级阻容耦合放大器

（2）输入电阻

$$R_{if}=(1+A_uF_u)R_i$$

式中：R_i——基本放大器（无反馈）的输入电阻；

R_{if}——有反馈的输入电阻。

（3）输出电阻

$$R_{of}=\frac{R_o}{1+A_{uo}F_u}$$

式中：R_o——基本放大器的输出电阻；

A_{uo}——基本放大器 $R_L=\infty$ 时的电压放大倍数。

2. 无反馈放大电路图的确定

本实验还需要测量基本放大器的动态参数，怎样实现无反馈而得到基本放大器呢？不能简单地断开反馈支路，而是要去掉反馈作用，但又要把反馈网络的影响（负载效应）考虑到基本放大器中去，因此考虑如下因素。

（1）在画基本放大器的输入回路时，因为是电压负反馈，所以可将负反馈放大器的输出端交流短路，即令 $U_o=0$，此时 R_f 相当于并联在 R_{F1} 上。

（2）在画基本放大器的输出回路时，由于输入端是串联负反馈，因此需将反馈放大器的输入端（VT_1 管的射极）开路，此时（R_f+R_{F1}）相当于并接在输出端。可近似认为 R_f 并接在输出端。

根据上述规律，就可得到所要求的如图 5-8 所示的基本放大器。

三、实验设备与器件

信号发生器：一台。

数字示波器：一台。

双路直流稳压电源：一台。

数字万用表：一只。

电路板：一块。

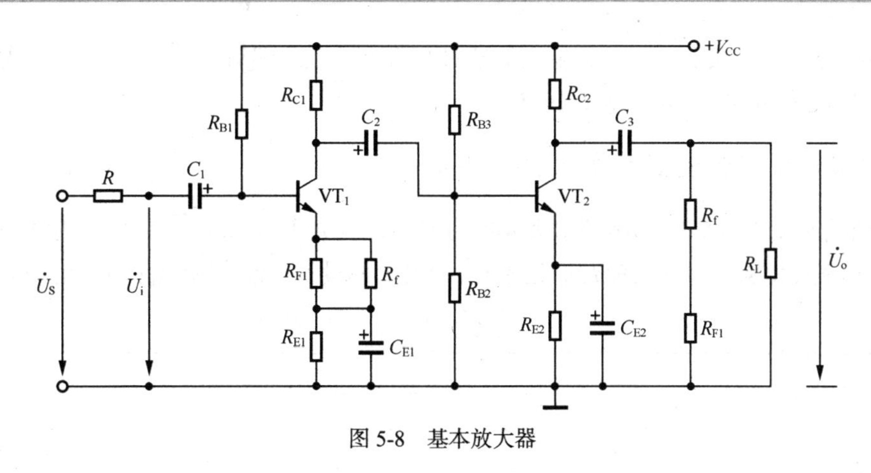

图 5-8　基本放大器

四、实验内容与步骤

1. 静态工作点的测量

按图 5-7 连接实验电路，取 V_{CC}=+12V，U_i=0，用万用表的直流电压挡分别测量第一级、第二级的静态工作点，记入表 5-13 中。

表 5-13　静态工作点的测试

	U_B/V	U_E/V	U_C/V	I_C/mA
第一级				
第二级				

2. 测试基本放大器的各项性能指标

将实验电路按图 5-8 改接，即把 R_f 断开后分别并接在 R_{F1} 和 R_L 上，其他连线不动。

（1）测量中频电压放大倍数 A_u、输入电阻 R_i 和输出电阻 R_o。

① 输入信号频率 f=1kHz，幅值约 5mV 正弦信号源 U_S，用示波器监视输出波形 U_o，在 U_o 不失真的情况下，用万用表测量 U_S、U_i、U_L，记入表 5-14 中。其中信号源为 U_S，输入信号为 U_i，有负载时输出电压为 U_L，空载时输出端电压为 U_o。

表 5-14　输入与输出电压值

U_S/mv	U_i/mv	U_L/V	U_o/V

② 保持输入信号 U_S 幅值和频率不变，断开负载电阻 R_L（注意，R_f 不要断开），测量空载时的输出电压 U_o，记入表 5-15 中。

表 5-15　空载时的参数测量

基本放大器	U_S/mV	U_i/mV	U_L/V	U_o/V	A_u	R_i/kΩ	R_o/kΩ
负反馈放大器	U_S/mV	U_i/mV	U_L/V	U_o/V	A_{uF}	R_{if}/kΩ	R_{of}/kΩ

（2）测量通频带。接上 R_L，保持输入信号的 U_S 幅值不变，然后增加和减小输入信号的频率，找出上、下限频率 f_H 和 f_L，记入表 5-16 中。

3. 测试负反馈放大器的各项性能指标

将实验电路恢复为图 5-7 的负反馈放大电路。适当加大 U_S（约 10mV），在输出波形不失真的条件下，测量负反馈放大器的 A_{uF}、R_{if} 和 R_{of}，记入表 5-15 中；测量上、下限频率 f_H 和 f_L，记入表 5-16 中。

表 5-16 上下限频率的测量

基本放大器	f_H/kHz	f_L/kHz	Δf/kHz
负反馈放大器	f_{Hf}/kHz	f_{Lf}/kHz	Δf/kHz

4. 观察负反馈对非线性失真的改善

（1）实验电路改接成基本放大器形式，在输入端加入 f=1kHz 的正弦信号，输出端接示波器，逐渐增大输入信号的幅度，使输出波形开始出现失真，记下此时的波形和输出电压的幅度。

（2）再将实验电路改接成负反馈放大器形式，增大输入信号幅度，使输出电压幅度的大小与（1）相同，比较有负反馈时，输出波形的变化。

五、实验报告要求

将测试的数据写入实验报告，应包括以下内容。

1. 实验内容。
2. 实验原理。
3. 实验电路。
4. 实验步骤。
5. 列表整理测量结果，并分析实测的基本放大器、负反馈放大器的放大倍数、输入电阻、输出电阻之值，并比较两者电路的区别和特点。
6. 将测试值与计算值比较（取一组数据进行比较），分析产生误差的原因。
7. 总结负反馈放大电路电路的特点。

六、预习内容

1. 预习电压放大器分压式偏置电路的工作原理及各元件作用。
2. 预习教材中有关负反馈放大器的内容。
3. 按实验电路图 5-7 估算放大器的静态工作点（取 $\beta_1=\beta_2=100$）。
4. 怎样把负反馈放大器改接成基本放大器？为什么要把 R_f 并接在输入和输出端？
5. 估算基本放大器的 A_u、R_i 和 R_o；估算负反馈放大器的 A_{uF}、R_{if} 和 R_{of}，并验算它们之间的关系。
6. 如按深度负反馈估算，则闭环电压放大倍数 A_{uF}=？和测量值是否一致？为什么？
7. 如输入信号存在失真，能否用负反馈来改善？

8. 怎样判断放大器是否存在自激振荡？如何进行消振？

七、实验总结

1. 将基本放大器和负反馈放大器动态参数的实测值和理论估算值列表进行比较。
2. 根据实验结果，总结电压串联负反馈对放大器性能的影响。

5.4 射极跟随器电路的测试

一、实验目的

1. 掌握射极跟随器的特性及测试方法。
2. 进一步学习放大器各项参数测试方法。

二、实验原理

射极跟随器的原理图如图 5-9 所示。射极跟随器的信号从基极送入，从发射极输出，故又称射极输出器。

它是一个电压串联负反馈放大电路，它具有输入电阻高，输出电阻低，电压放大倍数接近于 1，输出电压能够在较大范围内跟随输入电压做线性变化及输入、输出信号同相等特点。

1. 输入电阻 R_i

$$R_i=r_{be}+(1+\beta)R_E$$

由上式可知射极跟随器的输入电阻 R_i 比共射极单管放大器的输入电阻 $R_i=R_B /\!/ r_{be}$ 要高得多，但由于偏置电阻 R_B 的分流作用，输入电阻难以进一步提高。

输入电阻的测试方法同单管放大电路，实验线路如图 5-10 所示。

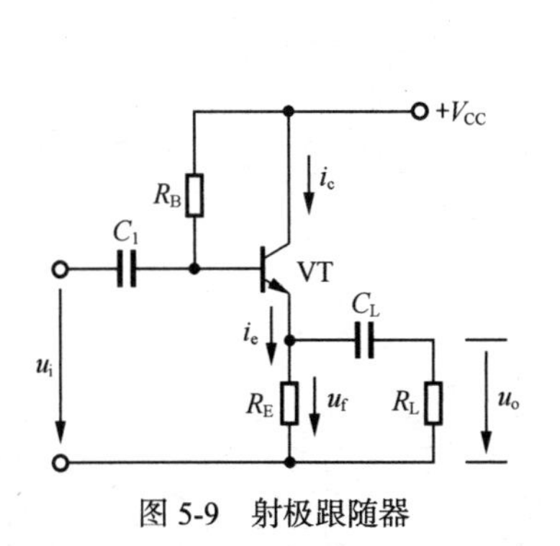

图 5-9　射极跟随器

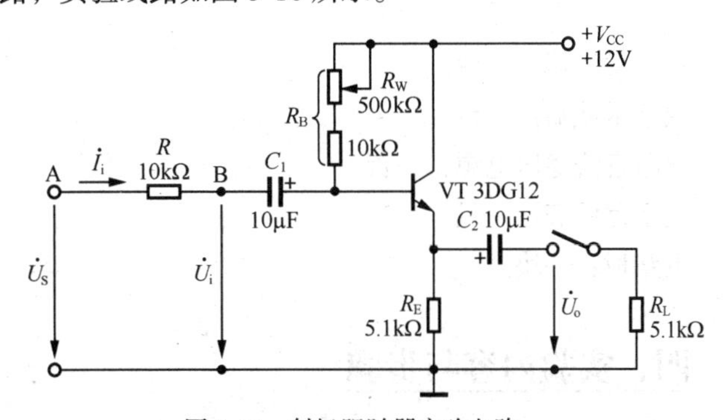

图 5-10　射极跟随器实验电路

$$R_i=\frac{U_i}{I_i}=\frac{U_i}{U_S-U_i}R$$

即只要测得 A、B 两点的对地电位即可计算出 R_i。

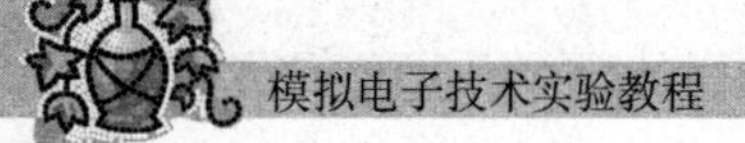

2. 输出电阻 R_o

$$R_o = \frac{r_{be}}{\beta} // R_E \approx \frac{r_{be}}{\beta}$$

由上式可知射极跟随器的输出电阻 R_o 比共射极单管放大器的输出电阻 $R_o \approx R_C$ 低得多。三极管的 β 越高，输出电阻越小。

输出电阻 R_o 的测试方法：即先测出空载输出电压 U_o，再测接入负载 R_L 后的输出电压 U_L，即可求出 R_o：

$$R_o = \left(\frac{U_o}{U_L} - 1\right) R_L$$

即只要测得空载输出电压 U_o 和接入负载后的电压 U_L，即可计算出 R_o。

3. 电压放大倍数

$$A_u = \frac{(1+\beta)(R_E // R_L)}{r_{be} + (1+\beta)(R_E // R_L)}$$

上式说明射极跟随器的电压放大倍数小于近于 1，且为正值。这是深度电压负反馈的结果。但它的射极电流仍比基极电流大（$1+\beta$）倍，所以它具有一定的电流和功率放大作用。

4. 电压跟随范围

电压跟随范围是指射极跟随器输出电压 U_o 跟随输入电压 U_i 做线性变化的区域。当 U_i 超过一定范围时，U_o 便不能跟随 U_i 做线性变化，即 U_o 波形产生了失真。为了使输出电压 U_o 正、负半周对称，并充分利用电压跟随范围，静态工作点应选在交流负载线中点，测量时可直接用示波器读取 U_o 的峰峰值，即电压跟随范围；或用交流毫伏表读取 U_o 的有效值，则电压跟随范围：

$$U_{oPP} = 2\sqrt{2}\, U_o$$

三、实验设备与器材

信号发生器：一台。
数字示波器：一台。
双路直流稳压电源：一台。
数字万用表：一只。
电路板：一块。

四、实验内容与步骤

1. 给实验电路板正确连线

实验电路如图 5-10 所示。各电路仪器可按实验二中图 5-4 所示方式连接，为防止干扰，各仪

器的公共端（地线）必须连在一起，同时信号源、数字示波器的引线应采用专用电缆线或屏蔽线，防止干扰，接通无误后接通直流电源 12V。

2. 选取合适的静态工作点

选取放大器静态工作点的原则，总的要求是信号工作在三极管输出特性的线性工作区，失真要小，噪声要低，耗电要少。本实验要求按指定工作点调试和以最大不失真输出为依据调试工作点。

接通 + 12V 直流电源，在 B 点加入频率为 f=1kHz 正弦信号 u_i，输出端用数字示波器监视输出波形 U_o，反复调整基极偏置电阻 R_W 及信号源的输出幅度 U_o，使在示波器的屏幕上得到一个最大不失真输出波形，然后置 U_i=0，用万用表的直流电压挡位测量晶体管各电极对地电位，即基极电位 U_B、集电极电位 U_C、发射极电位 U_E，还有发射极电流 I_E。将测得数据记入表 5-17 中。

表 5-17　　静态工作点的选取

发射极电压 U_E/V	基极电压 U_B/V	集电极电压 U_C/V	发射极电流 I_E/mA

确定好静态工作点后，在下面整个测试过程中应保持 R_W 值不变（即保持静态工作点 I_E 不变）。

3. 测量电压放大倍数 A_u

（1）测量空载时的电压放大倍数 A_{uo}

空载时，在 B 点加 f=1kHz 正弦信号 u_i，调节输入信号幅度，用示波器观察输出波形 U_o，在输出最大不失真情况下，用万用表交流电压挡测 U_i、U_o 值，记入表 5-18 中。

表 5-18　　空载时电压放大倍数的测试

输入信号 U_i/mV	输出电压 U_o/V	电压放大倍数（计算）A_{uo}

（2）测量负载时的电压放大倍数 A_{uo}

接入 R_L=1kΩ的负载，在 B 点加 f=1kHz 正弦信号 u_i，调节输入信号幅度，用示波器观察输出波形 U_o，在输出最大不失真情况下，用万用表交流电压挡测 U_i、U_o 值，记入表 5-19 中。

表 5-19　　负载 R_L=1kΩ时电压放大倍数的测试

输入信号 U_i/mV	输出电压 U_o/V	电压放大倍数（计算）A_{uo}

4. 测量输入电阻 R_i

在 A 点加频率为 f=1kHz 的正弦波信号，用示波器监视输出波形 U_o，用万用表交流电压挡分别测出 A、B 点对地的电位 U_A（U_S）、$U_B(U_i)$，记入表 5-20 中。

表 5-20　　输入电阻的测试

输入信号 $U_A(U_S)$/mV	输出电压 $U_B(U_i)$/mV	输入电阻(计算)R_i/kΩ

5. 电压跟随特性测试

接入负载 R_L=1kΩ，在 B 点加入频率为 f=1kHz 正弦信号 u_i，逐渐增大信号 U_i 幅度，用示波器监视输出波形 U_o，直至输出波形达最大不失真，测量对应的输入电压 U_i 的值，记入表 5-21 中。

表 5-21　　电压跟随特性测试

输入信号 U_i/mV							
输出电压信号 U_o/V							

6. 测试频率响应特性

保持输入信号 U_i 幅度不变，用示波器监视输出波形 U_o，改变信号源频率 f，用万用表测量不同频率下的输出电压 U_L 值，记入表 5-22 中。

表 5-22　　频率响应测试（U_i=　　mV）

输入信号频率 f/Hz	10	100	1k	20k	100k	200k	
输出电压信号 U_o/V							

五、实验报告要求

将测试的数据写入实验报告，应包括以下内容。

1. 实验内容。
2. 实验原理。
3. 实验电路。
4. 实验步骤。
5. 列表整理测量结果，并分析实测的静态工作点、电压放大倍数、输入电阻、输出电阻之值。
6. 将测试值与计算值比较（取一组数据进行比较），分析产生误差的原因。
7. 总结射极跟随器电路的特点。
8. 整理实验数据，并画出曲线 $U_o=f(U_i)$ 及 $U_o=f(f)$ 曲线。

六、预习内容

1. 预习电压放大器分压式偏置电路的工作原理及各元件作用。
2. 预习元件参数变化对工作点和波形的影响。
3. 预习射极跟随器的工作原理。
4. 根据图 5-10 的元件参数值估算静态工作点，并画出交、直流负载线。

七、实验总结

外负载 R_L 对放大器输出的动态范围有何影响？

八、实验开拓内容

研究分析图 5-11 中采用自举电路的射极跟随器电路的特点。

在一些电子测量仪器中，为了减轻仪器对信号源所取用的电流，以提高测量精度，通常采用图 5-11 所示带有自举电路的射极跟随器，以提高偏置电路的等效电阻，从而保证射极跟随器有足够高的输入电阻。

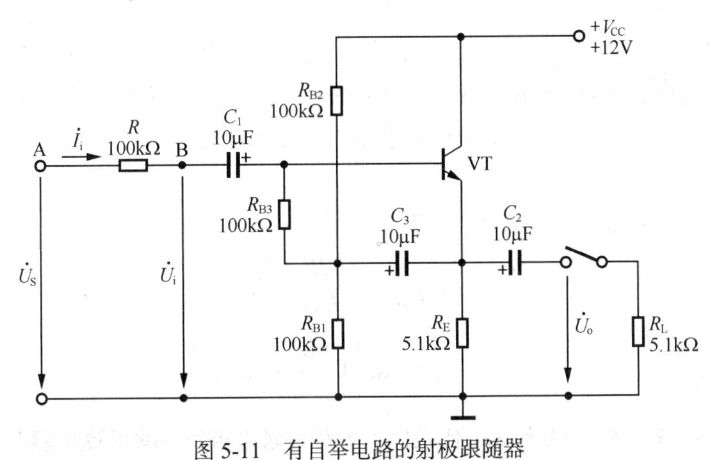

图 5-11　有自举电路的射极跟随器

5.5　结型场效应管共源放大电路的测试

一、实验目的

1. 了解场效应管共源极放大器的性能特点。
2. 掌握放大器主要性能指标的测试方法。

二、实验原理

1. 自偏压式场效应管共源极放大器的组成

场效应管共源极放大器具有以下特点：输入阻抗高，电压放大倍数较小。场效应管在组成放大器时，需要由偏置电路建立一个合适又稳定的静态工作点，由于场效应管是电压控制器件，因此，它只需要给栅极加上合适的偏压，一般采用自给偏压的方法给栅极加上合适的偏压。如图 5-12 所示的共源极放大器就是由 N 沟道结型场效应管构成的自给偏压电路。

由于栅极电流 I_G 近似为零，所以栅极电阻 R_G 上的压降近似为零，栅极 G 与地同电位，即 U_G=0。对结型场效应管来说，即使在 U_{GS}=0 时，也存在漏极电流 I_D，因此在没有外加栅极电源的情况下，仍然有静态电流 I_{DQ} 流经源极电阻 R_S，在源极电阻 R_S 上产生压降 U_S(U_S=$I_{DQ}R_S$)，使源极电位为正，

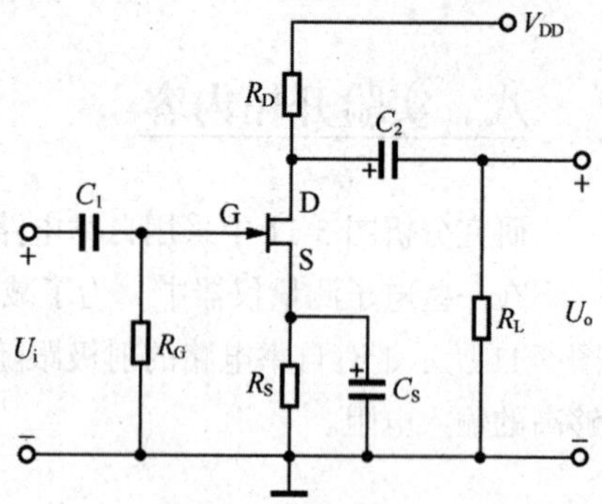

图 5-12　自偏压式场效应管共源极放大器

结果在栅极与源极间形成一个负偏置电压。

$$U_{GSQ}=U_{GQ}-U_{SQ}=-I_{DQ}R_S$$

这个偏置电压是由场效应管本身的电流 I_{DQ} 产生的，所以称为自给偏压。

为了减小 R_S 对交流信号的影响，可在 R_S 两端并联一个交流旁路电容 C_S。

2. 场效应管共源极放大器的直流与交流参数

（1）场效应管共源极放大器的直流参数。为了使放大器正常工作，必须对场效应管放大器设置合适的静态工作点。场效应管放大器的静态工作点是指直流量 U_{GSQ}、I_{DQ} 和 U_{DSQ}。静态工作点可采用图解法或计算法确定。在本实验中采用计算法来确定静态工作点。

根据图 5-12 所示电路可得到如下静态时的关系式：

$$U_{DSQ}=U_{DD}-(IR_S+R_2)$$

$$U_{GSQ}=-I_{DQ}R_S$$

$$I_{DQ}=I_{DSS}\left(1-\frac{U_{GSQ}}{U_P}\right)^2$$

将已知的 U_{DD}、R_S、R_D、U_P 和 I_{DSS} 代入以上方程，联立求解，就可算出静态工作点 U_{GSQ}、I_{DQ} 和 U_{DSQ}（U_P 和 I_{DSS} 分别为夹断电压和漏极饱和电流）。

（2）场效应管共源极放大器的交流参数。场效应管共源极放大器的交流参数可由以下几个式子求出。

① 电压放大倍数 A_u。

$$A_u=\frac{U_o}{U_i}=-g_m(R_D//R_L//r_{DS})\approx-g_m(R_D//R_L)$$

其中负号表示输出电压的相位与输入电压相位相反，r_{DS}（约为几十千欧）是场效应管的动态电阻。由于结型场效应管的 g_m 较小，若要提高电压放大倍数，则应增大 R_D 和 R_L，相应地也要提高电源电压 U_{DD} 的值。

② 输入电阻 R_i。

$$R_i=\frac{U_i}{L}R_G$$

③ 输出电阻 R_o。

$$R_o=R_D//r_{DS}$$

三、实验仪器与器材

信号发生器：一台。

数字示波器：一台。

双路直流稳压电源：一台。

数字万用表：一只。

电路板：一块。

四、实验内容与步骤

1. 测量夹断电压 U_P

按照图 5-13 所示连接电路，改变 U_{GS} 的大小使 I_D=50μA。此时测出 U_{GS} 的值就得到夹断电压 U_P 的值，即此时的 $U_{GS}=U_P$。结型场效应管的 U_P 为负，其绝对值一般小于 9V。

2. 测量漏极饱和电流 I_{DSS}

按照图 5-14 所示连接电路，$U_{GS}=0$，U_{DS}=10V，此时测出的漏极电流就是饱和漏极电流 I_{DSS}。3DG6 型的 I_{DSS}<10mA。在本实验中取 I_{DQ}=1.5mA，将 I_{DQ} 和上面测出来的夹断电压 U_P、饱和电流 I_{DSS} 代入式 $I_{DQ}=I_{DSS}\left(1-\frac{U_{GSQ}}{U_P}\right)^2$ 中，求出 U_{GSQ}。然后利用公式：

$$g_m=-\frac{2I_{DSQ}}{U_P}\left(1-\frac{U_{GSQ}}{U_P}\right)$$

求出跨导 g_m。

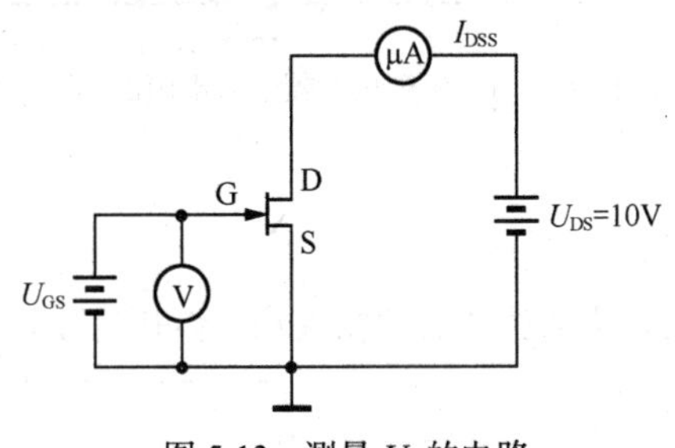

图 5-13　测量 U_P 的电路

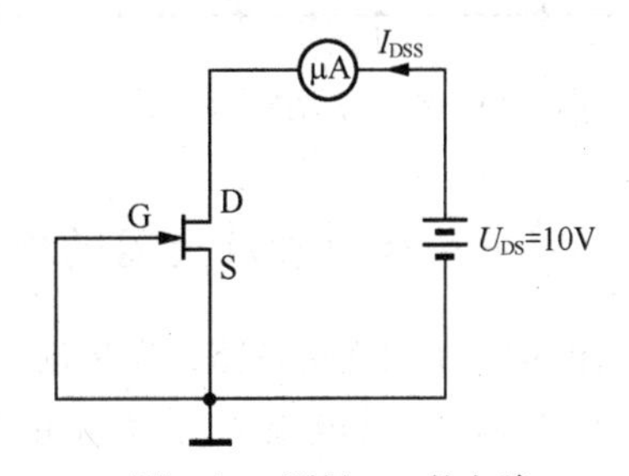

图 5-14　测量 I_{DSS} 的电路

表 5-23　U_P 和 I_{DSS} 的测量

U_P	I_{DSS}

3. 测量场效应管放大器静态工作电流

按图 5-15，图中元件值分别取：R_D=3kΩ，R_L=20kΩ，R_G=1MΩ，R_S=100kΩ，R_{W1}=1kΩ，V_{DD}=12V，C_1=0.1μF，C_2=10μF，C_s=100μF。在实验板上连接电路，检查无误后，接通直流电源，然后调节 R_{W1} 使 R_D 两端的电压为 4.5V，则场效应管放大器的静态工作电流：

$$I_{DQ}=\frac{U_{R_D}}{R_D}=\frac{4.5}{3000}=1.5(\text{mA})$$

4. 测量场效应管放大器的电压放大倍数 A_u

输入 f=1kHz，U_i=20mV 的正弦波信号，用万用表在放大器的输出端测量输出电压 U_o。按下式算出电压放大倍数：

$$A_u=U_o/U_i$$

5. 测量场效应管放大器的输入电阻 R_i

按图 5-16 所示连接电路，先将输入信号 U_i=20mV 接到放大器的输入端，将开关 S_1 扳向上方触点，测出此时放大器的输出电压 U_o；然后将开关 S_1 扳向下方触点，在放大器的输入端串接一个电位器 R_{W2}，输入信号电压 U_i=20mV 接到电位器 R_{W2} 的一端，调节 R_{W2} 使放大器的输出电压 U_o 下降到 U_i 接上方触点时输出电压 u_o 的一半，接着去掉输入信号 u_i，用万用表的 10kΩ挡测量电位器 R_{W2} 的电阻值，该阻值就是放大器的输入电阻 R_i。

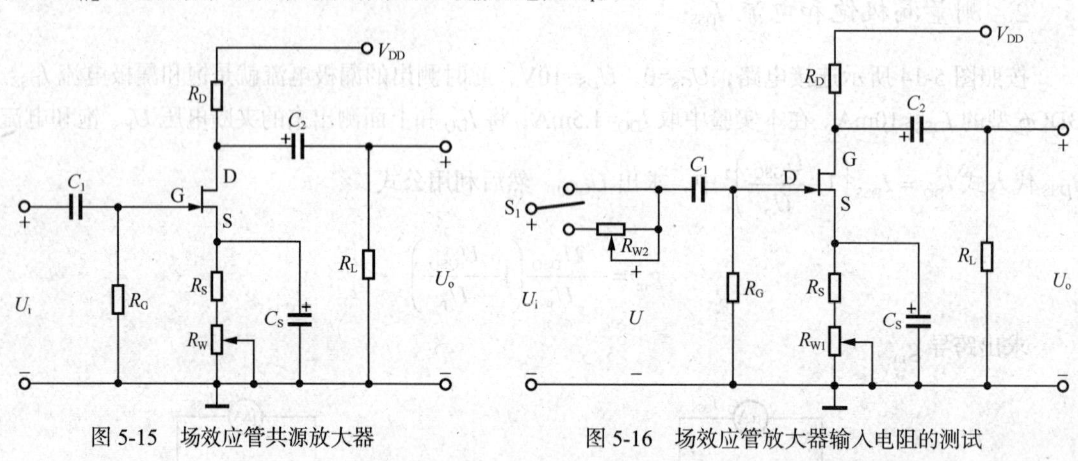

图 5-15　场效应管共源放大器　　　图 5-16　场效应管放大器输入电阻的测试

6. 测量场效应管放大器的输出电阻 R_o

按图 5-17 所示连接电路，先将输入信号 U_i=20mV 接到放大器的输入端，将开关 S_2 断开，测出此时放大器的空载电压 U_o，然后将开关 S_2 接通，在放大器的输入端串接一个电位器 R_{W2}（R_{W2}=10kΩ），调节 R_{W2} 使放大器的输出电压 U_o 下降到空载时输出电压 U_o 的一半，断开开关 S_2，用万用表的电阻挡测量电位器 R_{W2} 的电阻值，该阻值就是放大器的输出电阻 R_o。

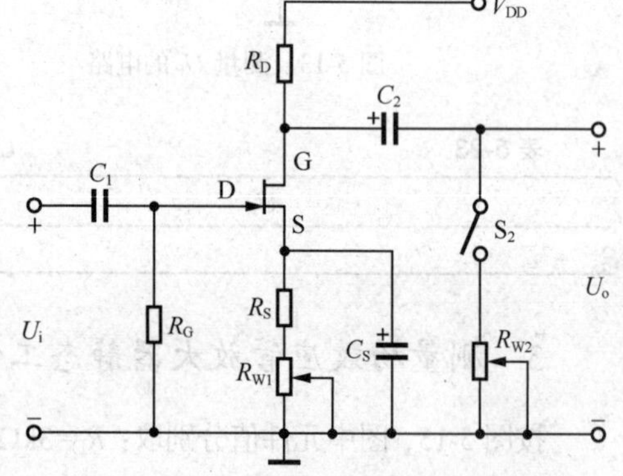

图 5-17　场效应管放大器输出电阻的测试

7. 用示波器测量放大器的上、下限频率

调节 R_{W1}，使 I_{DQ}=3mA，输入 f=1kHz、U_i=20mV 的正弦波信号，用示波器测出放大器的输出电压 U_o。

保持输入信号 U_i=20mV 不变，逐渐提高放大器输入信号的频率，则输出波形的幅值将

会随着信号频率的升高而逐渐降低，当输出波形的幅值降到原来的 0.7 时，信号发生器上所显示的频率就是被测放大器的上限频率 f_H。

同理，U_i=20mV 不变，然后从 f=1kHz 频率逐渐降低，监测输出波形的幅值下降到原来高度的 0.7 时，信号发生器上所显示的频率就是被测放大器的下限频率 f_L。将上述测量的各项交流性能填入表 5-24 中。

放大器的频带宽度为 $BW=f_H-f_L$。

表 5-24　　各个参数的测量值

A_u	R_i/Ω	R_o/Ω	f_H/Hz	f_L/Hz	BW/Hz

五、实验报告要求

将测试的数据写入实验报告，应包括以下内容。

1. 实验内容。
2. 实验原理。
3. 实验电路。
4. 实验步骤。
5. 列表整理测量结果，并分析实测的放大倍数、输入电阻、输出电阻之值，并与理论值比较，分析产生误差的原因。
6. 总结共源放大电路的特点。

六、预习内容

1. 预习共源放大电路的工作原理及各元件作用。
2. 预习输入电阻、输出电阻、放大倍数的求法。
3. 预习带宽的概念。

七、实验总结

1. 将实验值与理论值加以比较，分析误差原因。
2. 分析静态工作点对 A_u 的影响。
3. 讨论提高 A_u 的办法。

5.6 集成运算放大电路的测试

一、实验目的

1. 掌握运算放大器正确使用方法。
2. 熟悉运算放大器线性应用电路的运算关系及其测试方法。
3. 掌握运算放大器的交流小信号应用。

二、实验原理

集成运算放大器是一种具有高增益的直接耦合多级放大电路。当外部接入不同的线性或非线性元器件组成输入和负反馈电路时，可以灵活地实现各种特定的函数关系。在线性应用方面，可组成比例、加法、减法、积分、微分、对数等模拟运算电路。

下面介绍几种基本运算电路。

1. 反相比例运算电路

电路如图 5-18 所示。对于理想运放，该电路的输出电压与输入电压之间的关系为

$$U_o=-\frac{R_f}{R_1}U_i$$

为了减小输入偏置电流引起的运算误差，在同相输入端应接入平衡电阻 $R_P=R_1//R_f$。

2. 反相加法电路

电路如图 5-19 所示，输出电压与输入电压之间的关系为

$$U_o=-\frac{R_f}{R_1}U_{i1}-\frac{R_f}{R_2}U_{i2}$$

当 $R_1=R_2=R$ 时

$$U_o=-\frac{R_f}{R}(U_{i1}+U_{i2})$$

为了减小输入偏置电流引起的运算误差，在同相输入端应接入平衡电阻 $R_3=R_1//R_2//R_f$。

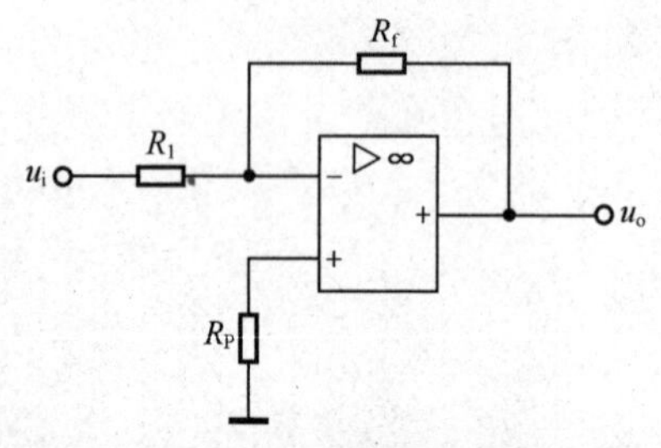

图 5-18　反相比例运算电路

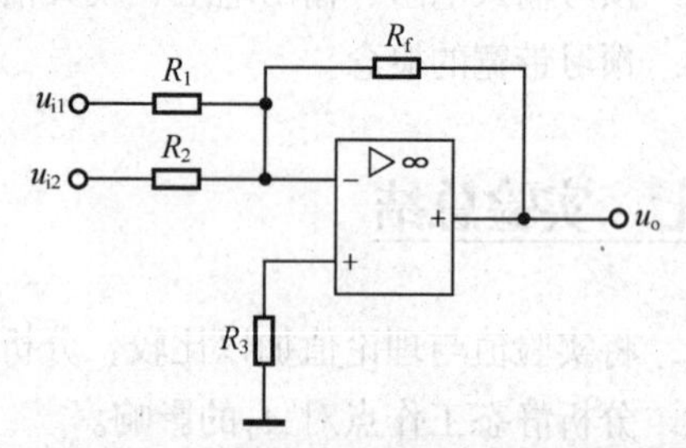

图 5-19　反相加法运算电路

3. 同相比例运算电路

图 5-20（a）所示是同相比例运算电路，它的输出电压与输入电压之间的关系为

$$U_o=\left(1+\frac{R_f}{R_1}\right)U_i$$

当 R_1 趋近于∞时，$U_o=U_i$，即得到如图 5-20（b）所示的电压跟随器。图中 $R_2=R_f$，用以减小漂移和起保护作用。一般 R_f 取 10kΩ，R_f 太小起不到保护作用，太大则影响跟随性。

本实验采用集成运算放大器 LM358，与其他元件连成上述各种综合性实验电路，如图 5-21 所示。其中 R_8、R_9 用作配置直流平衡电阻；R_5、R_6、R_7 用作比例和比例加法运算电路电阻。

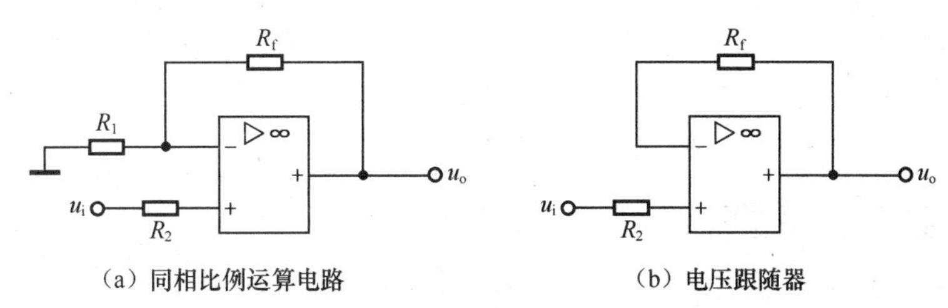

（a）同相比例运算电路　　　　（b）电压跟随器

图 5-20　同相比例运算电路

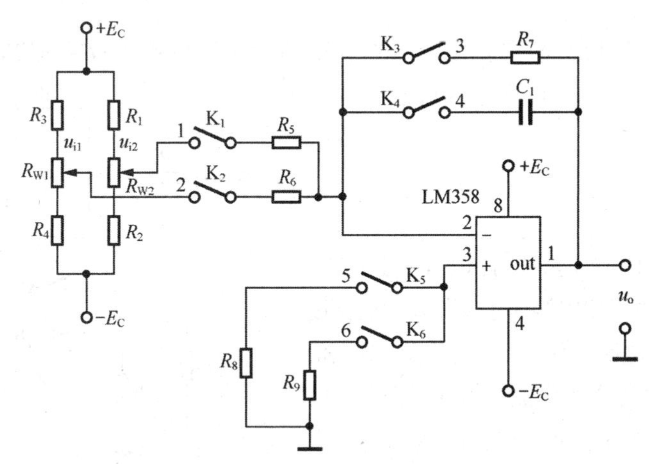

图 5-21　集成运算放大器 LM358 的应用实验电路

元件参考数值：

$R_1=R_2=R_3=R_4=470\Omega$，$R_5=R_6=R_8=20k\Omega$，$R_7=100k\Omega$，$R_{W1}=R_{W2}=1k\Omega$，$C_1=100\mu F$，LM358，$+E_C=+12V$，$-E_o=-12V$。其实验电路板图如图 5-22 所示。

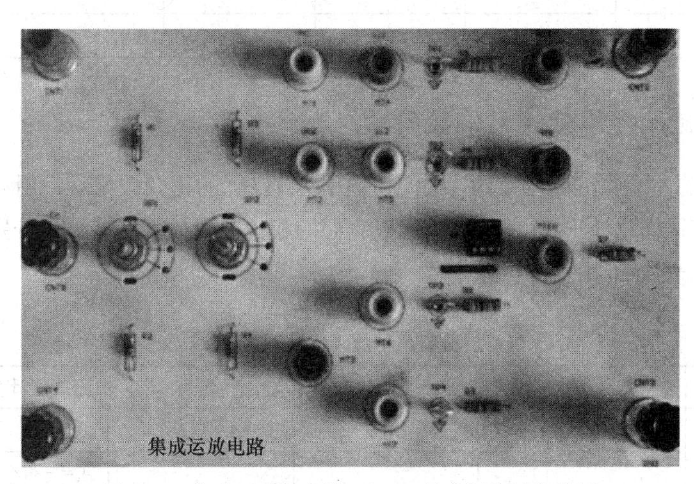

图 5-22　集成运算放大器 LM358 的应用实验电路板

三、实验仪器与器材

双路直流稳压电源：一台。

示波器：一台。

万用表：一只。

音频信号发生器：一台。

四、实验内容与步骤

1. 接电源

先检查线路板完好后，给实验板（如图 5-22 所示）运放接入$+E_C$=+12V，$-E_C$=−12V 的电源，注意电源要完全对称，确保运放静态时输出电压为零。

2. 静态测试

电路接入$+E_C$= +12V，$-E_C$= −12V，K_3接 3 端，K_5接 5 端，K_6接 6 端，线路接成了反相输入的深度负反馈电路，其等效电路图如图 5-23 所示。输入信号 U_i=0，测量功放的静态工作点，用万用表直流电压挡测量功放各引脚的直流电位，测量数据填入表 5-25 中，并与理论值进行比较分析。

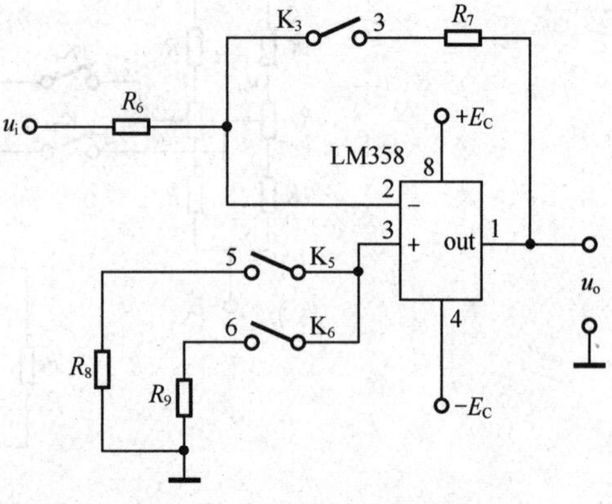

图 5-23　反相输入交流电路

表 5-25　各引脚的直流电位

引脚编号	1	2	3	4	8
测量值					
理论值	0	0	0	−12V	+12V

3. 输入交流小信号时放大倍数的动态测试

从 O 点（R_6的左端）输入幅度约 10mV、频率为 1kHz 的正弦波信号，用示波器同时观察输入与输出波形，使得输出波形 U_o不失真，比较它们的相位。用数字示波器表分别测量输入、输出电压的大小，记入表 5-26 内。

表 5-26　交流电压放大倍数测试

测试条件	测量数据		由测试值计算	
输出波形不失真	U_i/V	U_o/V	$A_u=U_o/U_i$	理论计算
				$A_u=-R_7/R_6=$

4. 输入直流信号时，放大倍数的测量

在上述调零基础上，将 K_1接 1 端（即电路板上 MT1 与 MT4 相接）、K_3接 3 端（即电路板上 MT10 与 MT8 相接）、K_5接 5 端电路（即电路板上 MT3 与 MT16 相接），即构成反相比运算放大器。调节 R_{W1}使 U_{i1}为表 5-27 所列值，分别测试在各点 U_{i1}时的输出电压 U_o值，记于表内，并计

算实际放大倍数 $A_{uf}=\dfrac{U_o}{U_{i1}}$ 和理论放大倍数 A'_{uf}。

表 5-27　　反相比例运算测试

测试数据	U_{i1}/V	+0.1	+0.3	+0.5	−0.1	−0.3	−0.5
	U_o/V						
由测试值计算	U_o/U_{i1}						
理论值	$A'_{uf}=-R_7/R_5$						

5. 测定反相比例加法运算关系（可选做）

将 K_1 接 1 端，K_2 接 2 端（即电路板上 MT2 与 MT5 相接），K_3 接 3 端，K_5 接 5 端，K_6 接 6 端，电路即组成反相比例加法运算器，然后分别调 R_{W1}、R_{W2} 分别使 U_{i1} 和 U_{i2} 为表 5-28 内所列数值，测出对应的输出值 U_o，并计算理论值 U'_o 和相对误差 δ。

理论计算：

$$U'_o=-\frac{R_7}{R_5}(U_{i1}+U_{i2})$$

表 5-28　　反相比例加法运算测试

测试数据	U_{i1}/V	+0.1	+0.2	−0.3	−0.3	−0.2	−0.4
	U_{i2}/V	+0.1	+0.3	+0.3	+0.4	−0.2	−0.2
	U_o/V						
理论计算	U'_o/V						

五、实验报告要求

将测试的数据写入实验报告，应包括以下内容。

1. 实验内容。
2. 实验原理。
3. 实验电路。
4. 实验步骤。
5. 列表整理测量结果，并分析实测的运算放大器的放大倍数，将计算值与理论值比较，分析产生误差的原因。
6. 总结运放构成的负反馈放大电路的特点。

六、预习内容

1. 预习线性集成组件 LM358 的内部线路图及其各脚电极的作用。
2. 了解运算放大器的基本工作原理和基本运算关系的推算方法，分别画出实验线路中比例器、加法器、积分器和微分器的实验电路图，并写出它们的运算关系。

3. 根据实验要求预先考虑测试步骤和方法。

七、实验总结分析

1. 在比例加法运算中，其输出电压 U_o 为什么与理论计算值有一定误差，原因是什么？如何减小这些误差？

2. 在比例运算放大器中，当 U_i 达到一定数值后，U_o 不再线性增大，这是何种原因造成的？与元件的哪项技术指标参数有关？

3. 由实验可知，运算放大器的直流放大倍数与交流是否相同？为什么？

5.7 积分与微分电路的测试

一、实验目的

1. 了解运算放大器组成的积分器和微分器的工作原理。
2. 了解运算放大器组成的积分器和微分器的区别。
3. 学会用示波器观测积分器和微分器输入和输出波形的关系。

二、实验原理

1. 积分器

积分器可以实现对输入信号的积分运算，运放构成的积分电路如图 5-24 所示。利用积分电路可以实现延时、定时及产生各种波形。它与反相比例放大电路不同之处在于用电容 C 代替反馈电阻 R_f，利用虚短和虚断可知：$i_+=i_-=0$，$U_-=U_+=0$。

所以

$$i_i=i_c$$

即

$$i_c=-C\frac{\mathrm{d}U_o}{\mathrm{d}t},\ i_i=\frac{U_i}{R_1}$$

所以

$$U_o=-\frac{1}{CR_1}\int_0^t U_i\mathrm{d}t$$

输出电压是输入电压的积分，其中积分常数：

$$\tau=R_1C$$

为了减少输入偏置电流的影响，同相端的平衡电阻应取 $R_1=R_2$。

当 $U_i(t)$ 是幅度为 E 的阶跃电压时

$$U_o(t) = -\frac{E}{CR_1}$$

上式说明，在阶跃电压作用下，输出电压的相位与输入电压的相位相反，输出电压 $U_o(t)$随着时间的增长而线性下降，直到放大器出现饱和，如图 5-25（a）所示。

当 $U_i(t)$是对称方波时，输出电压 $U_o(t)$的波形为对称的三角波，且输出电压的相位与输入电压的相位相反，如图 5-25（b）所示。

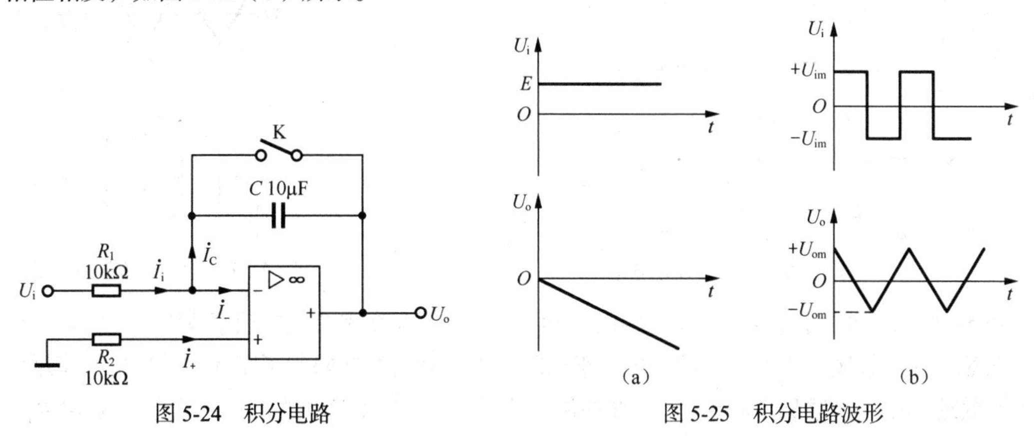

图 5-24　积分电路　　图 5-25　积分电路波形

为了限制电路的低频增益，减少失调电压的影响，可在图 5-24 电路中，与电容 C 并联一个电阻 R_f，就得到了一个实用的积分电路，如图 5-26 所示。

其中，平衡电阻 $R_P=R_1//R_f$。

图 5-26 中的元件值：R_1=10kΩ，R_P=10kΩ，R_f=100kΩ，C=0.1μF。

2. 微分器

微分器可以实现对输入信号的微分运算，微分是积分的逆运算，因此把积分器中的 R 与 C 的位置互换，就组成了最简单的微分器，如图 5-27 所示。

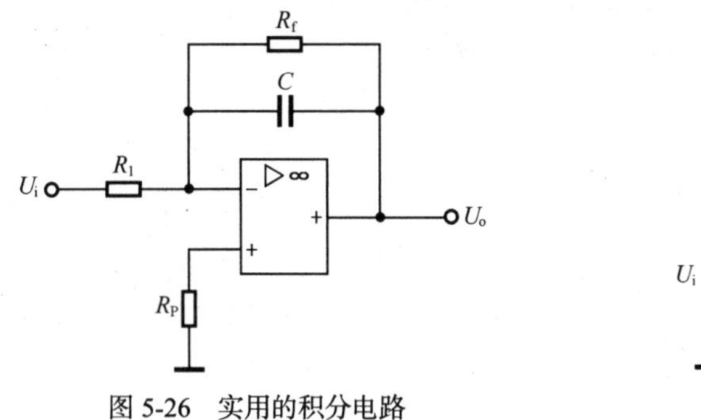

图 5-26　实用的积分电路

R 10kΩ
C 10μF
RP 10kΩ
Ui
Uo

图 5-27　微分器电路

根据反相端为“虚地”的概念，由图 5-27 得

$$U_o(t) = -R_f C\frac{\mathrm{d}u_i(t)}{\mathrm{d}t}$$

式中：负号表示运放为反相接法。

时间常数　　$\tau=R_fC$

图 5-27 中的微分器存在以下问题：一是电容 C 的容抗随着输入信号频率的升高而减小，使得

输出电压随着频率的升高而增大，引起高频放大倍数升高，因此高频噪声和干扰所产生的影响比较严重；二是微分器的反馈网络具有一定的滞后相移（0° ~ 90°），它和放大器本身的滞后相移（0° ~ 90°）合在一起，容易满足自激振荡的相位条件而产生自激振荡。所以，图 5-27 的微分电路很少使用，实用的微分电路如图 5-28 所示。

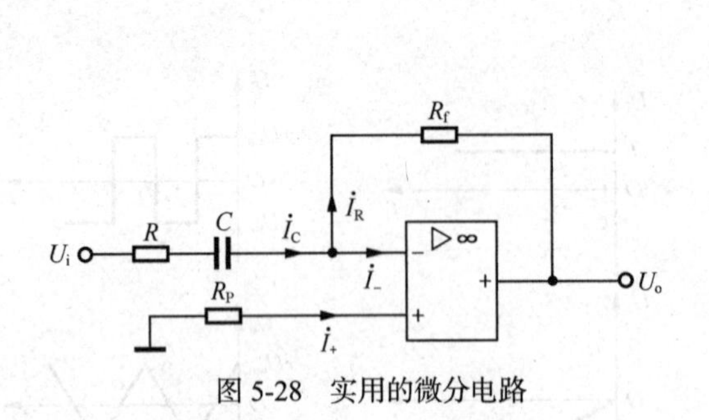

图 5-28　实用的微分电路

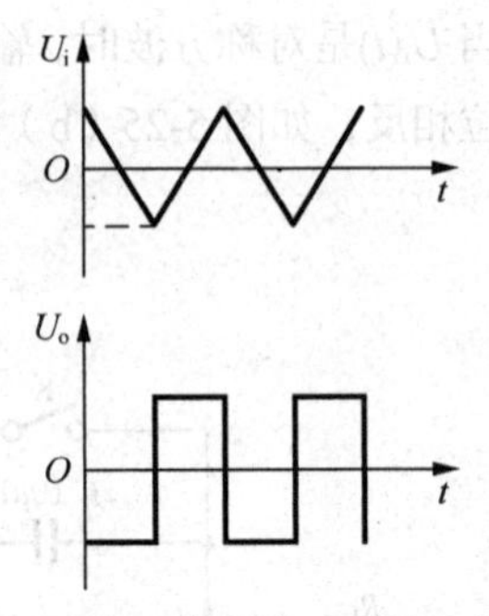

图 5-29　三角波-方波发生器

图 5-28 中增加了小电阻 R，在低频区，$R<<1/WC$，因此在主要工作频率范围内，电阻 R 的作用不明显。在高频区，当电容器的容抗小于电阻 R 时，R 的存在限制了闭环增益的进一步增大，从而有效地抑制了高频噪声和干扰。但 R 的值不能过大，太大会引起微分运算误差，一般取 $R<1\text{k}\Omega$ 比较合适。当（图 5-28 中：$R_f=R_P=680\Omega$，$R=100\Omega$，$C=0.1\mu\text{F}$）输入信号的频率低于 $f_0=\dfrac{1}{2\pi RC}$ 时，电路起微分作用；当信号频率远高于上式时，电路近似为反相器。若输入电压为一个对称的三角波，则输出电压为对称的方波，如图 5-29 所示。

三、实验设备与器件

信号发生器：一台。
数字示波器：一台。
双路直流稳压电源：一台。
数字万用表：一只。
电路板：一块。

四、实验内容与步骤

1. 积分器

（1）按照图 5-24 所示连接电路，接入±15V 的电压，测量运放的静态工作点，填入表 5-29 中。

表 5-29　静态工作点测试

	U_+/V	U_-/V	U_o/V	V_{CC}/V	V_{EE}/V
测试值					

（2）输入频率为 1kHz，幅度为 2V 的正弦波信号 u_i，用示波器监测输出电压 U_o 波形和幅值，并比较输入和输出波形的相位，记入表 5-30 中。

表 5-30　　积分器波形记录

波形	输入波形 U_i	输出波形 U_o
正弦波	频率/Hz：	频率/Hz：
	最大值/V：	最大值/V：
	波形：	波形：
方波	频率/Hz：	频率/Hz：
	最大值/V：	最大值/V：
	波形：	波形：

（3）输入频率为 1kHz，幅度为 2V 的方波信号 u_i，用示波器监测输出电压 U_o 波形和幅值，并比较输入和输出波形的相位，记录在表 5-30 中。

（4）输入幅度为 2V 的正弦波信号 U_i，频率从 20Hz 开始，慢慢加大输入信号的频率，从示波器上同时观察输入波形和输出波形，对观察到的现象进行分析。

2. 微分器

（1）按照图 5-28 所示连接电路，接入±15V 的电压，测量运放的静态工作点，填入表 5-31 中。

表 5-31　　静态工作点测试

	U_+/V	U_-/V	U_o/V	V_{cc}/V	V_{EE}/V
测试值					

（2）输入频率为 500Hz，幅度为 2V 的正弦波信号 u_i，用示波器监测输出电压 U_o 波形和幅值，并比较输入和输出波形的相位，记录在表 5-32 中。

（3）输入频率为 500Hz，幅度为 2V 的三角波信号 u_i，用示波器监测输出电压 U_o 波形和幅值，并比较输入和输出波形的相位，记录在表 5-32 中。

（4）输入频率为 500Hz，幅度为 2V 的方波信号 u_i，用示波器监测输出电压 U_o 波形和幅值，

并比较输入和输出波形的相位，记录在表 5-32 中。

（5）输入幅度为 2V 的正弦波信号 u_i，信号频率从 20Hz 开始，慢慢加大输入信号的频率，从示波器上同时观察输入波形和输出波形，对观察到的现象进行分析。

表 5-32　　微分器波形记录

波形	输入波形 U_i	输出波形 U_o
正弦波	频率/Hz：	频率/Hz：
	最大值/V：	最大值/V：
	波形：	波形：
三角波	频率/Hz：	频率/Hz：
	最大值/V：	最大值/V：
	波形：	波形：
方波	频率/Hz：	频率/Hz：
	最大值/V：	最大值/V：
	波形：	波形：

五、实验报告要求

将测试的数据写入实验报告，应包括以下内容。

1. 实验内容。
2. 实验原理。
3. 实验电路。
4. 实验步骤。
5. 列表整理测量结果，比较积分电路和微分电路的区别和特点，写出理论推导的过程。

六、预习内容

1. 预习积分器和微分器的工作原理。
2. 掌握上述电路中 U_o 和 U_i 理论计算公式，并计算出测试表格中理论值。
3. 根据实验内容，设计实验步骤。

七、实验总结

1. 分析实验的实测值和理论估算值之间的误差，并分析产生的原因。
2. 根据实验结果，总结积分电路和微分电路的特点。

5.8 波形发生器（迟滞比较器）电路的测试

一、实验目的

1. 掌握波形发生器电路的特点和分析方法。
2. 熟悉波形发生器的设计方法。

二、实验原理

常用的非正弦波发生器电路一般有矩形波发生器电路、三角波发生器电路及锯齿波发生器电路等。在脉冲和数字系统中，常常被用作信号源。利用集成运算放大器的优良特性，接上少量的外部元件，可以方便地构成低频段（10Hz ~ 10kHz）的上述各种波形发生器电路。通常在集成电压比较器电路中引入正反馈，构成滞回比较器，再加上一个简单 RC 充放电回路或带运放的积分电路，就能产生方波、三角波和锯齿波等。

1. 矩形波发生器

矩形波发生器可以利用一个滞回比较器和一个 RC 充放电回路组成，如图 5-30 所示。滞回比

较器的输出只有高电平或低电平两种可能的状态，它的两种不同的输出电平使 RC 电路进行充电或放电，于是电容上的电压将升高或降低，而电容上的电压又作为滞回比较器的输入电压，控制其输出端状态发生跳变，从而使 RC 电路由充电过程变为放电过程或相反。如此循环往复，最后在滞回比较器的输出端即可得到一个高低电平周期性变化的矩形波。图 5-30 中集成运算放大器 A_1 与电阻 R_1、R_2 组成滞回比较器，电阻 R_3 和电容 C 构成充放电回路，稳压管 VD_2 和电阻 R_4 的作用是钳位，将滞回比较器的输出电压限制在稳压管的稳定电压值。

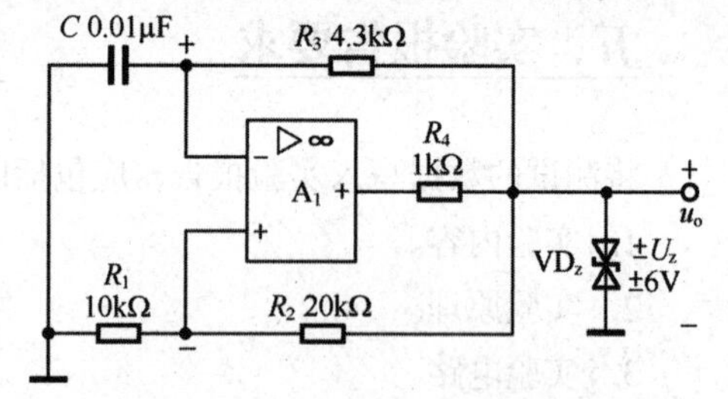

图 5-30　矩形波发生器电路

电路的阈值电压为

$$\pm U_{\mathrm{T}} = \pm \frac{R_1}{R_2 + R_1} U_{\mathrm{om}}$$

电路的周期为

$$T = 2R_3 C \ln\left(1 + \frac{2R_1}{R_2}\right)$$

2. 三角波发生器

可以由一个滞回比较器和一个积分电路首尾相接则形成正反馈闭环系统，如图 5-31（a）所示。A_1 输出的方波经积分器 A_2 积分可得到三角波，三角波又触发比较器自动翻转形成方波，这样即可构成三角波-方波发生器。滞回比较器的输出 u_{o1} 和积分电路的输出 u_o 互为另一个电路的输入，如图 5-31（b）所示。图中 u_{o1} 为方波，其幅值为稳压管稳压值 U_z；u_o 为三角波，采用运放恒流充电，可使得三角波的线性大大改善，其峰值电压：

$$U_{\mathrm{om}} = \pm \frac{R_1}{R_2} U_{\mathrm{z}}$$

周期：

$$T = 4R_3 C \frac{R_1}{R_2}$$

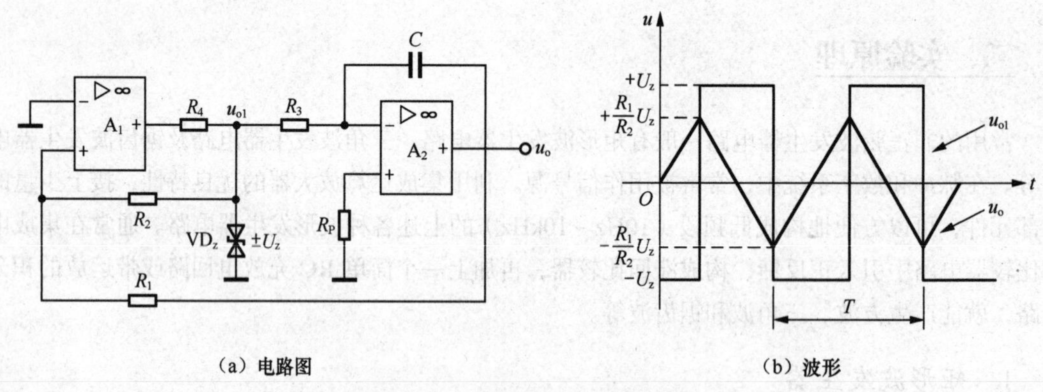

（a）电路图　　（b）波形

图 5-31　三角波发生器电路图和波形

实际的方波-三角波发生器电路如图 5-32 所示。

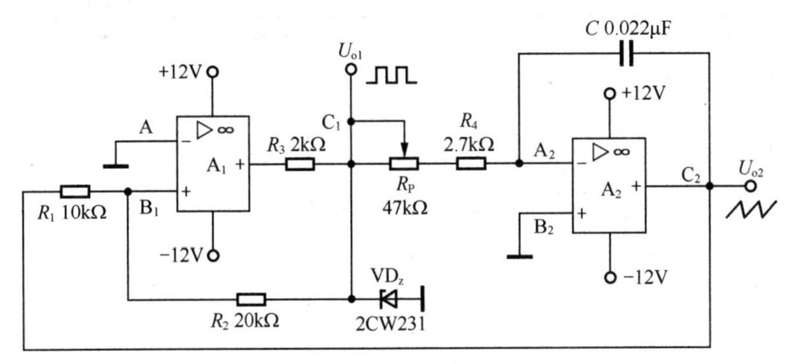

图 5-32　方波-三角波发生器电路

三、实验设备与器件

信号发生器：一台。
数字示波器：一台。
双路直流稳压电源：一台。
数字万用表：一只。
电路板：一块。

四、实验内容与步骤

1. 矩形波发生器

（1）按照图 5-30 连接好电路，接通电源，使得电源电压为±12V，测试电路的静态工作点，将数据填入表 5-33 中。

表 5-33　　矩形波电路静态工作点测试

	U_+/V	U_-/V	U_o/V	V_{CC}/V	V_{EE}/V
静态工作点电压值					

（2）静态电压无误以后，用示波器观测输出波形 U_o 和电容端波形的幅值和频率，记入表 5-34 中。

表 5-34　　波形的幅值、频率测量

波形	输出 U_o	电容波形 U_C
矩形波	频率/Hz：	频率/Hz：
	最大值/V： 最小值/V：	最大值/V： 最小值/V：

（续表）

波形	输出 U_o	电容波形 U_C
	波形形状：	波形形状：

对照以上记录的数据，与理论值比较，有什么不同？

2. 矩形波-三角波发生器

（1）按照图 5-32 连接好电路，接通电源，使得电源电压为±12V，测试电路的静态工作点，将数据填入表 5-35 中。

表 5-35　　矩形波-三角波电路静态工作点测试

	U_{A1}/V	U_{B1}/V	U_{C1}/V	U_{A2}/V	U_{B2}/V	U_{C2}/V	V_{CC}/V	V_{EE}/V
静态工作点电压值								

（2）静态电压无误以后，用示波器观测输出波形 U_{o1} 和 U_{o2} 的幅值和频率，记入表 5-36 中。

表 5-36　　波形的幅值、频率测量

波形	输出 U_{o1}	输出 U_{o2}
矩形波	频率/Hz：	频率/Hz：
	最大值/V： 最小值/V：	最大值/V： 最小值/V：
	波形形状：	波形形状：
	增大 R_p 的电阻，U_{o1} 的频率________、幅值________；U_{o2} 的频率________、幅值________ 减小 R_p 的电阻，U_{o2} 的频率________、幅值________；U_{o2} 的频率________、幅值________	

对照以上记录的数据，与理论值比较，有什么不同？

五、实验报告要求

将测试的数据写入实验报告，应包括以下内容。

1. 实验内容。
2. 实验原理。
3. 实验电路。
4. 实验步骤。
5. 列表整理测量结果，画出输出波形图，特别注意方波、三角波的相位关系。
6. 计算三角波、矩形波的输出电压幅度与频率，与实测值比较，分析产生误差的原因。

六、预习内容

1. 预习运放的非线性应用的特点。
2. 预习迟滞比较器的特点。
3. 讨论 VD_z 的限幅作用。

七、实验总结

1. 输出信号的频率与什么参数有关?
2. 输出信号的幅值与什么参数有关?

八、实验开拓内容

1. 就你所知，产生方波的方法有哪几种?比较它们的优缺点。
2. 试写出一些常用电阻电容系列值。
3. 如果要求矩形波的占空比可调，怎么办?
4. 如果要产生锯齿波，电路怎么修改?

5.9　电压比较器的测试

一、实验目的

1. 掌握电压比较器的电路构成及特点。
2. 学会测试比较器的方法。

二、实验原理

电压比较器是集成运放的非线性应用电路，它将一个模拟量电压信号和一个参考电压相比较，

在二者幅度相等的附近，输出电压将产生跃变，输出相应的高电平或低电平。比较器可以组成非正弦波形变换电路及应用于模拟与数字信号转换等领域。图 5-33 所示为一最简单的电压比较器，U_R 为参考电压，加在运放的同相输入端，输入电压 U_i 加在反相输入端。

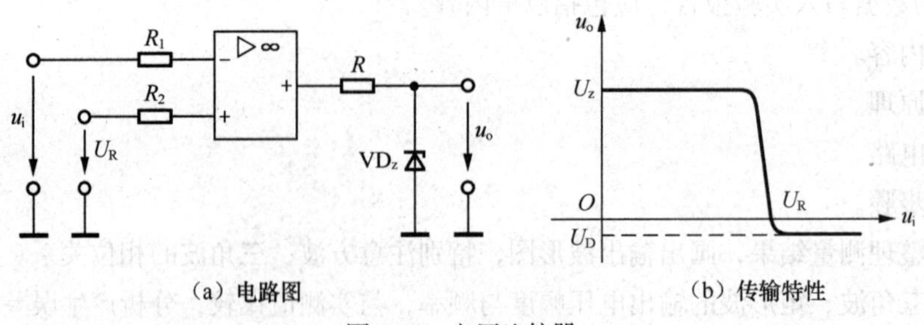

（a）电路图　　（b）传输特性

图 5-33　电压比较器

分析图 5-33 原理可知：

当 $u_i < U_R$ 时，$u_o=U_z$，运放输出正向最大值 U_z，此时稳压管 VD_z 反向被击穿，稳压管稳压工作，输出端电位被其钳位在稳压管的稳定电压 U_z；

当 $u_i > U_R$ 时，$u_o=-U_D$，运放输出负向最大值 $-U_D$，此时稳压管 VD_z 正向导通，输出电压等于稳压管的正向压降 U_D，即 $u_o=-U_D$。

因此，运放在非线性应用时，其输出端只有两种值：最大值和最小值。

表示输出电压与输入电压之间关系的特性曲线，称为传输特性。图 5-33（b）为图 5-33（a）比较器的传输特性。

常用的电压比较器有过零比较器、具有滞回特性的过零比较器、双限比较器（又称窗口比较器）等。

1. 当 U_R=0 时，构成了电压过零比较器

图 5-34 所示为加限幅电路的过零比较器，VD_Z 为限幅稳压管。信号从运放的反相输入端输入，同相输入端的参考电压为零。

当 $U_i > 0$ 时，运放输出端电压：$U_o= -(U_z+U_D)$，为最小值；

当 $U_i < 0$ 时，运放输出端电压：$U_o= +(U_z+U_D)$，为最大值。

其电压传输特性如图 5-34（b）所示。

过零比较器结构简单，灵敏度高，但抗干扰能力差。

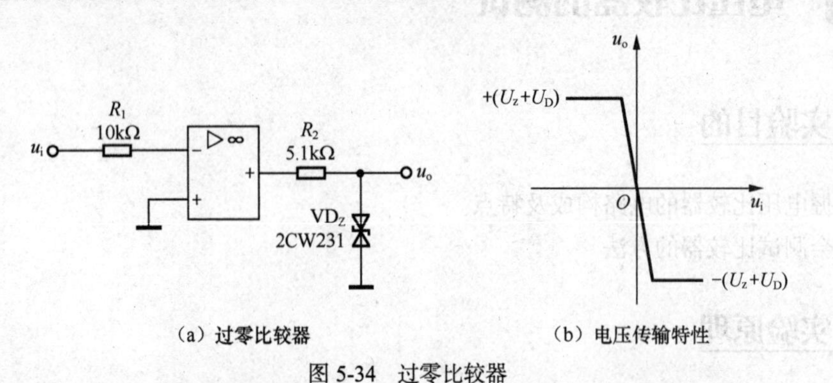

（a）过零比较器　　（b）电压传输特性

图 5-34　过零比较器

2. 滞回比较器

图 5-35 所示为具有滞回特性的过零比较器。

过零比较器在实际工作时，如果 U_i 恰好在过零值附近，则由于零点漂移的存在，U_o 将不断由一个极限值转换到另一个极限值，这在控制系统中，对执行机构将是很不利的。为此，就需要输出特性具有滞回现象。如图 5-35 所示，从输出端引一个电阻分压正反馈支路到同相输入端，若 U_o 改变状态，A 点电位也随着改变电位，使过零点离开原来位置。

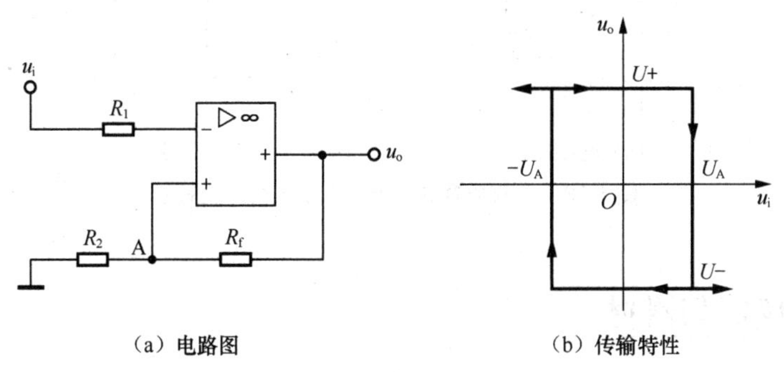

（a）电路图　　　　（b）传输特性

图 5-35　滞回比较器

按照输入信号的不同，可分为反相迟滞比较器和同相迟滞比较器两种。图 5-36 所示为反相迟滞比较器，图 5-37 所示为同相迟滞比较器。

当 u_o 为正（记作 u_{o+}），$U_A = \dfrac{R_2}{R_f + R_2} u_{o+}$。

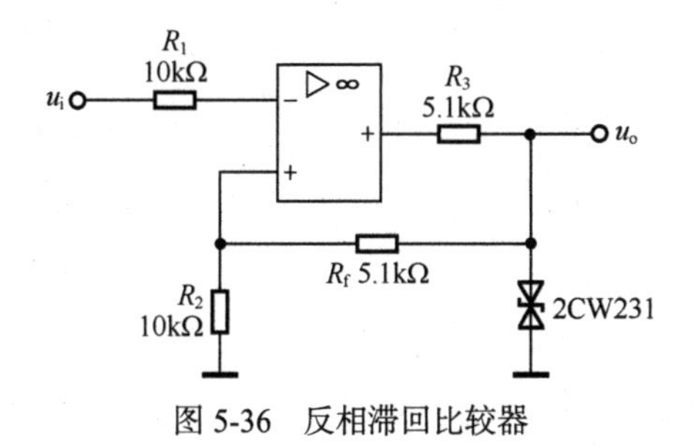

图 5-36　反相滞回比较器

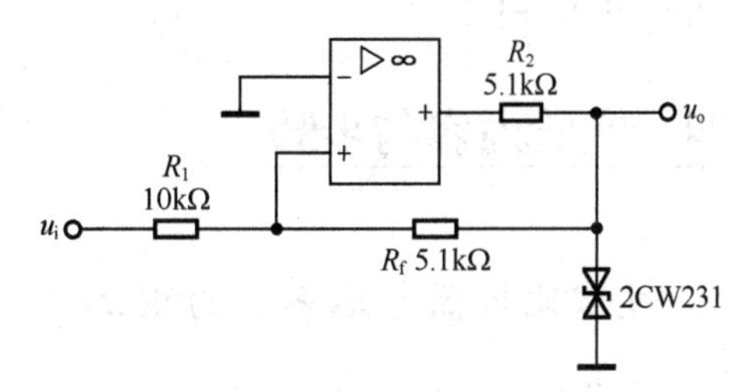

图 5-37　同相滞回比较器

当 $u_i > U_A$，U_o 即由正变负（记作 U_{o-}），此时 U_A 变为 $-U_A$；

当 $u_i < -U_A$，U_o 即由负变正（记作 U_{o+}），此时 U_A 变为 $+U_A$，于是出现图 5-35（b）中所示的滞回特性。

$-U_A$ 与 U_A 的差值称为回差电压 ΔU：

$$\Delta U = 2U_A$$

改变 R_2 的数值可以改变回差的大小。

3. 窗口（双限）比较器

简单的比较器仅能鉴别输入电压 u_i 与参考电压 U_R 大小的情况，窗口比较电路是由两个简单比较器组成，如图 5-38 所示，它能指示出 u_i 值是否处于 U_R^- 和 U_R^+ 之间。

当 $U_R^- < U_i < U_R^+$，$U_o = +U_{omax}$；

当 $U_i < U_R^-$ 或 $U_i > U_R^+$，$U_o = -U_{omax}$。

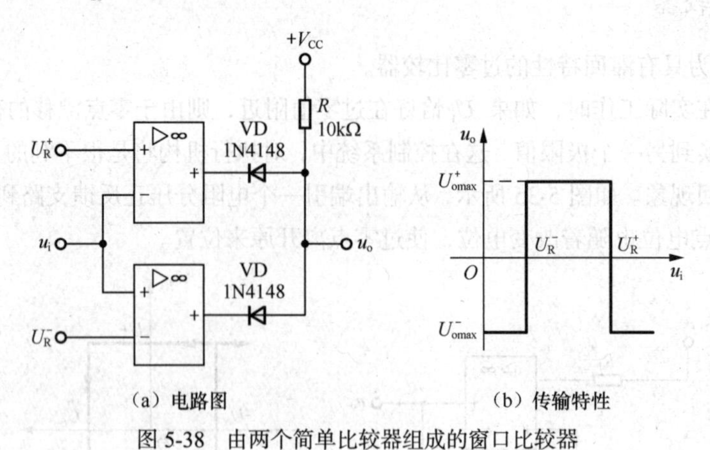

（a）电路图　　（b）传输特性

图 5-38　由两个简单比较器组成的窗口比较器

三、实验仪器与器材

信号发生器：一台。

数字示波器：一台。

双路直流稳压电源：一台。

数字万用表：一只。

电路板：一块。

运放 NE5532：一个。

四、实验内容与步骤

1. 过零比较器电路参数的测试

实验电路如图 5-34（a）所示，实验电路检查正确无误后，给实验电路板接通直流电源±12V。

① 静态工作点测试。此时输入信号 $U_i=0$，测量运放的静态工作点，用万用表直流电压挡测量运放各引脚的直流电位，测量数据填入表 5-37 中，并与理论值进行比较分析。如果有错，应及时检查电路板是否有故障。

表 5-37　　各引脚的直流电位

引脚编号	U_+/V	U_-/V	U_o/V	V_{CC}/V	GND/V	$-V_{EE}$/V
测量值						
理论值	0	0	0	+12	0	−12

② 动态参数测试。输入频率为 1kHz、幅值为 2V 的正弦波输入信号，观察输入信号 u_i 波形和输出信号 u_o 的波形，将测量结果填入图 5-39（a）中。

此时阈值电压 U_{th}=________V。

③ 依据图 5-39 测试的波形，在图 5-39（b）中画出该电路的电压传输特性曲线。

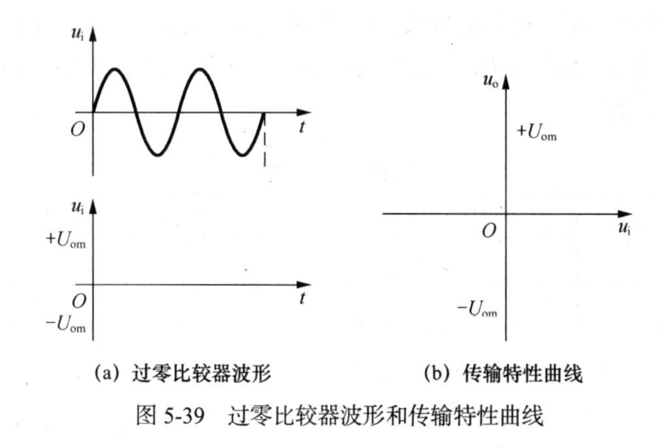

图 5-39 过零比较器波形和传输特性曲线

2. 反相迟滞比较器电路参数的测试

实验电路如图 5-36 所示，实验电路检查正确无误后，给实验电路板接通直流电源±12V。

① 静态工作点测试。此时输入信号 U_i=0，测量运放的静态工作点，用万用表直流电压挡测量运放各引脚的直流电位，测量数据填入表 5-38 中，并与理论值进行比较分析。如果有错，应及时检查电路板是否有故障。

表 5-38 各引脚的直流电位

引脚编号	U_+/V	U_-/V	U_o/V	V_{CC}/V	GND/V	$-V_{EE}$/V
测量值						
理论值	0	0	0	+12	0	−12

② 动态参数测试。输入频率为 1kHz、幅值为 2V 的正弦波输入信号，观察输入信号 u_i 波形和输出信号 u_o 的波形，将测量结果填入图 5-40（a）中。

此时阈值电压 U_{th1}=________V，U_{th2}=________V。

③ 依据图 5-40（a）测试的波形，在图 5-40（b）中画出该电路的电压传输特性曲线。

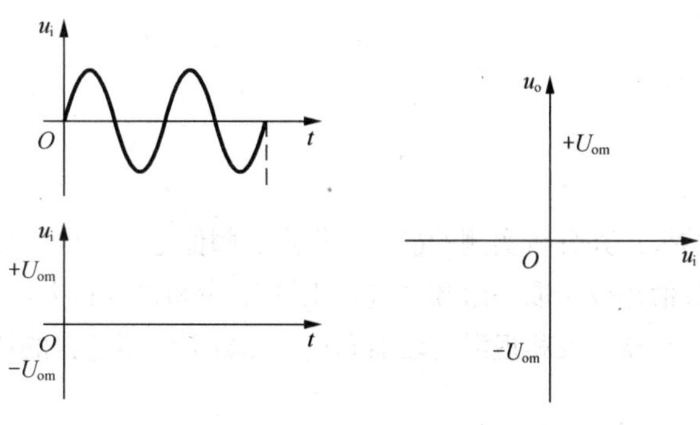

（a）反相迟滞化较器波形　　（b）传输特性曲线

图 5-40 反相迟滞比较器波形和传输特性曲线

3. 同相迟滞比较器电路参数的测试

实验电路如图 5-37 所示，实验电路检查正确无误后，给实验电路板接通直流电源±12V。

① 静态工作点测试。此时输入信号 U_i=0，测量运放的静态工作点，用万用表直流电压挡测量运放各引脚的直流电位，测量数据填入表 5-39 中，并与理论值进行比较分析。如果有错，应及时检查电路板是否有故障。

表 5-39　各引脚的直流电位

引脚编号	U_+/V	U_-/V	U_o/V	V_{CC}/V	GND/V	$-V_{EE}$/V
测量值						
理论值	0	0	0	+12	0	−12

② 动态参数测试。输入频率为 1kHz、幅值为 2V 的正弦波输入信号，观察输入信号 u_i 波形和输出信号 u_o 的波形，将测量结果填入图 5-41（a）中。

此时阈值电压 U_{th1}=________V，U_{th2}=________V。

③ 依据图 5-41（a）测试的波形，在图 5-41（b）中画出该电路的电压传输特性曲线。

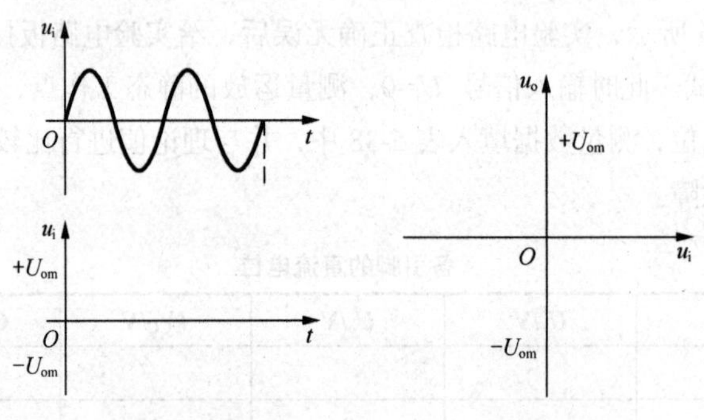

（a）同相迟滞化较器波形　（b）传输特性曲线

图 5-41　同相迟滞比较器波形和传输特性曲线

五、实验报告要求

将测试的数据写入实验报告，应包括以下内容。

1. 实验内容。
2. 实验原理。
3. 实验电路。
4. 实验步骤。
5. 列表整理测量结果，并分析实测的静态工作点、阈值电压和电压传输特性曲线。
6. 将测试值与计算值比较（取一组数据进行比较），分析产生误差的原因。
7. 总结同相迟滞比较器、反相迟滞比较器和过零比较器电路各自的特点。

六、预习内容

1. 预习运放的非线性应用的特点。
2. 预习迟滞比较器和过零比较器的区别和联系。
3. 根据各电路图元件参数值估算静态工作点，并画出电压传输特性曲线。

七、实验总结

1. 输入信号的频率对阈值电压有什么影响？
2. 输入信号的幅值对阈值电压有什么影响？
3. 如何调节回差电压？

八、实验开拓内容

将同相和反向迟滞比较器分压支路 100kΩ电阻改为 200kΩ，则阈值电压分别是多少？电压传输特性如何？

5.10　集成功率放大电路的测试

一、实验目的

1. 进一步掌握集成功放 LM358 的使用，独立完成实验内容。
2. 进一步增强学生的动手能力，加深对功率放大电路的理解。

二、实验电路

集成功率放大器由集成功放块和一些外部阻容元件构成，具有线路简单、性能优良、工作可靠、调试方便等优点，是在音频领域中应用十分广泛的功率放大器。

电路中最主要的组件为集成功放块，它的内部电路与一般用分立元件构成的功率放大器不同，通常包括前置级、推动级和功率级等几部分。有些集成功率放大器还具有一些特殊功能（消除噪声、短路保护）的电路。集成功率放大器的电压增益较高，不加负反馈时电压增益可达 70 ~ 80dB，加上典型负反馈时电压增益在 40dB 以上。

集成功放块的种类很多。本实验采用的集成功放块型号为 LM358，它的引脚如图 5-42 所示，LM358 由两个独立、高增益内部频率补偿、宽电压范围运算放大器组成。其特点是：

① 单增益内频补偿；

② 大直流电压增益：100dB；

③ 工作电压范围宽（3 ~ 32V）；

④ 输出电压变率：（0 ~ 1.5V）；

⑤ 采用双列直插 8 脚塑料封装（DIP8）或贴片的双列 8 脚塑料封装（SOP8）。

LM358 构成的实验电路如图 5-43 所示，它采用单电源供电，其对应的实验电路板如图 5-44 所示。

图 5-44 所示电路图对应参数：C_1=10μF，C_2=22μF，C_3=0.1μF，C_4=470μF，R=10Ω，R_W=10kΩ。

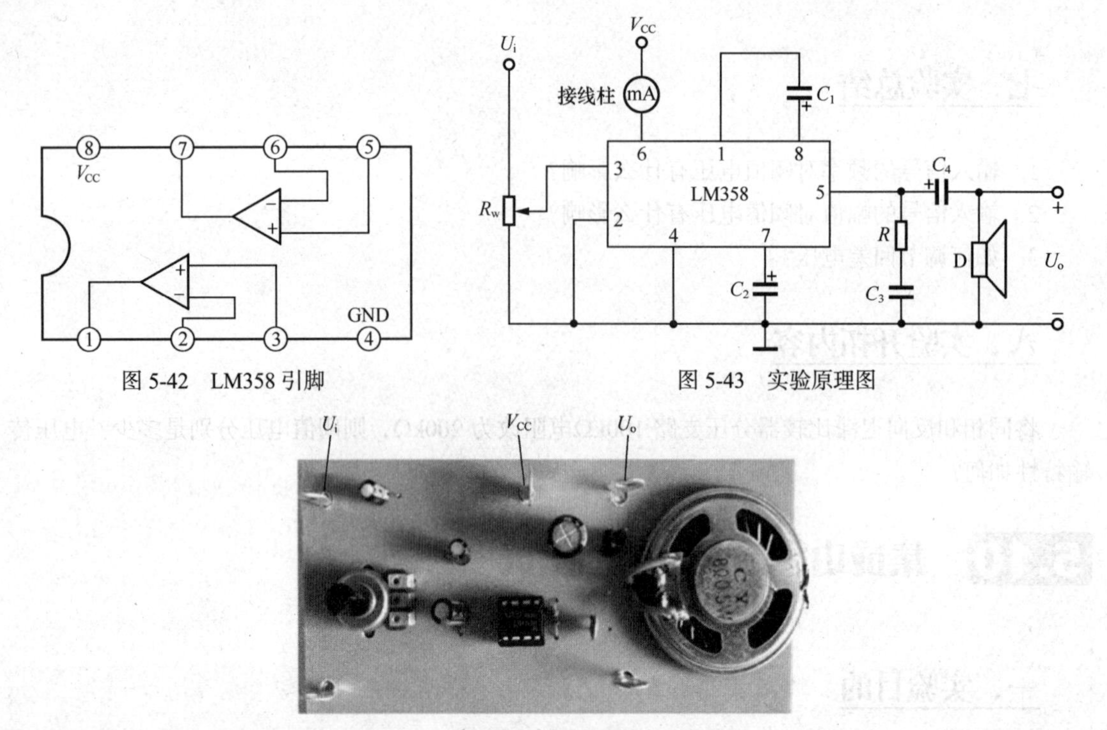

图 5-42　LM358 引脚　　　　图 5-43　实验原理图

图 5-44　实验电路图

三、实验设备与器件

信号发生器：一台。

数字示波器：一台。

双路直流稳压电源：一台。

数字万用表：一只。

电路板：一块。

四、实验内容与步骤

1. 测量功放各引脚对地之间的电阻并填入表 5-40 中。

表 5-40　　各引脚对地电阻

引脚编号	1	2	3	4	5	6	7	8
阻值								

2. 电路接入电源 V_{CC}=6V，输入信号 U_i=0，用万用表测量功放各引脚的直流电位，测量功放的静态工作点，填入表 5-41 中，并与理论值进行比较分析。

表 5-41　　各引脚的直流电位

引脚编号	1	2	3	4	5	6	7	8
测量值								
理论值				0	0.5 V_{CC}	V_{CC}		

思考：为什么说 5 脚电压是关键值？

3. P_{om}的测量。输入端加入 1kHz 的正弦电压信号，逐渐增加 U_i 的幅度或调节 R_w，用示波器观察输出 U_o 的波形。在输出波形达到最大不失真时，用毫伏表测量此时的输出电压值 U_o，则最大输出功率为 P_{om}：

$$P_{om}=\frac{U_o^2}{R_L}\ (U_o=U_{om}/\sqrt{2}\ ,\ \ R_L=8\Omega)$$

4. 直流电源提供的平均功率 $P_{V_{CC}}$ 的测量。在上述情况下，将直流电流表串接在电源 V_{CC} 和 LM358 芯片的第 6 脚之间，测出直流毫安表的读数 I，则直流电源提供的平均功率 $P_{V_{CC}}$ ：

$$P_{V_{CC}}=V_{CC}\times I$$

5. 效率η的测量。根据 P_{om} 和 $P_{V_{CC}}$ 的值，可求出η：

$$\eta=\frac{P_{om}}{P_{V_{CC}}}\times100\%$$

6. 输入灵敏度。根据输入灵敏度的定义，只要测出输出功率 $P_o=P_{om}$ 时的输入电压 U_i 的值，即为输入灵敏度。要求以 $U_i<100\text{mV}$。

7. 频率响应的测试。保持输入信号 u_i 的幅值不变，改变其频率 f，选取一些频率点测出其相对应的输出电压 u_o，记入表 5-42。为了取得合适的频率 f，可先粗测一下，找出中频范围，然后再仔细读数。

在测试频率响应时，为保证电路的安全，应在较低电压下进行，通常取输入信号为输入灵敏度的 50%。在整个频率响应的测试过程中，应保持 U_i 为恒定值，且输出波形不得失真。

表 5-42　　频率特性测试（U_i=　　mV）

			f_L			f_o		f_H		
f/Hz										
U_o/V										
A_u										

8. 噪声电压的测试。测量时将输入端短路（u_i=0），观察输出噪声波形，并用交流毫伏表测量输出电压，即为噪声电压 U_n。本电路若 U_n<2.5mV，即满足要求。

9. 试听。将音频信号作为输入信号，输出端接试听喇叭及示波器。开机试听，并观察音乐信号的输出波形。

五、实验报告要求

将测试的数据写入实验报告，应包括以下内容。

1. 实验内容。
2. 实验原理。
3. 实验电路。
4. 实验步骤。
5. 列表整理测量结果，并分析实测的功率放大器的效率，与理论值比较，分析产生误差的原因。
6. 总结功率放大电路的特点。

六、预习内容

1. 了解 LM358 功率放大器的参数和特点。
2. 掌握功率放大器的单电源和双电源应用电路。

七、实验总结

1. 断开 R 或 C_3 将出现什么现象，为什么？
2. 如何调节声音大小？

5.11 三端稳压电路波形的测试

一、实验目的

1. 了解集成稳压器的工作原理。
2. 培养对集成稳压器的应用能力。
3. 掌握直流稳压电源主要技术指标的测量方法，加深对技术指标意义的理解。
4. 提高学生的工程实践能力。

二、实验原理

常用的三端集成稳压器有 W78、W79 系列和 W117、W317 系列两种类型。W78 和 W79 为固定输出电压系列，W117 和 W317 为连续可调输出电压系列。其中，W78 和 W117 为正电源系列，W79 和 W317 为负电源系列。

W78、W79 系列和 W117、W317 系列稳压器的内部电路大致相同，均为串联型稳压器，但在构成稳压电路的形式上，出于 W117、W317 系列稳压器没有接地端，所以 W117、W317 系列稳压器所构成的稳压电路居于浮悬式电路结构。

W117 和 W317 是 W78 和 W79 的改进型产品。前者的输出电压可实现连续调节，而且输入与输出电压的最小压差为 1.25V；W78 和 W79 系列为固定输出电压，输入与输出电压的最小压差为 2～3V，所以在构成稳压电源后，其功耗较 Wl17 和 W317 系列大。W78 和 W79 系列稳压器利用外接分压电路，虽然也可获得连续可调的输出电压，但由于其公共端电流较大，且随负载及输入电压的变化而变化，所以用三端固定输出稳压器构成的连续可调稳压电源，其输出电压的稳定性较差。在设计电路和应用过程中，应特别注意上述差异。

1. 三端固定输出集成稳压器 CW7805 的典型应用电路

电路如图 5-45 所示，由图可见，由于采用了集成化稳压器件，电源结构大大简化。图中二极管 VD_1、VD_2、VD_3、VD_4 与电容组成桥式整流滤波电路，电容 C_1、C_2、C_3、C_4 是滤波电容，用

于滤除高低频纹波。

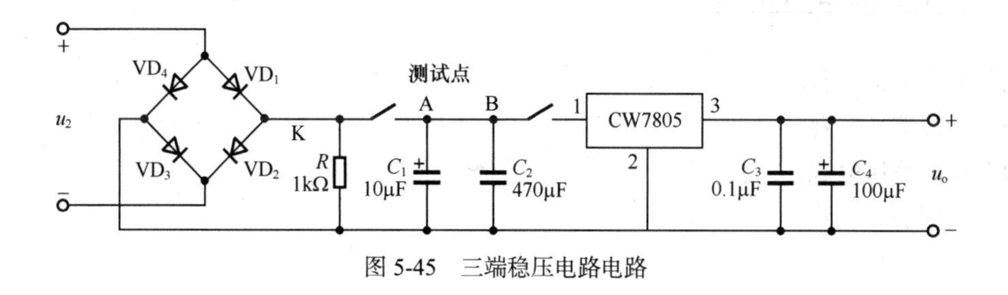

图 5-45　三端稳压电路电路

（1）桥式整流滤波电路如图 5-46 所示。

此图中 C_1 是滤波电容，滤波电容有改变桥式整流输出的直流纹波的特性，有增大输出直流电压大小的特性，而不同的负载要求的滤波电容也不相同，要根据负载选择不同的滤波电容。

（2）三端集成稳压器功能简介。

CW 7805 集成稳压器应用电路原理图如图 5-47 所示。

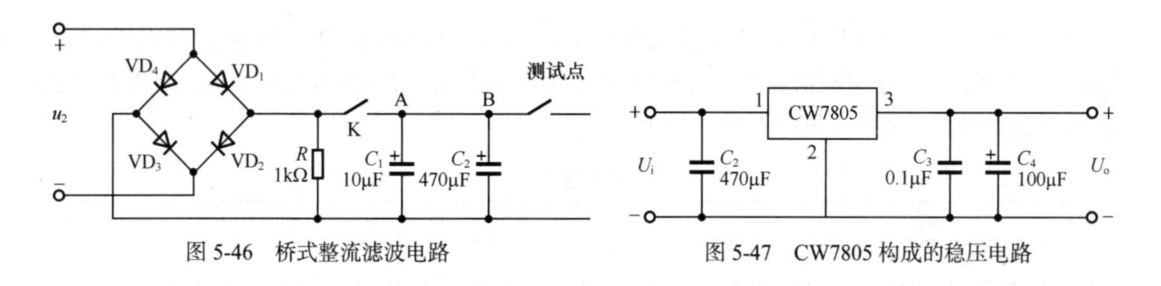

图 5-46　桥式整流滤波电路　　　　图 5-47　CW7805 构成的稳压电路

7805 集成稳压器的 3 脚接地，如果输入电压与输出电流在 7805 的参数范围，此电路输出电压稳定不变为 5V。

2.（选做）LM317 的典型应用电器

三端稳压器除了可以输出稳定的电压外，还可以输出可调的电压，如用稳压芯片 LM317 集成可调稳压器，它的应用电路如图 5-48 所示。LM317 是可调稳压器，调节 2.2kΩ 电位器，可使其输出电压在 1.25 ~ 37V 可调，最大输出电流 100mA。当调节好后，只要输入电压和输出电流在参数范围内，它就能稳定输出不变的直流电压。

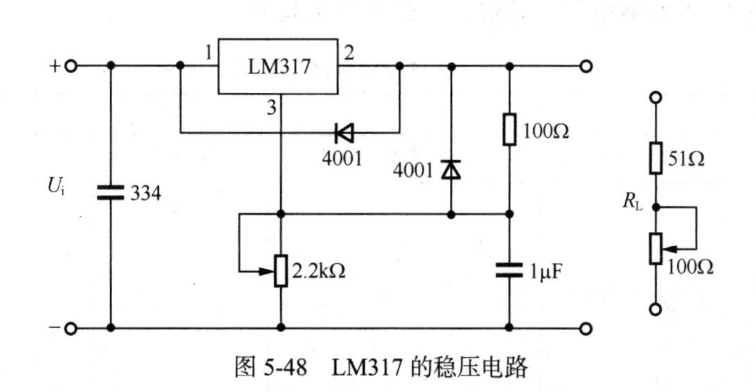

图 5-48　LM317 的稳压电路

三、实验仪器与器材

信号发生器：一台。
数字示波器：一台。
双路直流稳压电源：一台。
数字万用表：一只。
电路板：一块。
变压器：一个。

四、实验内容与步骤

按桥式整流实验电路原理图连接好电路，无误后，接通电源。

1．桥式整流波形测试

（断开开关 A，断开开关 B）接入交流电压使 u_2=10V（有效值），用示波器分别观察 u_2、U_A 的波形，画出波形并记录幅值，填入表 5-43 中（幅值和平均值可用万用表测）。用电子电压表测量 U_A 的纹波电压，并将结果记入表 5-43 中。

表 5-43　　整流参数测试

u_2		U_A		
波形	幅值	波形	平均值	纹波
	10V			

2．滤波波形测试

（连接 A、B 两开关）即考虑电容的滤波作用，再接入交流电压使 u_2=10V（有效值），用示波器再观察 u_2、U_A 的波形，画出波形并记录幅值，填入表 5-44 中（幅值和平均值可用万用表测）。用电子电压表测量 U_A 的纹波电压，并将结果记入表 5-44 中。

表 5-44　　滤波参数测试

u_2		U_A		
波形	幅值	波形	平均值	纹波
	10V			

3. 稳压电压测试

（连接 A、B 两开关）用万用表直流挡测量输出电压U_o的值，并用示波器监视输出稳压电压的波形，填入表 5-45。

表 5-45　　稳压参数测试

U_o	
波形	幅值

4. 测量输出电压U_o的稳定性（稳定系数为 S_r）

改变输入交流电压u_2为（10±1）V（分别为 9V 和 11V），分别测量对应的输出电压U_o的大小，填入表 5-46 中。

表 5-46　　稳压系数参数测试

测试条件	u_2额定值	u_2=10V	u_2=9V	u_2=11V	$S_r=\frac{\Delta U_o/U_o}{\Delta U_2/U_2}$
	u_2实测值				
U_o					

五、实验报告要求

将测试的数据写入实验报告，应包括以下内容。

1. 实验内容。
2. 实验原理。
3. 实验电路。
4. 实验步骤。
5. 列表整理测量结果，并分析记录实验波形，测量其输出的纹波电压的频率和纹波系数。分析为什么接不同的滤波电容会得到不同的输出波形，总结出滤波电容的作用。

六、预习内容

1. 预习预备知识的闪容，了解三端集成直流稳压电源的设计和调测方法。
2. 了解三端集成直流稳压器的性能指标。
3. 拟定实验步骤及实验数据记录表格。

七、实验总结

1. 从实验数据分析，为什么当 I_0 增加，输出纹波会随之增加？可用哪些措施来减小纹波电压？
2. 从本实验线路分析，如何进一步改善电压稳定度和减小内阻？有哪些措施可采用？

八、实验开拓内容

1. 如果稳压器带负载，最大负载和最小负载如何选择？
2. 三端稳压器 LM317 电路的测试步骤是什么？

5.12 整流滤波与并联稳压电路

一、实验目的

1. 熟悉单相半波、全波、桥式整流电路。
2. 观察了解电容滤波的作用。
3. 了解并联稳压电路的工作原理。

二、实验原理

得到一个直流稳压电压需要降压、整流、滤波、稳压 4 个步骤，其框图如图 5-49 所示。

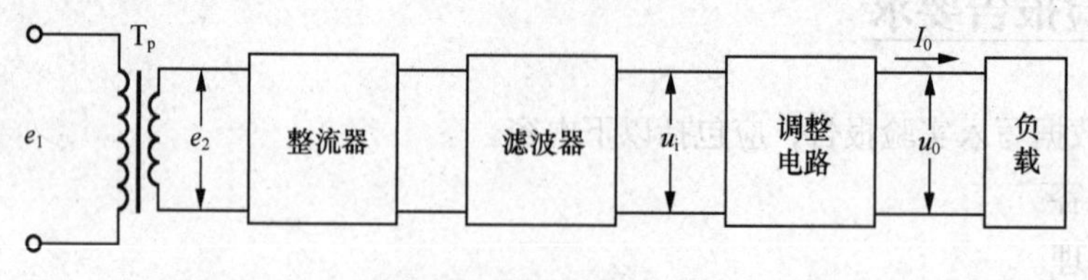

图 5-49　电源电路框图

本次实验的电路如图 5-50 所示。220V、50Hz 的工频交流电经过降压、整流、滤波、稳压以后得到稳定的直流电压。其中变压器 T 起降压作用，经变压器 T 降压以后的电压为低压工频交流电，经过整流二极管 VD_1~VD_4 桥式整流以后，在 A 点得到脉动的直流，再经过电容 C_1、C_2 滤波

及稳压管稳压后即可得到固定的直流电压。该电路的优点是电路简单，带负载能力不强。

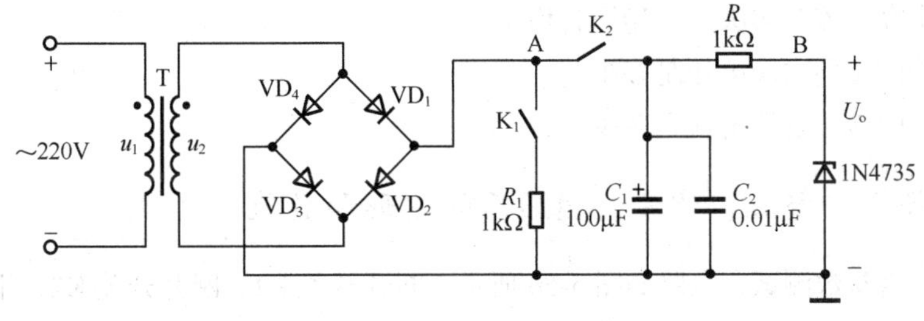

图 5-50　并联稳压电路

三、实验仪器与器材

信号发生器：一台。

数字示波器：一台。

双路直流稳压电源：一台。

数字万用表：一只。

电路板：一块。

四、实验内容与步骤

1. 测试稳压管 1N4735 的反向稳压特性

按照图 5-51 所示接线，改变输入电压的大小（0 ~ 30V），测试在不同输入电压下，限流电阻 R=1kΩ不变，测试空载时，稳压二极管 1N4735 的稳压电压和稳压电流的大小，将测试数据填入表 5-47 中。

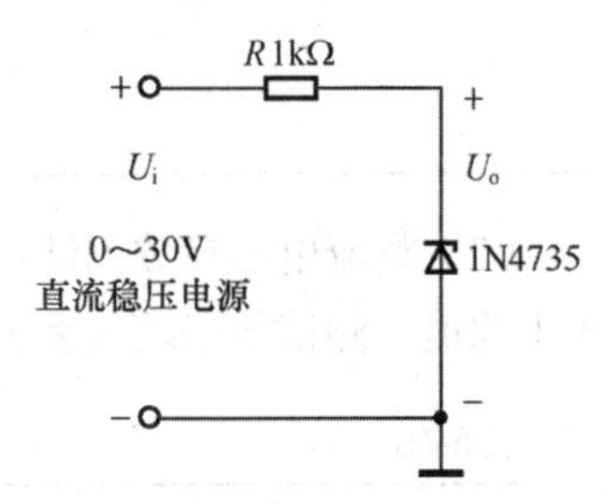

图 5-51　稳压管的稳压特性测试

表 5-47　稳压管的稳压特性测试

	测量值		计算值		是否稳压
序号	U_i/V	U_Z/V	U_R/V	I_R/mA	
1	3				
2	6.2				
3	7				
4	10				
5	12.4				
6	18				
7	20				
8	22				
9	24				
10	26				
11	30				

填写表 5-47 后，请回答以下问题。

（1）反相击穿电流为多大时，稳压管稳压？

（2）稳压管的反向击穿电压是多少？

（3）稳压管的最小稳压电流是多少？

2. 测试降压、整流、滤波、稳压后的波形和数值

（1）降压电路参数测试：电路如图 5-50 所示，断开开关 K1，断开开关 K2，用示波器测试降压以后的波形 U_2，并读出电压 U_2 有效值，测试数据填入表 5-48 中。

表 5-48　　降压波形参数的测试

降压后电压 U_2 幅值（有效值）	电压 U_2 波形

（2）整流电器参数测试：接通开关 K1，断开开关 K2，测试降压、整流以后的 U_A 波形和电压平均值，测试数据填入表 5-49 中。

表 5-49　　整流波形参数的测试

整流后电压 U_A 幅值（平均值）	整流电压 U_A 波形

（3）整流滤波电路参数测试：断开开关 K1，连接开关 K2，测试降压整流滤波以后 U_A 的波形和电压平均值，测试数据填入表 5-50 中。

表 5-50　　参数测试

滤波后电压 U_A 幅值（平均值）	滤波电压 U_A 波形

（4）整流、滤波、稳压电路参数测试：断开开关 K1，连接开关 K2，测试降压整流滤波稳压以后 U_B 的波形和电压平均值，测试数据填入表 5-51 中。

表 5-51　　稳压参数测试

稳压后电压幅值（平均值）	稳压电压 U_B 波形

五、实验报告要求

将测试的数据写入实验报告，应包括以下内容。

1. 实验内容。
2. 实验原理。
3. 实验电路。
4. 实验步骤。
5. 列表整理测量结果，并分析实测波形和幅值，与理论值波形和幅值比较，有什么不同。

六、预习内容

1. 预习稳压二极管 1N4735 的参数。

2. 预习并联稳压电路稳压的原理，会计算限流电阻的大小。

七、实验总结

1. 并联稳压电路有什么特点？适用于什么场合？
2. 为什么叫并联稳压电路？与串联稳压电路有什么不同？

5.13 文氏桥式正弦波振荡器的测试

一、实验目的

1. 看懂实验原理图，独立完成实验内容。
2. 进一步增强学生的动手能力。
3. 加深对文氏桥式振荡电路的理解。

二、实验原理

从结构上看，正弦波振荡器是没有输入信号的带选频网络的正反馈放大器。若用 R、C 元件组成选频网络，就称为 RC 振荡器，一般用来产生 1Hz ~ 1MHz 的低频信号。

1. RC 移相振荡器

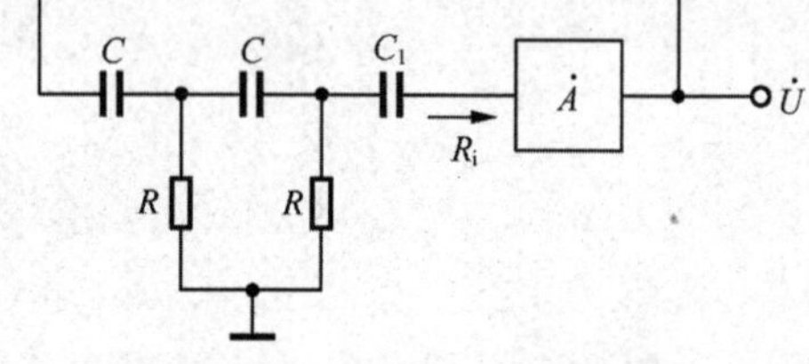

图 5-52　RC 移相振荡器电路图

电路形式如图 5-52 所示。

振荡频率：$f_0=1/2\pi\sqrt{6}RC$。

起振条件：放大器 A 的电压放大倍数 $|A|>29$。

电路特点：结构简单，但选频作用差，振幅不稳，频率调节不方便，所以一般用于频率固定且稳定性要求不高的场合。

频率范围：几赫兹至数十千赫兹。

2. RC 串并联（文氏桥式）振荡器

电路形式如图 5-53 所示。

振荡频率：$f_0=1/2\pi RC$。

起振条件：放大器 A 的电压放大倍数 $|A|>3$。

电路特点：可以方便地连续改变振荡频率，便于加负反馈电路以稳定幅值，容易得到良好的振荡波形。

本实验用 LM358 运放构成双电源文氏桥式振荡电路，如图 5-54 所示。电路中各个参数为：$R_1=R_4=10\text{k}\Omega$；$R_2=R_3=47\text{k}\Omega$；$R_5=10\text{k}\Omega$；$R_W=4.7\text{k}\Omega$；$R_6=18\text{k}\Omega$；$C_1=C_2=0.01\mu\text{F}$；$V_{CC}=12\text{V}$，

$-V_{CC}=-12V$。

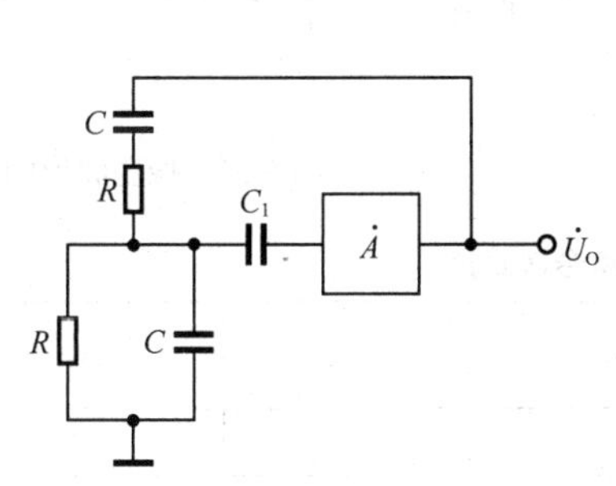

图 5-53 RC 文氏桥式振荡器电路形式

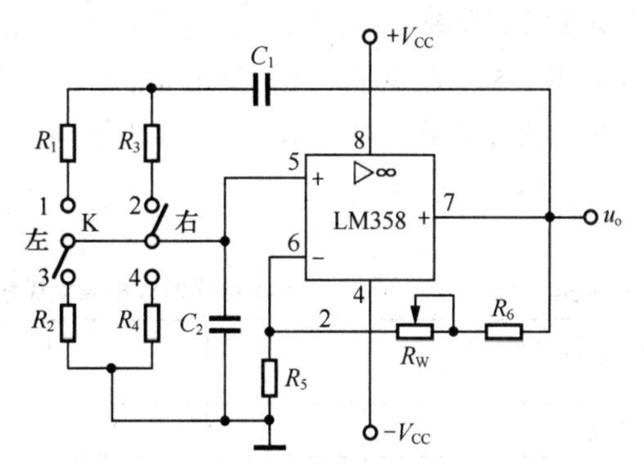

图 5-54 双电源文氏桥式振荡电路图

三、实验设备与器件

数字示波器：一台。

双路直流稳压电源：一台。

数字万用表：一只。

电路板：一块。

四、实验内容与步骤

1. 根据原理图 5-54，接入直流正负电源 $V_{CC}=\pm 12V$，输出端接上示波器，调节 R_W 使振荡器不起振，用万用表测量运放各引脚的直流电位填入表 5-52，并与理论值进行比较分析。

表 5-52 各引脚的电位

引脚编号	U_4	U_5	U_6	U_7	U_8
测量值					
理论值	$-V_{CC}$	0	0	0	V_{CC}

2. 拨动双掷开关 K 向左，使 2-3 接通，调节 R_W 使振荡器起振，用示波器观察振荡器输出的波形，再调节 R_W 使输出波形为不失真正弦波，将其画入图 5-55，用电子电压表测出 u_+、u_-、u_o 幅值，用示波器测出 f_o，将测试值与理论计算值进行比较，记入表 5-53。

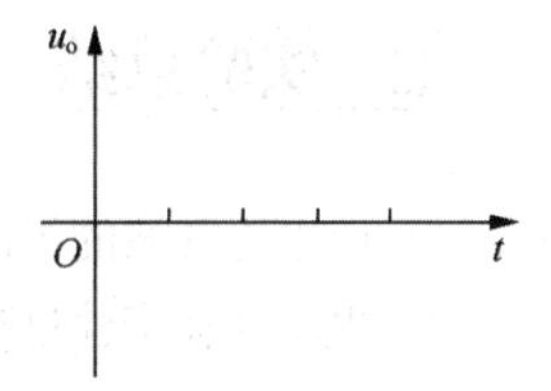

图 5-55 振荡波形的测试

表 5-53 2-3 接通时双电源文氏桥式振荡电路参数测试

测试项目	u_+	u_-	u_o	$f_o\approx 1/2\pi R_1C_1$	$F_+=u_+/u_o$	$A_{uF}=u_o/u_-$
测试值						
理论值						

3. 拨动双掷开关K向右，使1-4接通，调节R_W使振荡器起振，用示波器观察振荡器输出的波形，再调节R_W使输出波形为不失真正弦波，将其画入图5-56，用电子电压表测出u_+、u_-、u_o幅值，用示波器测出f_o，将测试值与理论计算值进行比较，记入表5-54。

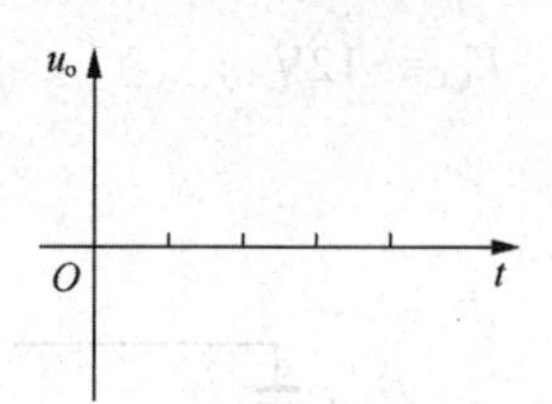

图5-56　振荡波形的测试

表5-54　　1-4接通时双电源文氏桥式振荡电路参数测试

测试项目	u_+	u_-	u_o	$f_o \approx \frac{1}{2\pi R_2 C_1}$	$F_+=u_+/u_o$	$A_{uF}=u_o/u_-$
测试值						
理论值						

五、实验报告要求

将测试的数据写入实验报告，应包括以下内容。

1. 实验内容。
2. 实验原理。
3. 实验电路。
4. 实验步骤。
5. 列表整理测量结果，并将实测的振荡频率与理论值比较，分析产生误差的原因。
6. 总结文氏桥式振荡电路的特点。

六、预习内容

1. 预习教材中有关3种类型RC振荡器的结构与工作原理。
2. 计算3种实验电路的振荡频率。
3. 如何用示波器来测量振荡电路的振荡频率？

七、实验总结

1. 产生正弦波的组成部分有什么？
2. 想想你在实验过程中遇见的问题，并分析总结。

5.14　电流-电压转换电路的测试

一、实验目的

1. 了解反相输入集成运放在各种转换电路中的应用，熟悉电流/电压转换电路的设计。

2. 学会各种转换电路的调试方法，加深对集成运放在各种实际电路应用中的认识。

二、实验原理

在工业控制中，需要将 4～20mA 的电流信号转换成±10V 的电压信号，以便送到计算机进行处理。这种转换电路以 4mA 为满量程的 0%对应−10V，12mA 为 50%对应 0V，20mA 为 100%对应+10V。

图 5-57 中 I_i 为待转换的 4～20mA 的电流信号，该电流在电阻 R_1 上产生与之成正比的电压信号 U_{R_1}，自运放 A_1 的反相输入端输入，由于 R_3 和 R_4 中无电流流过，所以，运放 A_1 的输入电压：

$$u_i \approx u_{R_1} = I_i R_1$$

运放 A_1 的输出电压：

$$u_{o1} = \frac{R_{f1}}{R_2} = u_i = \frac{R_{f1}}{R_2} I_i R_1$$

运放 A_2 组成一反相比例求和电路，一路输入是正比于转换电流的 u_{o1}，一路输入是基准输入电压 U_{ref}，该电路的输出电压 u_o：

$$u_o = -\frac{R_{f2}}{R_6} u_{o1} - \frac{R_{f2}}{R_8} U_{ref} = \frac{R_{f2}}{R_6}\frac{R_{f1}}{R_2} I_i R_1 - \frac{R_{f2}}{R_8} U_{ref}$$

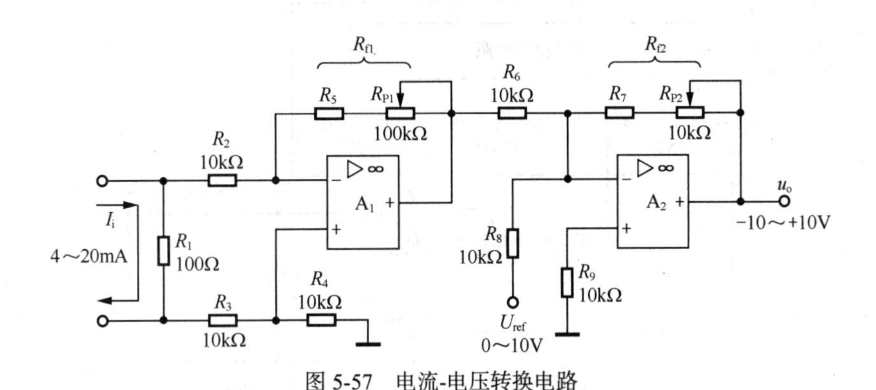

图 5-57 电流-电压转换电路

（1）根据设计要求，待转换电流 I_i=12mA 时，U_o=0V。

设 R_{f1}=50kΩ，则 $u_i = I_i R_1$=12×0.1=1.2V；

$$u_{o1} = -\frac{R_{f1}}{R_2} u_i = -5 \times 1.2\text{V} = -6\text{V} \ ;$$

则
$$u_o = -\frac{R_{f2}}{R_6} u_{o1} - \frac{R_{f2}}{R_8} U_{ref} = \frac{R_{f2}}{10} = (6 - U_{ref}) = 0$$

所以
$$U_{ref} = 6\text{V}$$

（2）当待转换电流 I_i=4mA 时，U_o=−10V。

此时保持 R_{f1} 和 U_{ref} 不变，则 u_i = 0.4V，u_{o1}=−2V，$u_o = \frac{R_{f2}}{10}$（2−6）=−10，

所以 R_{f2} = 25kΩ。

（3）同理，当待转换电流 I_i=20mA 时，可得输出电压 U_o=10V。

三、实验仪器与器材

信号发生器：一台。

数字示波器：一台。

双路直流稳压电源：一台。

数字万用表：一只。

电路板：一块。

四、实验内容与步骤

1. 连接并调试毫安信号源

利用直流稳压电源的一组 0～30V 的可调电压源，选择合适的电阻，按照图 5-58 所示电路进行连接。调节电压幅值调节旋钮，测量电阻 R_1 上的电压，若 R_1 上的电压为 1.2V，则此时对应电流源电流 $I_i = 12mA$；若 R_1 上的电压为 0.4V，则此时对应电流源 $I_i = 4mA$。

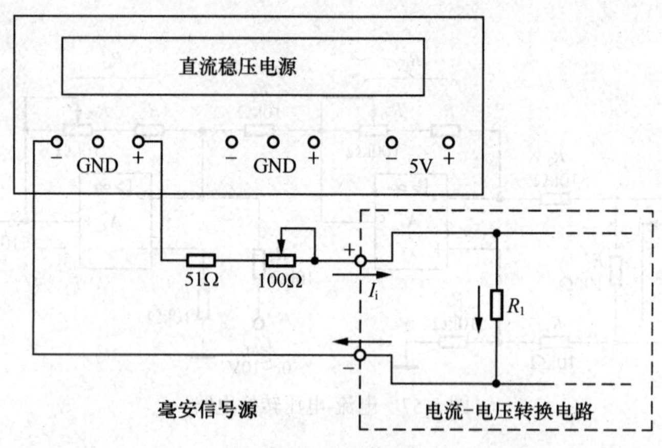

图 5-58　毫安信号源

2. 连接调试运算放大器 A_1 组成的第一级反相比例运算电路

调接电位器 R_{p1}，用万用表测量 A_1 输出端对地电压，使 u_{o1} =6V。

3. 连接调试运算放大器 A_2 组成的第二级反相求和运算电路

在 u_{o1} =6V 时，将第一级运放 A_1 的输出端 u_{o1} 接到 R_6 的左端；接着调节基准电压 U_{ref} =6V，并接入电路，调节 R_{p2}，使得输出电压 U_o=0V。

4. 电流-电压转换器综合测试

（1）检查上述接好的电路。

（2）调节直流稳压电源的电压旋钮，测量 R_1 两端电压为 0.4V，此时对应输入电流 I_i =

4mA。

（3）测量第一级输出电压，并记录数值。

（4）调节 R_{p2}，使得输出电压 U_o=−10V。

（5）调节直流稳压电源的电压旋钮，测量 R_1 两端电压为 2V，此时对应输入电流 I_i=20mA。

（6）测量第一级输出电压，并记录数值。

（7）测量输出电压 U_o 应该等于 10V。

（8）调节直流稳压电源的电压旋钮，使得输入电流 I_i 为 4 ~ 20mA 中的任意数值，测量输出电压，观察输入输出的线性关系，并记录数据。

电流源所用的电源不能与电流-电压转换电路的供电共用一个电源，否则将影响实验结果的正确性。

五、实验报告要求

将测试的数据写入实验报告，应包括以下内容。

1. 实验内容。
2. 实验原理。
3. 实验电路。
4. 实验步骤。
5. 将测试值与计算值比较（取一组数据进行比较），分析产生误差的原因。

六、预习内容

1. 简述图 5-57 所示电路的工作原理，写出输出电压与输入电流的关系式。
2. 通过分析计算确定电路中未知元件参数及参考电压 U_{ref} 的数值。
3. 利用直流稳压电源，设计一个能产生 4 ~ 20mA 电流的电流源，画出电路实际接法（提示：利用稳压电源的任意一组可调直流电源串接适当的电阻）。
4. 假设 A_1、A_2 的输出电压范围为−11 ~ 11V，通过分析说明如何选择 A_{uf1}、A_{uf2} 较为合理，为什么选择 R_1<<R_3，请给出相关分析和计算。

七、实验总结

1. 集成运放的特点和使用方法。
2. 理解集成运算放大器组成的电流-电压转换电路的原理，总结实验出现的问题和解决方案。

八、实验开拓内容

利用运算放大器设计电流-电压转换电路，实现将±10V 转换成 0 ~ 4mA 电流的转换。

5.15 电压-频率转换电路的测试

一、实验目的

1. 加深理解集成运算放大器的基本性质、特点，并掌握其使用方法。
2. 理解电压-频率转换电路，掌握其原理。
3. 学会电路参数的调整。

二、实验原理

电压-频率转换电路（VFC）的功能是将输入的直流电压转换成频率与其数值成正比的输出电压，故称为电压控制振荡电路（VCO），简称压控振荡电路。可认为它是一种从模拟量到数字量的转换电路。它主要包括积分器、比较器和开关电路，其框图如图 5-59 所示，对应电路图如图 5-60（a）所示。

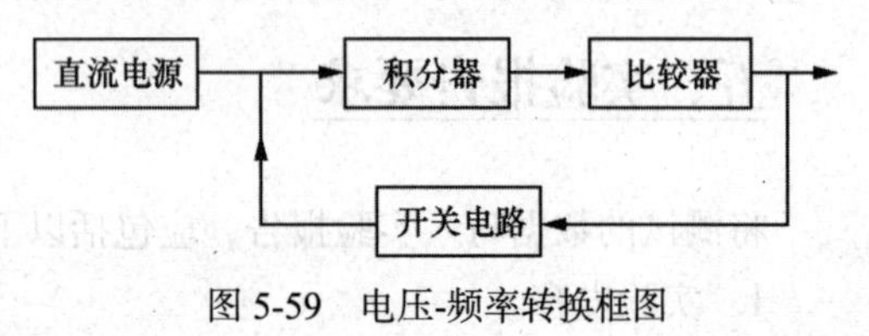

图 5-59　电压-频率转换框图

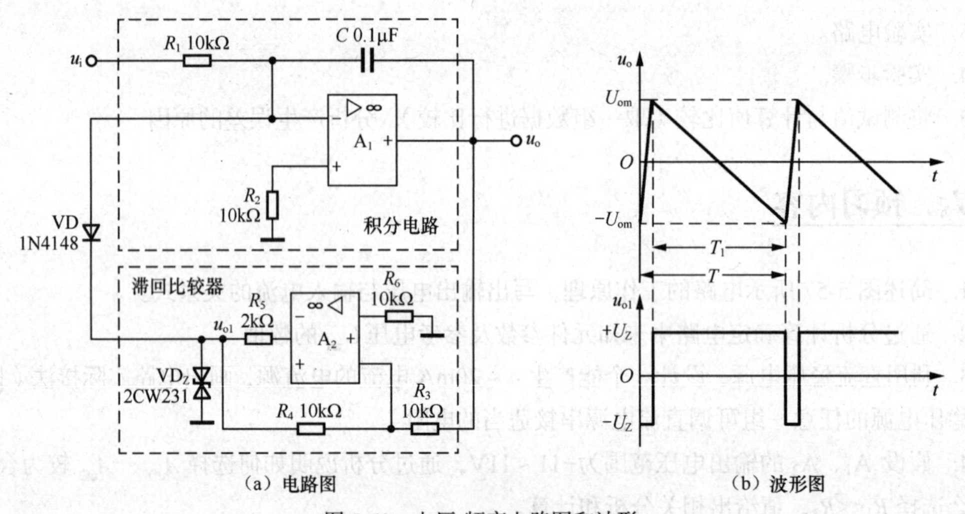

图 5-60　电压-频率电路图和波形

原理分析：我们知道积分电路输出电压变化的速率与输入电压的大小成正比，如果积分电容充电使输出电压达到一定程度后，设法使它迅速放电，然后输入电压再给它充电，如此周而复始，产生振荡，其振荡频率与输入电压成正比，即压控振荡器。图 5-60 就是实现上述意图的压控振荡器电路（它的输入电压 $U_i>0$）。

图 5-60 所示电路中 A_1 是积分电路，A_2 是同相输入滞回比较器，它起开关作用。当它的输出电压 u_{o1}=+U_Z 时，二极管 VD 截止，输入电压（$U_i>0$）经电阻 R_1 向电容 C 充电，输出电压 u_o 逐渐下降，当 u_o 下降到零再继续下降使滞回比较器 A_2 同相输入端电位略低于零，u_{o1} 由+U_Z 跳变为 $-U_Z$，二极管 VD 由截止变导通，电容 C 放电，由于放电回路的等效电阻比 R_1 小得多，因此放电

很快，u_o 迅速上升，使 A_2 的 u+很快上升到大于零，u_{o1} 很快从$-U_Z$ 跳回到$+U_Z$，二极管又截止，输入电压经 R_1 再向电容充电。如此周而复始，产生振荡。

运放 A_1 的输出电压 U_o 波形、运放 A_2 输出电压 U_{o1} 波形如图 5-60（b）所示。

振荡频率与输入电压的函数关系

$$f=\frac{1}{T}\approx\frac{1}{T_1}=\frac{R_4}{2R_1R_3C}\frac{U_i}{U_Z}$$

可见振荡频率与输入电压成正比。

上述电路实际上就是一个方波、锯齿波发生电路，只不过这里是通过改变输入电压 U_i 的大小来改变输出波形频率，从而将电压参量转换成频率参量。

三、实验内容与步骤

1. 按照图 5-60（a）连接好电路，在输入端接入幅值为 6V 的直流电压，用示波器监视运放 A_1 的输出电压 U_o 波形、运放 A_2 输出电压 U_{o1} 波形，将测得的参数填入表 5-55 中。

表 5-55　　运放输出波形 U_o 参数测试

参数 输出波形	波形形状	幅值/V	频率/Hz
U_o	U_o/V（坐标轴，O，t）		
U_{o1}	U_{o1}/V（坐标轴，O，t）		

2. 逐渐改变输入电压的值，按照表 5-56 测量输入电压与输出波形频率转换关系。

表 5-56　　电压-频率关系

U_i/V	0	1	2	3	4	5
T/ms						
f/Hz						

四、实验报告要求

将测试的数据写入实验报告，应包括以下内容。

1. 实验内容。
2. 实验原理。
3. 实验电路。
4. 实验步骤。
5. 列表整理测量结果。

五、预习内容

1. 指出图 5-60（a）中电容 C 的充电和放电回路。
2. 定性分析用可调电压 U_i 改变 U_o 频率的工作原理。

六、实验总结

1. 分析图 5-60 中电压-频率转换电路的原理。
2. 根据表 5-56 做出频率-电压关系曲线。

七、实验开拓内容

电阻 R_1、R_6 的阻值如何确定？当输出信号幅值为 12V，输入电压为 3V，输出频率为 3kHz，R_1 和 R_6 的阻值是多少？

第6章 模拟电子技术制作型实验

6.1 线性串联直流稳压电源的制作与测试

一、实验目的

1. 掌握串联直流稳压电源的组成及基本原理。
2. 进一步增强学生的动手能力。
3. 掌握串联稳压电源电路的安装与测试方法。
4. 掌握串联稳压电源电路的故障分析与排除方法。

二、实验参数要求

设计一个稳压电路，设计要求如下。

1. 输入 15V AC。
2. 输出直流电压范围为 5 ~ 15V。
3. 额定输出电压 7V。
4. 最大输出电流为 100mA。
5. 纹波系数为 0.1%以内。

三、实验参考电路

串联稳压电源实验原理图如图 6-1（a）所示，电路基本框图如图 6-1（b）所示。

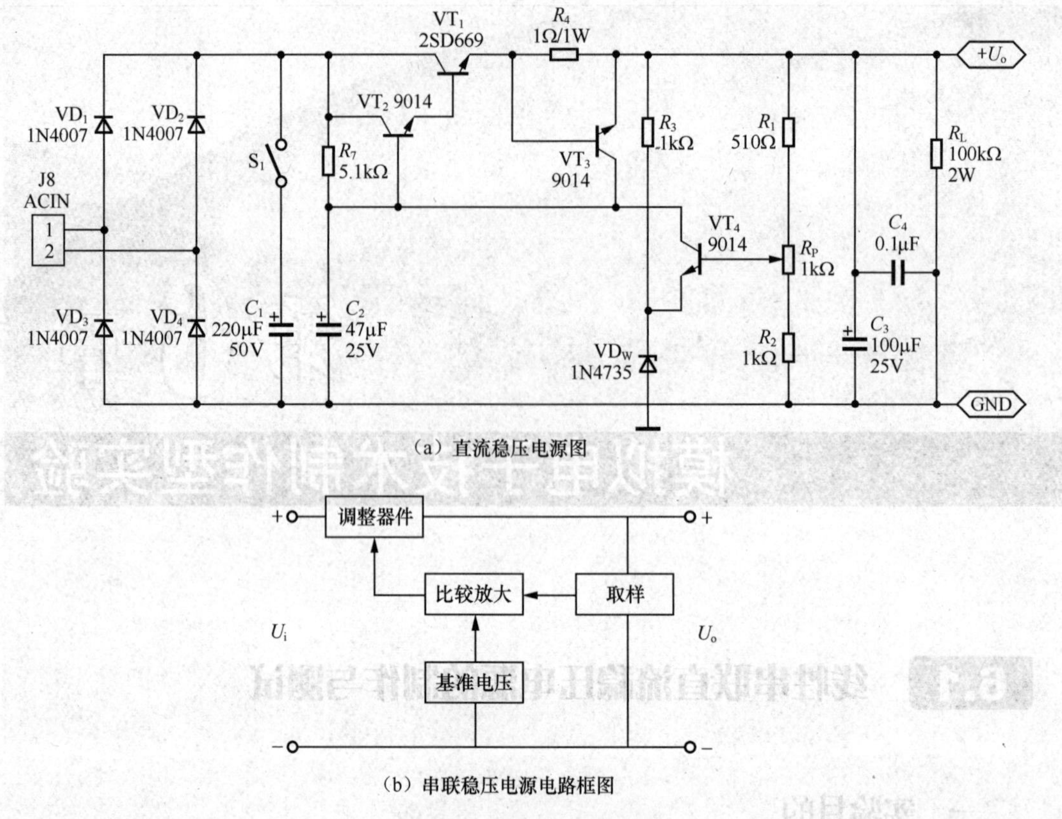

（a）直流稳压电源图

（b）串联稳压电源电路框图

图 6-1　串联稳压电源电路

电路原理分析：三极管 VT_1 为调整管，它构成电压调整电路，三极管 VT_2 与三极管 VT_1 构成达林顿管，目的是提高带负载能力；VD_W 是稳压二极管，它构成基准电压电路；VT_4 是比较放大管，它构成电压比较放大器电路；R_1 和 R_p、R_2 构成取样电路。

四、实验电路元件清单

实验电路元件清单见表 6-1。

表 6-1　实验电路元件清单

序　号	名　称	型号与规格	数　量	备　注
1	电解电容器 C_1	50V 220μF	1	
2	电容器 C_2	25V 47μF	1	
3	电容器 C_3	25V 100μF	1	
4	电容器 C_4	0.1μF	1	
5	电阻器 R_1	510Ω	1	绿棕黑黑
6	电阻器 R_2/R_3	1kΩ	2	棕黑黑棕
7	电阻器 R_7	5.1kΩ	1	绿棕黑棕
8	电阻器 R_4	1Ω	1	

（续表）

序　号	名　称	型号与规格	数　量	备　注
9	电位器 R_p	1kΩ	1	
10	二极管	1N4007	4	
11	二极管 VD_W	1N4735	1	
12	三极管 VT_2\$VT_3$\$VT_4$	9014	3	
13	功率三极管 VT_1	2SD669	1	
14	变压器	220V/15V　50VA	1	

五、实验仪器

示波器、信号发生器、万用表、万用表各一台，100Ω/2W 负载电阻一个。

六、安装与调试

1. 根据电路原理图 6-1，将检验合格的元器件安装在印制板上。

2. 电路的调试如下。

（1）不通电检查。电路安装完毕后，对照电路原理图和连线图，认真检查接线是否正确，以及焊点有无虚焊、假焊。

（2）通电观察。电源接通之后不要急于测量数据和观察结果，首先要观察有无异常现象，包括有无冒烟，是否闻到异常气味，手摸元件是否发烫，电源是否有短路现象等。如果出现异常，应立即关闭电源，待排除故障后方可重新通电。

（3）电路参数的测试。

① 查看整流波形。断开开关 S_1，接入交流电压使 u_2=10V（有效值），用示波器分别观察 u_2、U_A，画出波形并记录幅值，填入表 6-2 中（幅值和平均值可用万用表测）。

表 6-2

u_2		U_A		
波形	幅值/V	波形	平均值/V	纹波/mV
	10			

② 查看滤波波形。接通开关 S1，再接入交流电压使 u_2=10V（有效值），用示波器再观察 u_2、U_A 的波形，画出波形并记录幅值，填入表 6-3 中（幅值和平均值可用万用表测）。用电子电压表测量 u_A 的纹波电压，并将结果记入表 6-3 中。

表 6-3

u_2		U_A		
波形	幅值/V	波形	平均值/V	纹波值/mV
	10			

③ 查看稳压波形。接通短接线 1 和短接线 2，给电路接入固定负载（R_L=100Ω）及空载的时候，调节 R_p，用万用表直流挡测量输出电压 U_o 的最大 U_{oMAX} 和最小 U_{oMIN}，并且用示波器观察 U_{oMAX} 和 U_{oMIN} 的波形，填入表 6-4。

表 6-4

输出状态	U_{oMAX}		U_{oMIN}	
	波形	幅值/V	波形	幅值/V
空载				
负载 100Ω				

④ 稳压系数 S_γ 的测试（选做）。给电路接入固定负载（R_L=100Ω），测量 U_2=10V 及 U_2=10（1±10%）V 时的 U_i 和 U_o 的值，填入表 6-5，并根据稳压系数 S_γ 的定义计算 S_γ 的值。

$$s_\gamma = \frac{\Delta U_o / U_o}{\Delta U_i / U_i} \times 100\%$$

表 6-5

测试条件 R_L =100Ω	测量值 U_i/V	测量值 U_o/V	计算值		
			ΔU_i	ΔU_o	S_γ
U_2=10V					
U_2=11V					
U_2=9V					

⑤ 输出电阻 R_o 的测试。输入电压固定（如 U_2=10V）时，接入固定负载（R_L=100Ω），测量 $R_L=\infty$ 和 R_L=100Ω的 U_o 及 I_o 值，记入表 6-6，根据 R_o 定义计算 R_o 的值。

$$R_o = \frac{\Delta U_o}{\Delta I_o}$$

表 6-6

测试条件 $R_L=\infty$～100Ω	测量值 （$R_L=\infty$）		测量值 （R_L=50Ω）		计算值		
	U_o/V	I_o/mA	U_o/V	I_o/mV	ΔI_o	ΔU_o	R_o
U_2=10V							

七、实验总结

1. 通过以上调试，可知本电源电路的电压输出范围为多少？
2. 该电源电路为输出电压可调电路，它是通过什么方式来调节输出电压？
3. 电路中 VT_1、VT_2 的作用是什么？

6.2 集成功放电路的制作和调试

一、实验目的

1. 学习独立设计实验方案，合理设计实验线路，独立完成实验内容。
2. 进一步增强学生的动手能力，加深对功率放大电路的理解。

二、实验参数要求

利用 TDA2030 设计一个集成功率放大器，设计要求如下：

负载电阻　　　　R_L=8Ω；

最大不失真输出　　　　$P_{om}\geqslant$500mW。

三、实验参考电路

依据实验参数要求得到如图 6-2 所示电路。

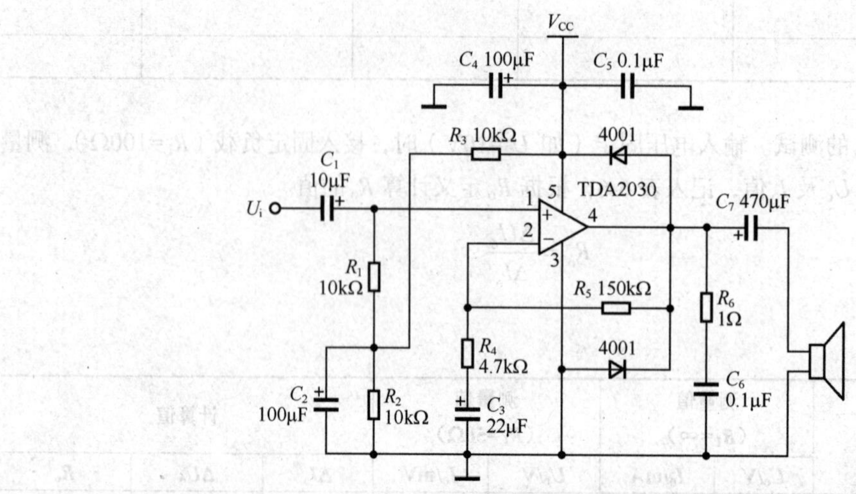

图 6-2　集成功放 TDA2030 应用电路

TDA2030 引脚介绍：1 脚：正向输入端，2 脚：反向输入端，3 脚：负电源输入端，4 脚：功率输出端，5 脚：正电源输入端。

四、实验电路元件清单

依据图 6-2 可以列出实验电路清单，见表 6-7。

表 6-7　实验电路元件清单

序号	名　称	规　格	单位	数量	备　注
1	电阻 R_5	150kΩ	个	1	
2	电阻 R_4	4.7kΩ	个	1	
3	电阻 $R_1/R_2/R_3$	100kΩ	个	3	
4	电阻 R_6	1Ω	个	1	
5	电解电容 C_1	10μF	个	1	
6	电解电容 C_3	22μF	个	1	
7	电解电容 C_4/C_2	100μF	个	2	
8	电解电容 C_7	470μF	个	1	
9	瓷片电容 C_5/C_6	0.1μF	个	2	
10	二极管	1N4007	个	2	

（续表）

序号	名 称	规 格	单位	数量	备 注
11	扬声器	8Ω	个	1	0.25W
12	集成功放	TDA2030	个	1	
13	短接线		个	10	

五、实验仪器

直流稳压电源、示波器、信号发生器、万用表、毫伏表各一台。

六、安装与调试

1. 根据电路原理图 6-2，将检验合格的元器件按连线图安装在印制板上。

2. 电路的调试如下。

（1）不通电检查。电路安装完毕后，对照电路原理图和连线图，认真检查接线是否正确，以及焊点有无虚焊。再用万用表测量功放各引脚对地之间的电阻，填入表 6-8。

表 6-8 各引脚对地电阻

引脚编号	1	2	3	4	5
阻值					

（2）通电观察。电源接通之后观察有无异常现象，包括有无冒烟，是否闻到异常气味，手摸元件是否发烫，电源是否有短路现象等。如果出现异常，应立即关闭电源，待排除故障后方可重新通电。

（3）电路接入电源 V_{CC}=9V，用万用表测量功放各引脚的电位，并与理论值进行比较分析，填入表 6-9。

表 6-9 各引脚的电位

引脚编号	1	2	3	4	5
测量值					
理论值	4.5V	4.5V	0V	4.5V	9V

思考：为什么说 4 脚电压是关键值？

（4）P_{om} 的测量。输入端 U_i 加入 1kHz 的正弦波信号，逐渐增加 u_i 的幅度，用示波器观察输出 u_o 的波形。在输出波形达到最大不失真时，用万用表测量此时的输出电压值 U_o=______V，则最大输出功率 P_{om}：

$$P_{om}=\frac{U_o^2}{R_L}=\_\_\_\_\_\_\text{W}$$

（5）直流电源提供的平均功率 P_{Vcc} 的测量。在上述情况下，测量出电源的输出电流 I_{CC}，则直流电源提供的平均功率 P_{Vcc}：

$$P_{Vcc}=V_{CC}I_{CC}$$

（6）效率 η 的测量。根据 P_{om} 和 P_{Vcc} 的值，可求出 η：

$$\eta=\frac{P_{om}}{P_{Vcc}}\times 100\%$$

七、实验总结

1. 图 6-2 中各个元件有何作用？
2. 该功放的效率理论计算是多少？为什么与实际的功放效率计算值不同？

6.3 集成运算放大电路的制作与测试

一、实验目的

1. 利用所学运算放大电路知识，按一定要求设计、装配、调试集成运算放大电路。
2. 进一步增强运算放大电路的感性认识，提高动手能力。
3. 学会电路的测试与分析方法。

二、实验参数要求

设计并制作一个低频交流小信号电压放大电路，并要求：采用单电源反相比例放大，电源电压 V_{CC}=15V，电路电压放大倍数 A_u：10±1，最大不失真输出电压大于，通频带大于 10kHz。

三、实验参考电路

实验参考电路如图 6-3 所示。

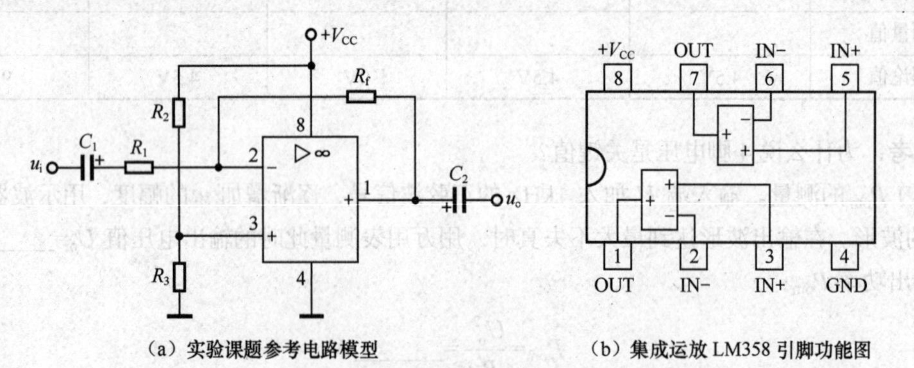

（a）实验课题参考电路模型　　（b）集成运放 LM358 引脚功能图

图 6-3　单电源反相比例运算放大器

四、实验电路元件清单

依据图 6-3 可列出电路清单，见表 6-10。

表 6-10 实验电路元件清单

序号	名称	规格	单位	数量	备注
1	电阻 R_f	51kΩ	个	1	
2	电阻 R_1	5.1kΩ	个	1	
3	电阻 R_2/R_3	10kΩ	个	2	
4	电解电容 C_1/C_2	10μF	个	2	
5	运放	LM358	个	1	

五、实验仪器

直流稳压电源、示波器、信号发生器、万用表、万用表各一台。

六、安装与调试

1. 根据电路原理图（见图 6-3），画好连线图。

2. 将检验合格的元器件按连线图安装在万能板或 PCB 上。安装时注意元件的极性和集成电路的引脚排列。

3. 电路的调试如下。

（1）不通电检查。电路安装完毕后，对照电路原理图和连线图，认真检查接线是否正确，以及焊点有无虚焊。

（2）电路不接电源，用万用表测量运放各引脚对地之间的电阻，填入表 6-11。

表 6-11 各引脚对地电阻

引脚编号	1	2	3	4	8
阻值					

（3）通电观察。电源接通之后观察有无异常现象，包括有无冒烟，是否闻到异常气味，手摸元件是否发烫，电源是否有短路现象等。如果出现异常，应立即关闭电源，待排除故障后方可重新通电。

（4）静态调试。电路接入直流电源 V_{CC}=15V，输入端接地 u_i=0，用万用表测量运放各引脚的电位，并与理论值进行比较分析，填入表 6-12。

表 6-12　　　　各引脚的电位

引脚编号	U_1/V	U_2/V	U_3/V	U_4/V	U_8/V
测量值					
理论值	7.5	7.5	7.5	0	15

（5）交流小信号电压放大倍数的测量。输入频率为 1kHz 的正弦信号，用示波器观测输入、输出波形与相位，改变输入信号大小，使输出波形不失真。用毫伏表测量此时输入、输出电压的大小，将测量数据记入表 6-13 内。

表 6-13　　　　电压放大倍数测试

观测参数	波形	有 效 值	计算值 $A_u = \frac{U_o}{U_i}$	理论计算 $A_u = -\left(\frac{R_f}{R_1}\right)$
u_i	O　t			
u_o	O　t			

问题：实际测算值 A_u 达不到实验课题要求应怎样调整？

（6）放大器的幅频特性测量。电路接法同上，改变输入正弦波信号的大小和频率，在保证输出波形不失真的条件下，使输入正弦波信号的频率从 10Hz 到 100kHz 变化，用毫伏表测量此时输入、输出电压的大小，将测量数据记入表 6-14 内。

表 6-14　　　　放大器幅频特性测试

测量频率/Hz	u_i/mV	u_o/V	A_u
20			
50			
200			
1k			
10k			
50k			
100k			
200k			

将与频率对应的放大倍数作图于下列 A_u–f 坐标（见图 6-4）上，找出电路的上限截止频率 f_H 和下限截止频率 f_L。

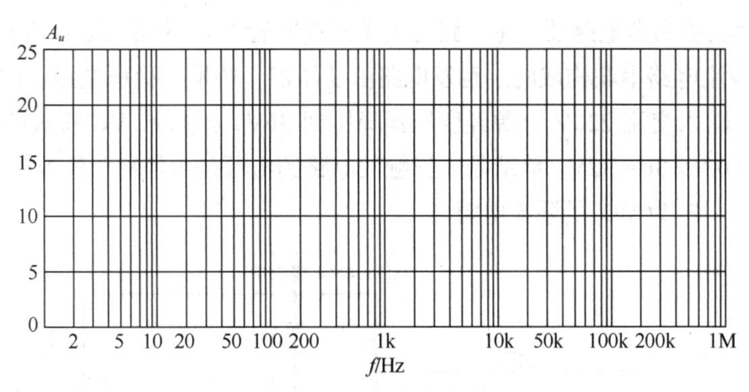

图 6-4　幅频特性曲线

由图 6-4 可知：上限频率 f_H=

下限频率 f_L=

则 BW=

（7）最大不失真输出电压 U_{om} 的测量。输入 1kHz 正弦波信号，逐渐增大幅度，用示波器观察波形，可获得最大不失真输出电压 U_{om}，并用毫伏表测量最大不失真输出电压 U_{om}。

该电路的最大不失真输出电压 U_{om}=

七、实验总结

1. 频率响应范围不在 100Hz ~ 100kHz 之内该怎样调节？
2. 影响电路低频频率响应和高频频率响应的主要原因是什么？
3. 写出实验课题总结报告，并思考用集成运放构成的电压放大器与用晶体管构成的电压放大器相比有什么优点？

6.4　单结晶体管触发的单相可控整流电路的安装与调试

一、实验目的

1. 了解单结晶体管的应用电路。
2. 掌握晶闸管的工作原理和应用电路。

二、实验参数要求

试设计一个单相可控整流调光电路，要求：输入电压：AC 220V，负载 AC 220V、40W，调光由暗到亮均匀变化。

三、实验参考电路

图 6-5 所示为实验参考电路图。主电路是由单向晶闸管 VT、灯泡 EL 及 VD_1、VD_2、VD_3、VD_4 构成的桥式整流电路串联构成的。触发电路由变压器、桥堆、稳压电路、RC 振荡电路、单结晶体管等构成。输入交流 220V 电源经变压器降压到 36V，经桥堆 VC 桥式整流后得到脉动的直流电压，大小为 $0.9\times36\approx32V$。单结晶体管触发电路的电源是由经稳压管 VD_3 稳压电路削波后得到的梯形波电压。R_1 为 VD_3 的限流电阻。

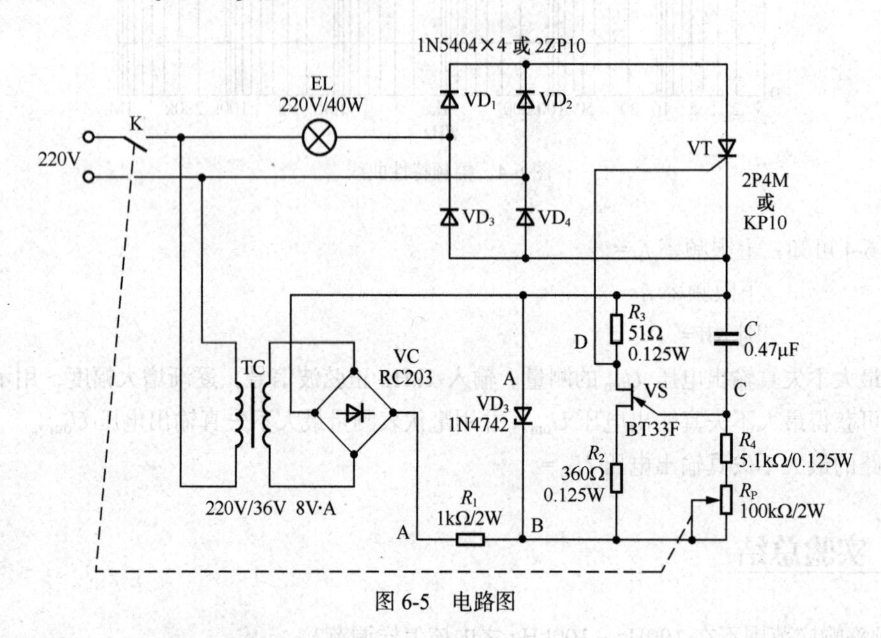

图 6-5 电路图

触发脉冲形成过程：梯形波电压经 R_P、R_4 对电容 C 充电。当 C 两端电压上升到单结晶体管峰点电压时，单结晶体管由截止变为导通，此时电容 C 通过单结晶体管 e—b1、R_3 迅速放电，放电电流在 R_3 上形成一个尖顶脉冲。随着 C 的放电，当 C 两端电压降至单结晶体管谷点电压时，单结晶体管截止，电容 C 又开始充电。重复上述过程，在 R_3 两端就输出一组尖脉冲（在一个梯形波电压周期内，脉冲产生的个数是由电容 C 充放电的次数决定的）。在周期性梯形波电压的连续作用下，上述过程反复进行。

脉冲的同步：当梯形波电压过零时，电容 C 两端电压也降为零，因此电容 C 每次连续充放电的起始点也就是主电路电压过零点，这样就保证了输出脉冲电压的频率和电源频率同步。

脉冲的移相：在一个梯形波电压作用下，单结晶体管触发电路产生的第一个脉冲就能使晶闸管触发导通，后面的脉冲通常是无用的。由于晶闸管导通的时刻只取决于阳极电压为正半周时加到控制极的第一个触发脉冲的时刻，因此，电容 C 充电速度越快，第一个脉冲出现的时刻越早，晶闸管的导通角也就越大，整流输出的平均电压也就越高，灯泡就越亮。反之，电容 C 充电越慢，第一个脉冲出现得越迟，整流输出的平均电压也就越小，灯泡就越暗。由此，只要改变电位器 R_P 的阻值大小就可以改变电容 C 的充电速度，也就改变了第一个脉冲出现的时刻，这就是脉冲移相。如此也就改变了灯泡的亮度。

图 6-6 是各点（A、B、C、D）的参考波形。图 6-6（a）是灯泡最暗时各点的波形，图 6-6（b）

是灯泡最亮时各点的波形。

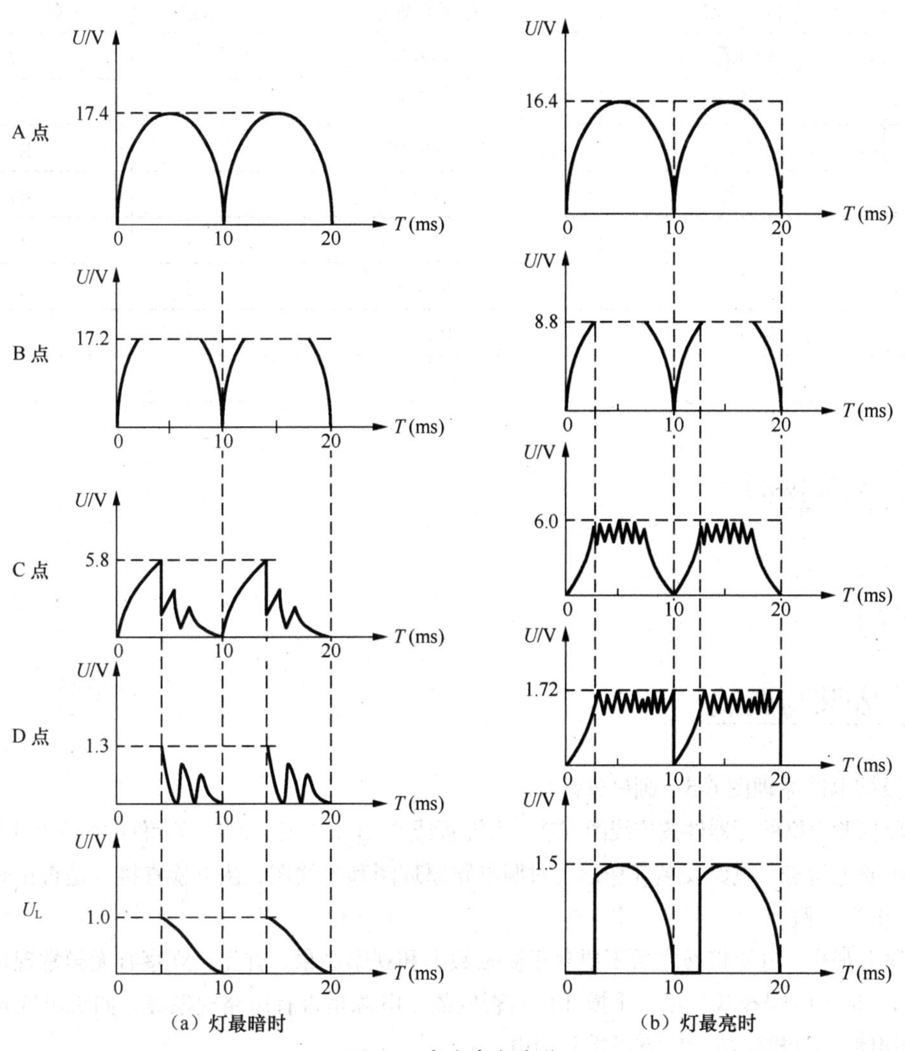

图 6-6　各点参考波形

四、实验电路元件清单

实验电路元件清单见表 6-15。

表 6-15　　实验电路元件清单

序号	名　称	型号与规格	数量	备　注
1	二极管	1N4007	4	VD_1-VD_4VD_5
2	晶闸管	MCR100-8	1	VT
3	白炽灯	220V/40W	4	
4	变压器	220V/36V，8VA	1	TC
5	整流桥堆	RC201	1	VC

（续表）

序号	名　　称	型号与规格	数量	备　　注
6	稳压管	1N4742A	1	VD_3
7	单结晶体管	BT33F	1	VS
8	电阻	1kΩ/2W	1	R_1
9	电阻	360Ω	1	R_2
10	电阻	51Ω	1	R_3
11	电阻	5.1kΩ	1	R_4
12	电位器	100kΩ	1	R_P
13	电容	0.47μF	1	C

五、实验仪器

示波器：一台。
万用表：一台。

六、安装与调试

1. 根据电路原理图 6-5，画好连线图。

2. 将检验合格的元器件按连线图安装在万能板或 PCB 上。安装时注意元件的极性和引脚排列。

3. 不通电检查。电路安装完毕后，对照电路原理图和连线图，认真检查接线是否正确，以及焊点有无虚焊、假焊。

4. 通电观察。电源接通之后不要急于测量数据和观察结果，首先要观察有无异常现象，包括有无冒烟，是否闻到异常气味，手摸元件是否发烫，电源是否有短路现象等。如果出现异常，应立即关闭电源，待排除故障后方可重新通电。

5. 电路参数的测试如下。

（1）调试触发电路，线路焊好后调节 R_p，用示波器观察各工作点的电压波形，直至输出一连续可调的脉冲信号。

（2）系统调试，接通主电路，将脉冲信号加入可控硅的控制极，用示波器测试负载两端的电压波形。波形正常后，调节 R_P，应使灯泡亮度发生变化。

七、实验总结

1. 单结晶体管和可控硅的工作原理是什么？
2. 单结晶体管触发脉冲是如何产生的？
3. 电路是怎样实现调压的？
4. 各工作点的输出波形如何测试？
5. 输出电压与控制角有何关系？

6.5 声光停电报警器的安装与调试

一、实验目的

1. 了解声光电电路的工作原理。
2. 掌握光耦的工作原理与应用电路。

二、实验参数要求

1. 未停电时，电路不报警，正常工作。
2. 停电（AC 220V 电源）时，电路发出声光报警。

三、实验参考电路

依据实验要求，得到如图 6-7 所示的参考电路。电路原理分析如下。

当有电（AC 220V 电源）时，如图 6-7 左边部分，此时经二极管 VD_1 整流为脉动的直流，此时电源指示灯 LED_1 亮，表示电路有电；同时光耦 4N25 中发光二极管（1、2 段）导通发光，其输出端光电三极管饱和导通，此时控制电路中喇叭 B 和报警灯 LED_2 被短路，不工作。

当停电时，光耦 4N25 中发光二极管（1、2 段）截止不发光，其输出端光电三极管（5、4）截止，此时控制电路中喇叭 B 和报警灯 LED_2 工作，喇叭 B 发出警报声，报警灯 LED_2 闪烁报警。

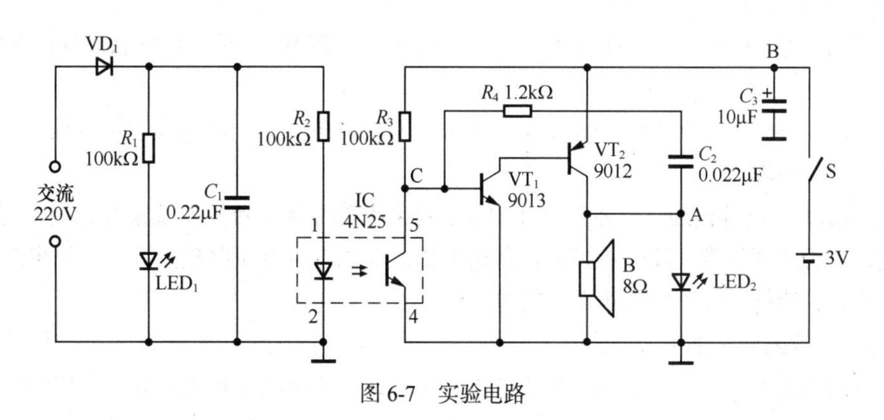

图 6-7　实验电路

四、实验电路元件清单

依据图 6-7 得到以下电路元件清单，见表 6-16。

表 6-16　　电路元件清单

序号	名　称	型号与规格	数量	备注
1	电阻	100kΩ	3	
2	电阻	1.2kΩ	1	
3	电容	0.22μF/400V	1	
4	电容	0.022uF	1	
5	电容	10μF	1	
6	二极管	1N4007	1	
7	发光二极管	LED_1/LED_2	2	
8	三极管	9013	1	
9	三极管	9012	1	
10	光耦	PC817/4N25	1	
11	扬声器	8Ω	1	

五、实验仪器

示波器：一台。

万用表：一台。

直流电源：一台。

六、安装与调试

1. 根据电路原理图 6-7，画好连线图。

2. 将检验合格的元器件按连线图安装在万能板上（PCB）。安装时注意元件的极性和引脚排列。

3. 不通电检查。电路安装完毕后，对照电路原理图和连线图，认真检查接线是否正确，以及焊点有无虚焊、假焊。

4. 通电观察。电源接通之后不要急于测量数据和观察结果，首先要观察有无异常现象，包括有无冒烟，是否闻到异常气味，手摸元件是否发烫，电源是否有短路现象等。如果出现异常，应立即关闭电源，待排除故障后方可重新通电。

5. 电路参数的测试如下。

（1）待测电路未停电时，电路中主要各点电压测试，测试结果填入表 6-17 和表 6-18 中。

（2）待测电路停电时，电路中主要各点电压测试，测试结果填入表 6-17 和表 6-18 中。

表 6-17　　电路状态测试

	U_{12}/V	U_{34}/V	U_B/V	U_C/V	U_D/V
未停电时					
停电时					

表 6-18　　待测点 A 点电压波形

	U_A/V
未停电时	
停电时	

七、实验总结

1. 电路在什么情况下报警，什么情况下不报警，为什么？
2. 电路调试时，需要采取哪些安全措施？

6.6 开关电源的安装与调试

一、实验目的

1. 掌握芯片 MC34063 的参数和应用电路。
2. 了解开关电源的种类和特点。

二、实验参数要求

1. 交流输入电压：AC 220V。
2. 输出直流电压可调：0 ~ 10V。
3. 输出电流：0.5A。
4. 效率：≥80%。

三、实验参考电路

依据实验参数要求，可得到如图 6-8 所示由开关电源芯片 MC34063 组成的降压电路电路图。

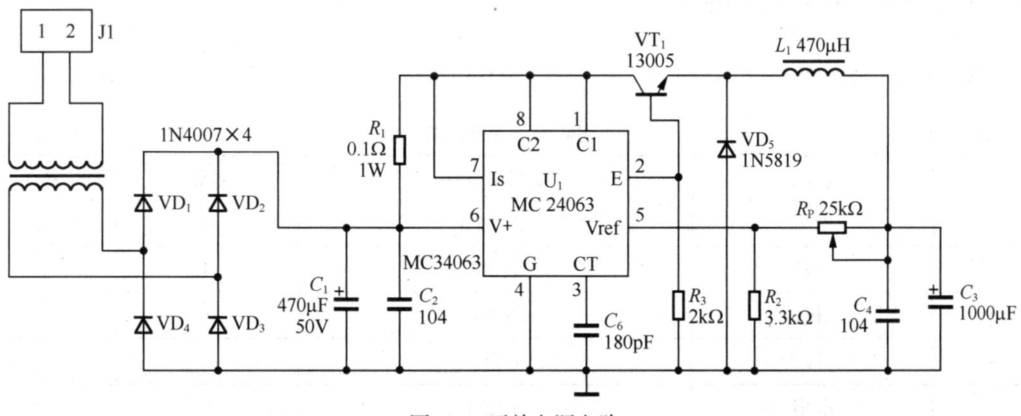

图 6-8　开关电源电路

1. MC34063芯片介绍

微控制芯片MC34063是一款体积小、功能强大的集成脉冲控制芯片。内部集成了电流限制电路，带温度补偿的基准电压源电路及脉冲驱动控制逻辑电路等，外围只需很少的器件就能实现DC-DC电源变换等功能。其内部框图如图6-9所示。

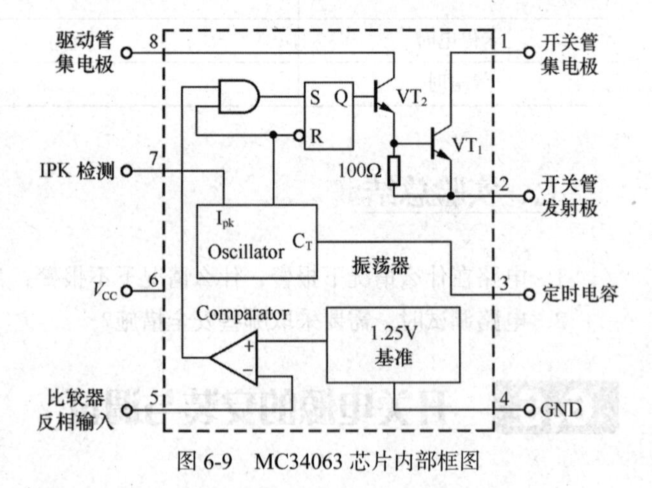

图6-9 MC34063芯片内部框图

2. 原理分析

（1）比较器的反相输入端（5脚）通过外接分压电阻R_1、R_2监视输出电压。其中，输出电压$U_o=1.25(1+R_p/R_2)$，可知输出电压仅与R_p、R_2数值有关。因为1.25V为基准电压，恒定不变。若R_P、R_2阻值稳定，U_o亦稳定。

由图6-8可知：$R_2=3.3\text{k}\Omega$；$R_p=0\sim25\text{k}\Omega$。

所以：

$$U_{omin}=1.25\text{V}$$

$$U_{omax}=1.25\times8.57=10.7\text{V}$$

（2）5脚电压与内部基准电压1.25V同时送入内部比较器进行电压比较。当5脚的电压值低于内部基准电压（1.25V）时，比较器输出为跳变电压，开启RS触发器的S脚控制门，RS触发器在内部振荡器的驱动下，Q端为"1"状态（高电平），驱动管VT_2导通，开关管VT_1亦导通，使输入电压U_i向输出滤波器电容C_o充电以提高U_o，达到自动控制U_o稳定的目的。

（3）当5脚的电压值高于内部基准电压（1.25V）时，RS触发器的S脚控制门封锁，Q端为"0"状态（低电平），VT_2截止，VT_1亦截止。

（4）振荡器的Ipk输入（7脚）用于监视开关管VT_1的峰值电流，以控制振荡器的脉冲输出到RS触发器的Q端。

（5）3脚外接振荡器所需要的定时电容C_o，电容值的大小决定振荡器频率的高低。

四、实验电路元件清单

实验电路元件清单见表6-19。

表6-19 实验电路元件清单

序号	名称	型号与规格	数量	备注
1	电阻	0.5Ω/1W	1	
2	二极管	1N4007	4	
3	二极管	1N5819	1	
4	三极管	13005	1	
5	电阻	3.3kΩ	1	

（续表）

序号	名称	型号与规格	数量	备注
6	电阻	2kΩ	1	
7	电位器	25kΩ	1	
8	电感	470μH	1	
9	电容	104	1	
10	电容	104	1	
11	电容	180pF	1	
12	电容	470μF/50V	1	
13	电容	1000μF	1	
14	集成电路	MC34063	1	
15	变压器	220V/15V，50VA	1	

五、实验仪器

万用表：一台。

交流调压器：一台。

电流表：二台。

变阻箱：一台。

六、安装与调试

1. 根据电路原理图 6-8，画好连线图。

2. 将检验合格的元器件按连线图安装在万能板或 PCB 上。安装时注意元件的极性和引脚排列。

3. 不通电检查。电路安装完毕后，对照电路原理图和连线图，认真检查接线是否正确，以及焊点有无虚焊、假焊。

4. 通电观察。电源接通之后不要急于测量数据和观察结果，首先要观察有无异常现象，包括有无冒烟，是否闻到异常气味，手摸元件是否发烫，电源是否有短路现象等。如果出现异常，应立即关闭电源，待排除故障后方可重新通电。

5. 电路参数的测试如下。

（1）测试输出电压的可调范围：

U_{omax}=________

U_{omin}=________

（2）输出电压的稳定度：在变压器输入电压为 9V 时，将输出电压调至 5V 时，改变输入电压的值，监测输出电压的稳定度，测试数据填入表 6-20 中。

（3）输出电压的带负载能力：在变压器输入电压为 9V 时，将输出电压调至 5V 时，改变负载电阻的值，将测试数值填入表 6-21 中，监测输出电压的带负载能力。

表 6-20　输出电压稳定度

输入电压/V	输出电压 U_o/V
10	
9	
11	

表 6-21　带负载能力测试

负载电阻/Ω	输出电压 U_o/V
1k	
100	
50	

（4）电源效率的测试，将测试数值填入表 6-22。

表 6-22　电源效率的测试

负载电阻/Ω	输入电压/V	输入电流/A	输出电压/V	输出电流/A	效率
200	10				
510	10				
1k	10				

七、实验总结

1. 总结为什么开关电源的效率比较高？
2. 如何用 MC34063 构成升压电路？

第7章 模拟电子电路仿真举例

7.1 单管低频放大器的仿真测试

一、实验目的

1. 研究静态工作点对输出波形的影响及静态工作点的调整办法。
2. 了解静态工作点、电压放大倍数、输入电阻、输出电阻和频率特性的测试方法。
3. 了解负载电阻对电压放大倍数的影响。
4. 熟悉 Multisim 仿真软件的操作，了解 Multisim 的分析方法。

二、仿真电路图

本实验要仿真的电路如图 7-1 所示。它是一个由三极管构成单管低频放大器电路，图中核心元件是三极管 2N2222，它构成了一个分压式共射极放大电路，下面说说如何绘制该仿真电路，并且如何利用仿真软件中的工具来仿真查看电路特性。

三、电路绘制步骤

1. 新建和保存文件

（1）新建文件。启动 Multisim 以后进入其工作界面，单击新建按钮🗋，则建立了一个新的电路仿真文件。

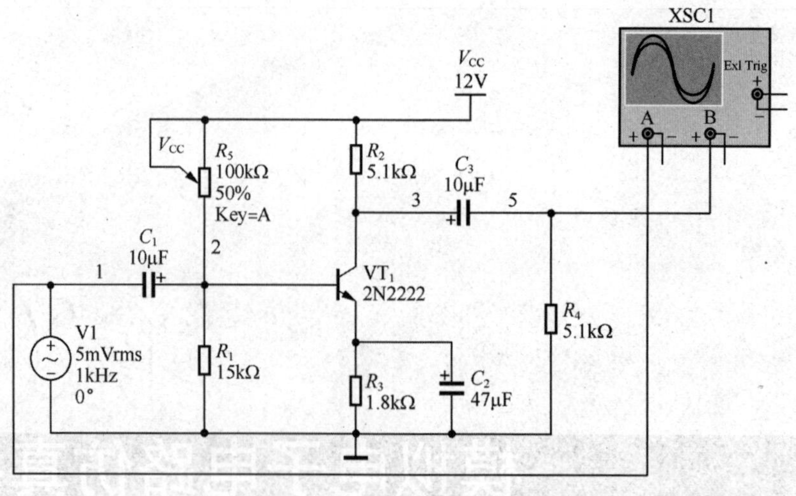

图 7-1　分压式共射放大电路

（2）保存文件。单击保存按钮，则可以弹出如图 7-2 所示对话框。

通过 Circuit Design Suite 10.0 可以设置文件保存位置，通过 Circuit1 可以改变文件的名称。

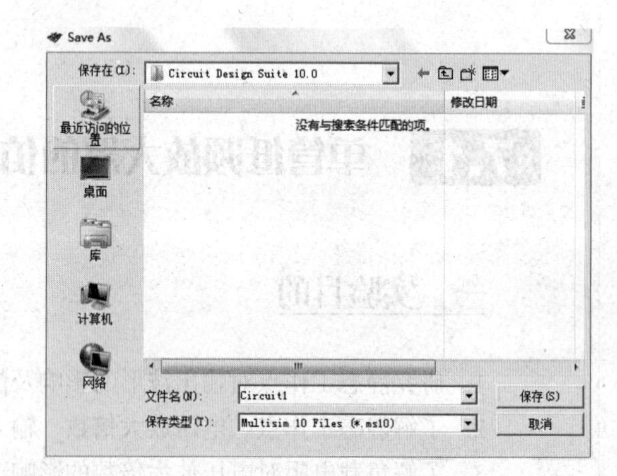

图 7-2　Multisim 保存文件界面

2. 设置工作界面

（1）选择 Options 中的 Global preference，打开 Preference 对话框，打开 Parts 页，Symbol standard 区中含有两套电气元件符号标准，ANSI 是美国标准，DIN 是欧洲标准。选择 ASNI 标准。

（2）选择 Options 中的 Sheet Properties 下的 Workplace 页，选中 Show Grid，在电路窗口中则出现栅格。

3. 绘制电路图

（1）放置元器件。首先以放置电阻为例。单击基本元件库图标，则可以弹出如图 7-3 所示对话框。

Database：数据库，默认情况下为 Master Database，它是常用的数据库。

Group：所选元件的图标类名称。

Family：所选元件类所包含的元器件序列名称，也称为分类库。

Component：元器件名称列表。

Symbol：选中元器件符号类型。

Function：元件的功能说明。

在此单击 RESISTOR，单击 OK 按钮，再将鼠标移动至电路图空白处单击，则将电阻元件放置在电路图上。用同种方法放置其他 3 个电阻。

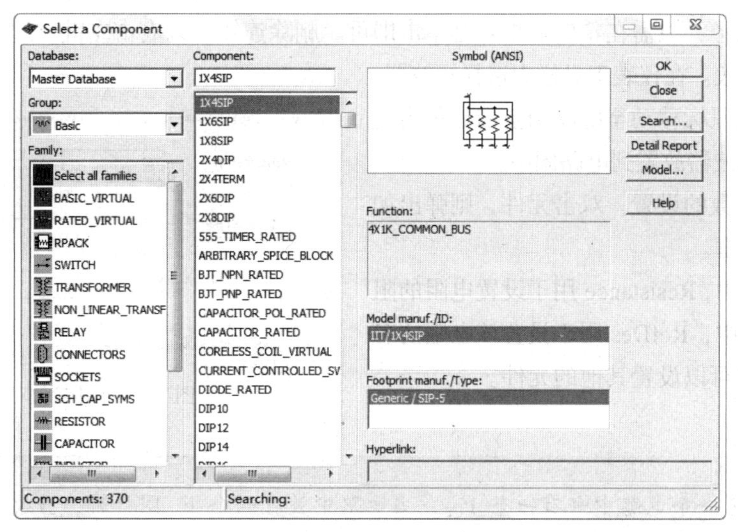

图 7-3　放置元件对话框

单击电源库 ，选择交流源 AC_POWER，单击 OK 后，放置在电路图上。同种方法找到直流电源 V_{CC}，3 个电解电容，一个 NPN 三极管，一个电位器，元件汇总如图 7-4 所示。

（2）编辑元件。单击元件选中元件，再单击右键，即进入元件编辑状态，弹出如图 7-5 所示对话框。

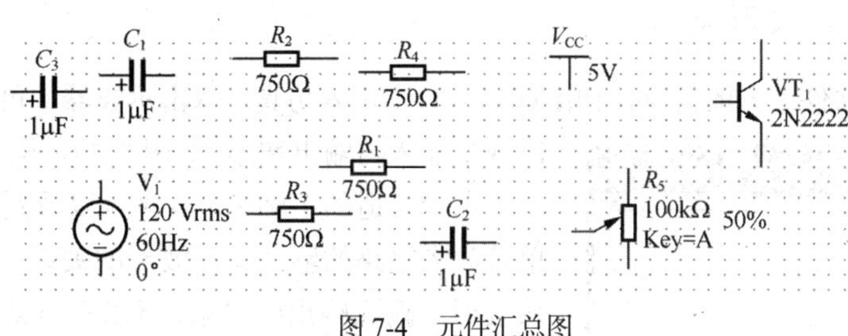

图 7-4　元件汇总图

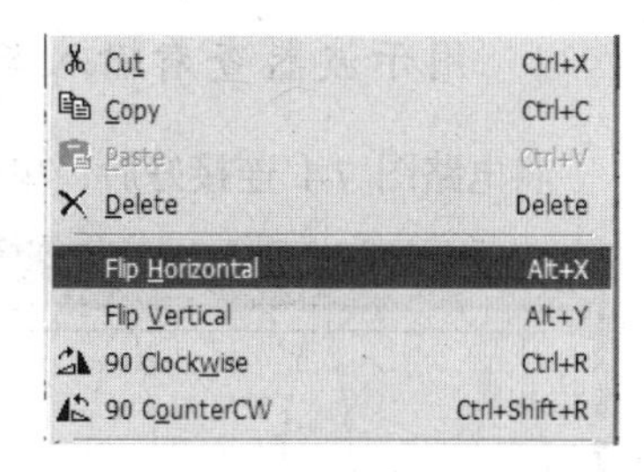

图 7-5　编辑元件对话框

Cut：剪切。

Copy：复制。

Paste：粘贴。

Delete：删除。

Flip Horizontal：元件关于 Y 轴对称翻转。

Flip Vertical：元件关于 X 轴对称翻转。

90 Clockwise：元件顺时针旋转 90° 。

90 CounterCW：元件逆时针旋转 90° 。

当然也可以使用快捷键。例如，Ctrl+R 就可以将元件顺时针旋转 90° 。

（3）元件的移动。用左键单击元件，使元件进入编辑状态后，按住左键不放，拖动鼠标，则可以移动元件至电路图的任意位置。

（4）元件之间的连线。将鼠标指针移动到一个元件引脚的附近，当光标变为小十字形光标时

单击左键，将光标移动至另一元件的引脚端点，单击左键，则完成了两个元件之间的连线。若想自己决定线路路径，只需在希望的拐点处单击即可。删除连线可以右击左键，选择删除即可。

（5）放置仪表。在仪表工具栏中选择示波器，单击左键，再将鼠标移动至电路图空白处单击左键，则可以将示波器放置到电路图中。

（6）元件参数的设置。双击元件，则弹出如图 7-6 所示对话框。

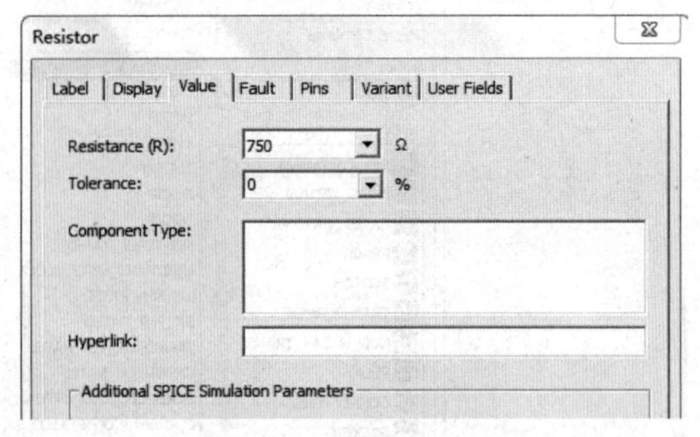

图 7-6　元件参数对话框

在 Value 栏中，Resistance 用于设置电阻的阻值。在 Label 栏中，RefDes 用于设置该电阻的名称。同样的方法可以设置其他的元件。

① 一个电路中只有一个 V_{CC}，当电路中放置两个 V_{cc} 图标时，当改变其中一个的值的大小时，另一个一定改变；

② 两条交叉而过的线并不连接，若想两者连接，需添加节点。

四、电路仿真结果分析

1. 用示波器查看输入与输出波形关系

将电路图 7-1 连接好后，单击软件上方的仿真按钮，则进入仿真。双击示波器，可以观察输入与输出波形，如图 7-7 所示。

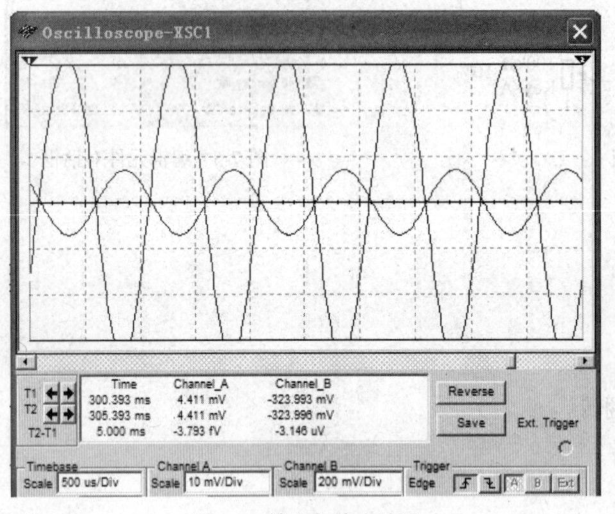

图 7-7　输入与输出波形

选择合适的 Y 轴刻度，则可以看到单管放大电路的输入输出波形的关系，从波形上输入输出的关系，可以看出共射极放大电路是将输入信号反向放大。

可以改变 R_5 的值，改变放大电路的静态工作点，再观察输出波形如何变化。

也可以改变输入信号的峰值再观察输出波形的变化。

2. 其他仿真分析方法

（1）直流分析。直流分析用于分析测量电路的静态工作点的问题，操作步骤如下所述。

① 选择 Options/Sheet Properties，则弹出如图 7-8 所示对话框。

在 Circuit 中的 Net Names 栏中选择 Show All，用于显示电路图中各节点的标号。

② 选择 Simulate/Analyses 中的 DC Operating Point，则弹出如图 7-9 所示对话框。

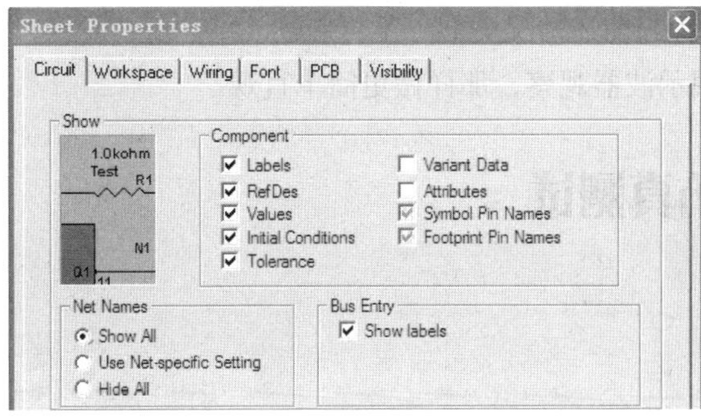

图 7-8　“Sheet Properties”对话框

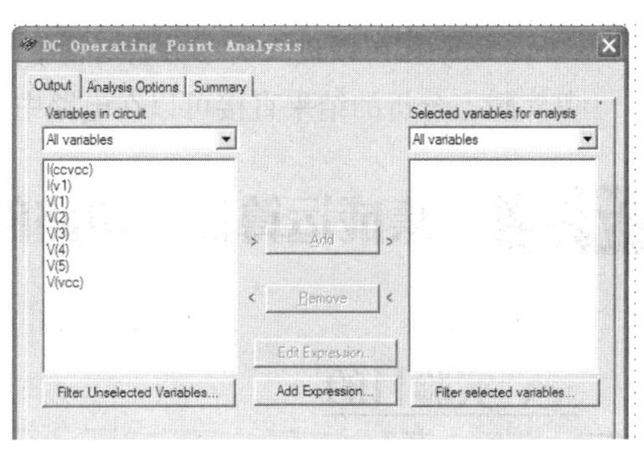

图 7-9　“DC Operating Point”对话框

根据图中标号可以知道 V_{BQ}、V_{CQ}、V_{EQ} 就是电路中的 V(2)、V(3)、V(4)，因此选择这 3 项，单击 Add 按钮就可以将这 3 点添加到分析中去，再单击 Simulate 按钮，则可以弹出仿真结果，如图 7-10 所示，即 V_{BQ}=2.67V，V_{CQ}=6.26V，V_{EQ}=2.04V。

（2）交流分析。在进行交流分析之前，应先进行 DC 工作点的分析。AC 分析中的输入信号被认为是正弦波，交流分析可以计算出该电路对频率的响应函数，即可以输出幅频特性曲线和相频特性曲线。具体步骤如下。

选择 Simulate/Analyses 中的 AC Analysis，则弹出如图 7-11 所示对话框。

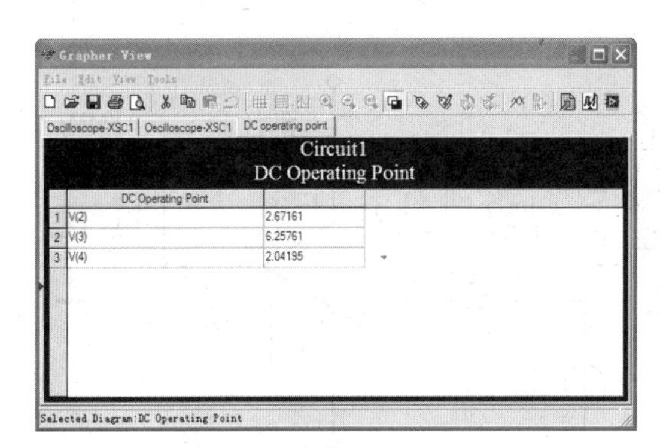

图 7-10　静态工作点值

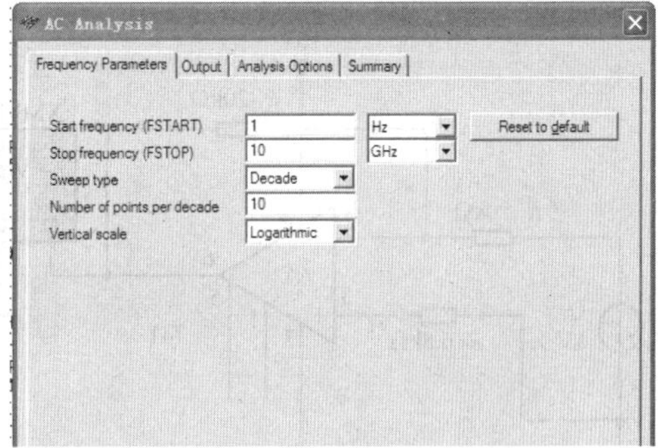

图 7-11　“AC Analysis”对话框

单击 Output 页，由于输入输出信号的电压分别是 V(1)、V(5)，所以选择这两点后单击 Add 按钮，再单击 Simulate 按钮，则可以得到仿真结果，如图 7-12 所示。

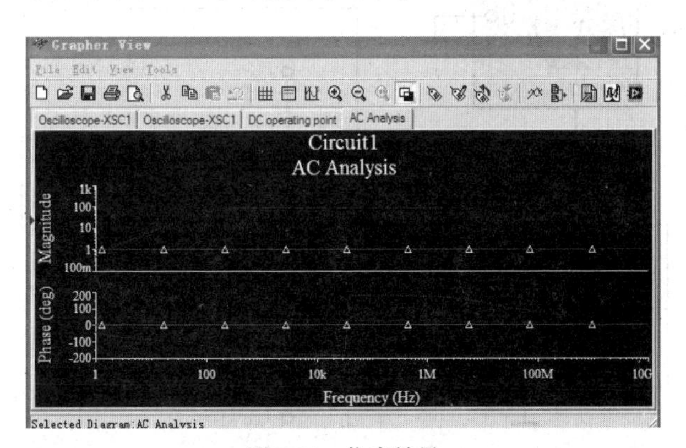

图 7-12　仿真结果

（3）瞬态分析。瞬态分析是指对电路节点进行时域响应分析。选择 Simulate/Analyses 中的

Transient Analysis 可以进入瞬态分析对话框。过程与前述情况类似，不再叙述。

其实瞬态分析的结果直接可以在电路中利用示波器观察，那样做更简单直观。

7.2 集成运算放大电路的仿真测试

一、实验目的

1. 掌握运算放大器组成的比例和积分电路的基本工作原理和特点。
2. 掌握运用运算放大器实现比例和积分电路的测试和分析方法。
3. 会用 Multisim10 对电路进行仿真分析。

二、仿真电路图

在线性应用时，只需少量外部元件，运放就可构成各种放大电路，如反相比例放大电路，同相比例放大电路，积分电路等，如图 7-13 所示。

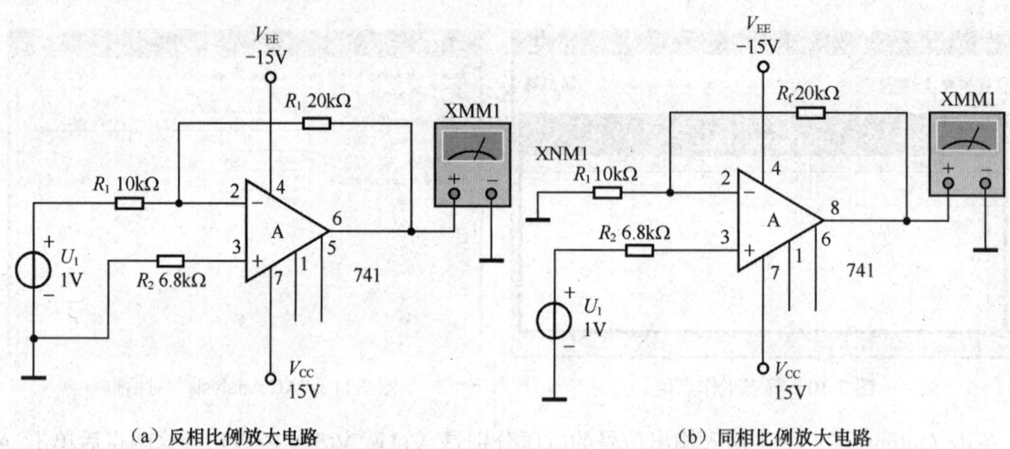

(a) 反相比例放大电路　　(b) 同相比例放大电路

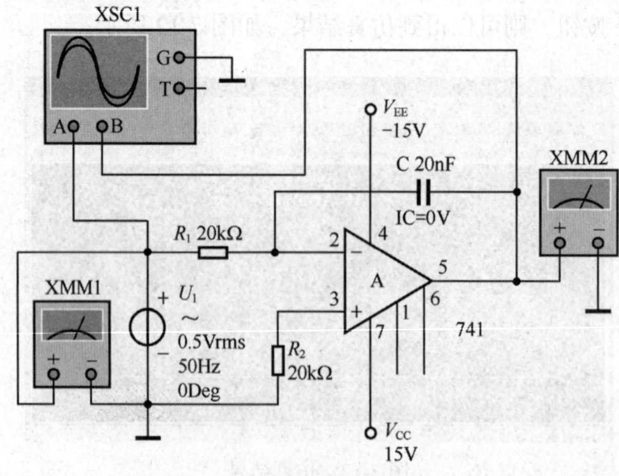

(c) 积分放大电路

图 7-13 运放构成的放大电路

图 7-13（a）中，运放的输出电压与输入电压之比，即放大倍数为 $A_u=-\frac{R_f}{R_1}=-2$。

图 7-13（b）中，运放的输出电压与输入电压之比，即放大倍数为 $A_u=1+\frac{R_f}{R_1}=3$。

图 7-13（c）中，运放的输出电压与输入电压关系为 $u_o=-\frac{1}{CR_1}\int_0^t u_i \mathrm{d}t=-2500\mathrm{V}$。

三、仿真电路绘制

仿真元器件选择如下。

① 电阻选择：单击基本元件库图标，选择 RESISTOR，选择合适阻值的电阻（R=20kΩ、10kΩ、6.8kΩ），放置在电路图上。

② 电容选择：单击基本元件库图标，选择 CAPACITOR，选择合适阻值的电容（C=20nF），放置在电路图上。

③ 正负双电源选择：单击基本元件库图标，POWER_SOURCE，单击 VCC 和 VEE，其值分别设为 15V 和−15V，放置在电路图上。

④ 信号源选择：单击基本元件库图标，选择交流源 AC_POWER，单击 OK 后，放置在电路图上。

⑤ 运放选择：单击基本元件库图标，选择模拟 Analog 中的 OPAMP（LM741J），单击 OK 后，放置在电路图上。

⑥ 虚拟仪器选择：在仪表工具栏中选择示波器图标（Oscilloscope）和万用表图标（Multimeter），放置在电路图上。

按照图 7-13（a）连接起来就构成了运放的反相比例放大电路。

按照图 7-13（b）连接起来就构成了运放的同相比例放大电路。

按照图 7-13（c）连接起来就构成了运放的积分电路。

四、电路仿真结果分析

1. 反相比例放大电路仿真结果分析

双击万用表，可知运放的输出电压 U_o 有效值为−1.997V，如图 7-14 所示。理论值 $A_u=-\frac{R_f}{R_1}=-2$，仿真测试值为−1.997V，与理论值相一致。

可改变输入信号 u_i 的幅值，用万用表测试输出信号 u_o 的读数。

可改变反馈电阻 R_f 的值，用万用表测试输出信号 u_o 的读数。

图 7-14　电压 U_o 的有效值

2. 同相比例放大电路仿真结果分析

双击万用表，可知运放的输出电压 U_o 有效值为 3.003V，如图 7-15 所示。理论值 $A_u=1+\frac{R_f}{R_1}=3$，仿真测试值为 3.003V，与理论值相一致。

可改变输入信号 u_i 的幅值，用万用表测试输出信号 u_o 的读数。
可改变反馈电阻 R_f 的值，用万用表测试输出信号 u_o 的读数。

3. 积分电路波形仿真分析

（1）双击万用表，可知运放的输出电压 U_o 有效值为 3.975V，如图 7-16 所示。

图 7-15 运放的输出电压的有效值

(a) 输入波形幅值大小

(b) 输出波形幅值大小

图 7-16 输入与输出波形幅值大小

（2）双击示波器，查看输入与输出波形的关系如图 7-17 所示，由图可知，输入与输出关系相位相差−90°。

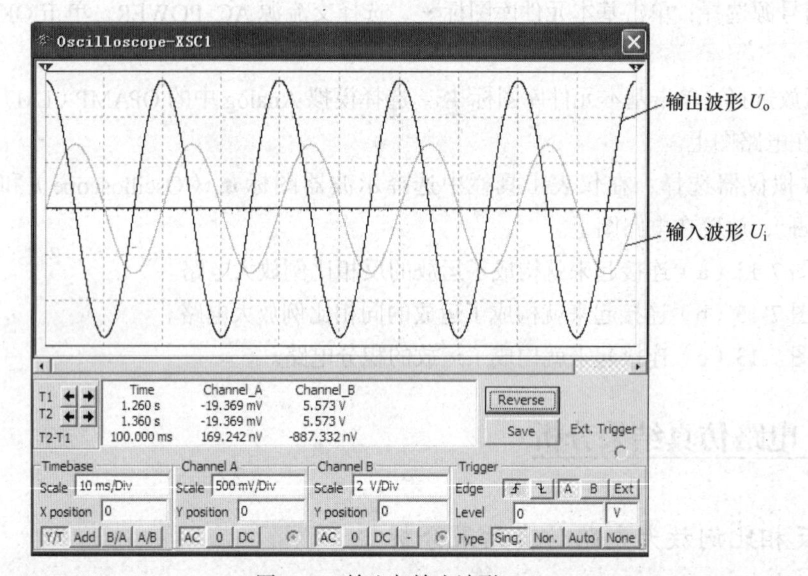

图 7-17 输入与输出波形

7.3 功率放大器电路的仿真测试

一、实验目的

1. 了解乙类功放与甲乙类功放的区别和各自特点。
2. 熟悉 Multisim 仿真软件的操作，了解 Multisim 的分析方法。
3. 掌握功率放大电路的指标参数。

二、仿真电路图

按照静态工作点在交流负载线上的位置来分，功率放大电路可以分为甲类、乙类、甲乙类。三极管构成的共射放大电路就是甲类功率放大电路的一种，这里就不详述了。本次实验主要是仿真乙类、甲乙类功率放大电路的特点，如图 7-18 所示。

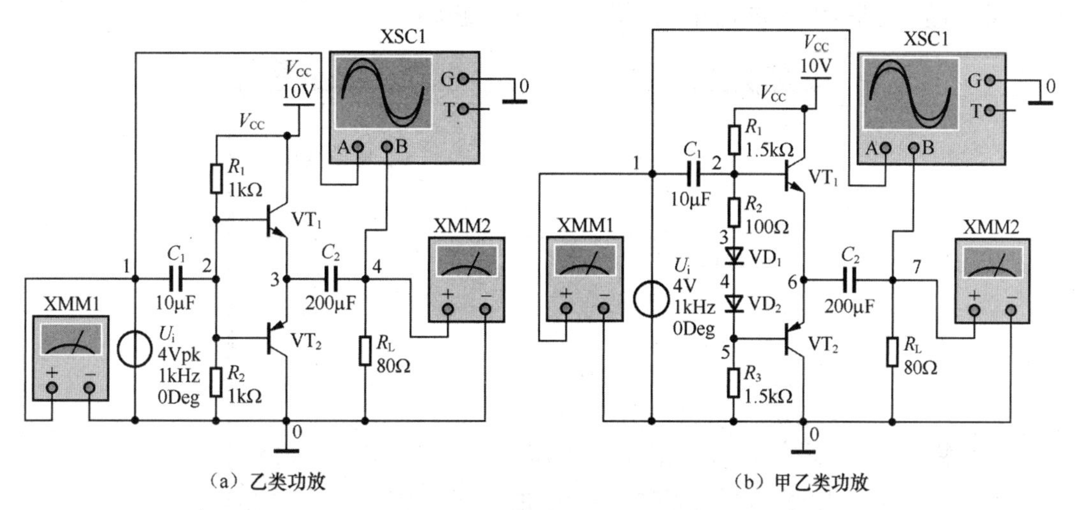

（a）乙类功放　　（b）甲乙类功放

图 7-18　分立元件构成的 OTL 功率放大电路

三、仿真电路绘制

仿真元器件选择如下。

① 电阻选择：单击基本元件库图标，选择 RESISTOR，选择合适阻值的电阻（R=1.5kΩ、100Ω、1kΩ、80Ω），放置在电路图上。

② 电容选择：单击基本元件库图标，选择 CAPACITOR，选择合适阻值的电容（C=10μF、220μF），放置在电路图上。

③ 电源和地选择：单击基本元件库图标，选择 POWER_SOURCE，单击电源 VCC，其值设为 10V；单击地 GROUND，将它们放置在电路图上。

④ 二极管选择：单击基本元件库图标，选择 DIODE_VIRTUAL，放置在电路图上。

⑤ 三极管对管选择：单击基本元件库图标，选择 TRANSITOE_VIRTUAL 中的 BJT_PNP_VIRTUAL 和 BJT_NPN_VIRTUAL，将它们放置在电路图上。

⑥ 信号源选择：单击基本元件库图标，选择交流源 AC_POWER，单击 OK 后，放置在电路图上。

⑦ 虚拟仪器选择：在仪表工具栏中选择示波器图标（Oscilloscope）和万用表图标（Multimeter），放置在电路图上。

按照图 7-18（a）连接起来就构成了 OTL 乙类功率放大电路。

按照图 7-18（b）连接起来就构成了 OTL 甲乙类功率放大电路。

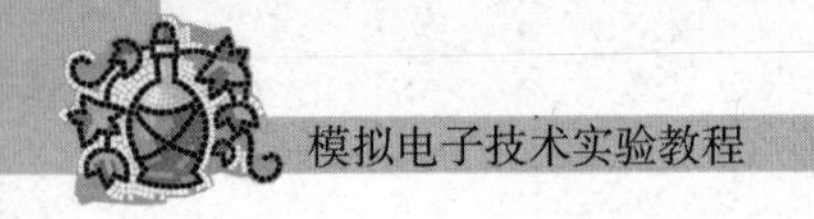

四、电路仿真结果分析

1. 乙类功率放大电路仿真结果分析

（1）双击示波器，查看输入与输出波形的关系如图 7-19 所示，由图可知，输入与输出相位相同，基本跟随，只是输出波形 u_o 在零点附近出现了交越失真。

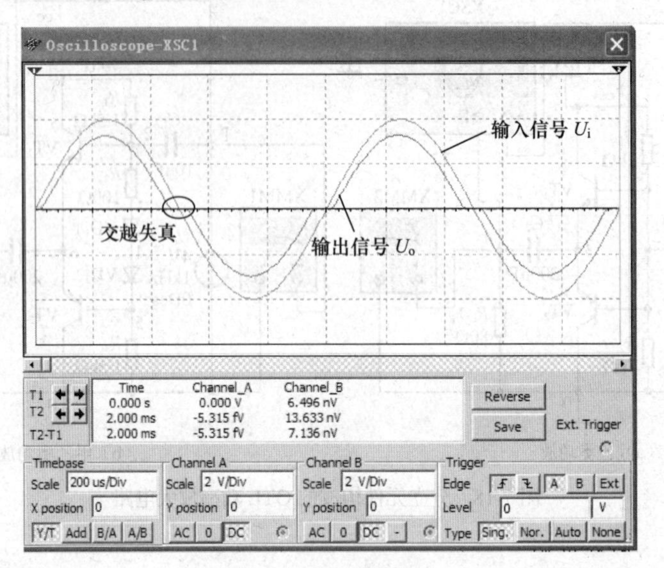

图 7-19　交越波形失真

（2）双击万用表，可知功放的输入电压 U_i 有效值为 2.828V，输出电压 U_o 有效值为 2.077V，输出幅值比输入幅值小约 0.7V，如图 7-20 所示。

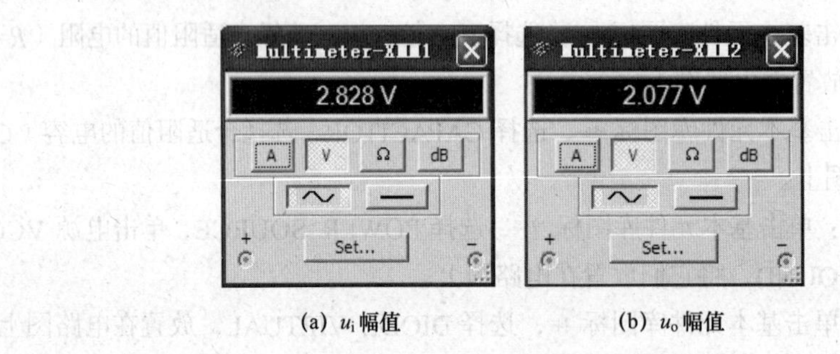

(a) u_i 幅值　　(b) u_o 幅值

图 7-20　乙类功放万用表测试值

2. 甲乙类功率放大电路仿真结果分析

（1）双击示波器，查看输入与输出波形的关系如图 7-21 所示，由图可知，输入与输出相位相同，基本跟随，并且消除了交越失真。

（2）双击万用表，可知功放的输入电压 U_i 有效值为 2.828V，输出电压 U_o 有效值为 2.617V，两者相差约 0.2V，如图 7-22 所示。从仿真结果来看，在输入信号不变的情况下，将功放电路从乙类功放变为甲乙类功放后，输入信号与输出信号之间差值变小了。

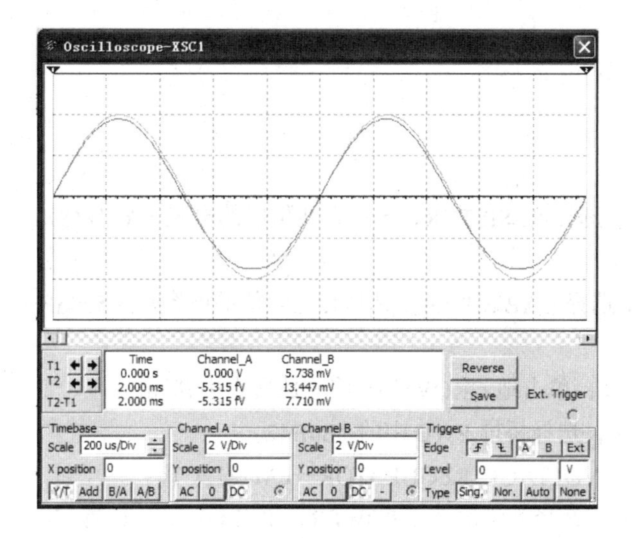

图 7-21　输入与输出波形关系

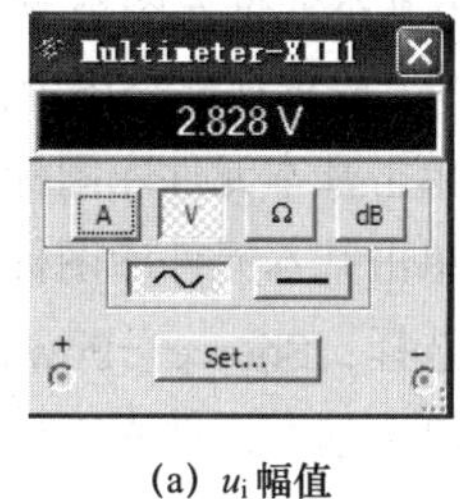

(a) u_i 幅值

(b) u_o 幅值

图 7-22　甲乙类功放万用表测试值

7.4 三端稳压器电路的仿真测试

一、实验目的

1. 掌握三端稳压器元件的应用电路分析。
2. 进一步熟悉 Multisim 软件的使用。
3. 掌握正负电源、单电源的电路连接方式。

二、仿真电路图

三端稳压器仿真电路如图 7-23 所示，图中低压交流电经过桥堆整流、电容滤波后通过三端稳压器 LM7812 来输出稳定的 12V 直流电压。

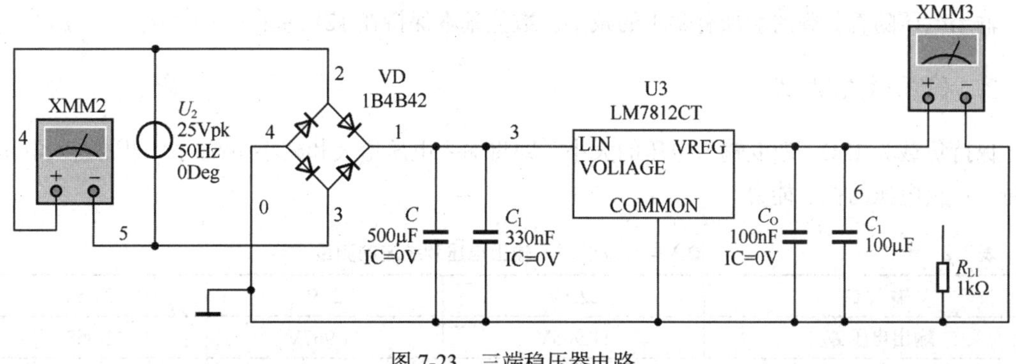

图 7-23　三端稳压器电路

三、仿真电路绘制

仿真元器件选择如下。

① 电阻选择：单击基本元件库图标，选择 RESISTOR，选择合适阻值的电阻（R=1kΩ），放置在电路图上。

② 电容选择：单击基本元件库图标，选择 CAPACITOR，选择合适阻值的电容（C=500μF、100μF、100nF、330nF），放置在电路图上。

③ 公共地选择：单击基本元件库图标，单击地 GROVND，将它放置在电路图上。

④ 二极管选择：单击基本元件库图标，选择桥堆 FWB 中的 1B4B42。

⑤ 三端稳压器的选择：Source—Power—VOLTAGE_REGULATOR—LM7812CT。

⑥ 信号源选择：单击基本元件库图标，选择交流源 AC_POWER，单击 OK 后，放置在电路图上。

⑦ 虚拟仪器选择：在仪表工具栏中选择示波器图标（Oscilloscope）和万用表图标（Multimeter），放置在电路图上。

按照图 7-23 连接起来就构成了三端稳压器仿真电路。

四、电路仿真结果分析

1. 带负载能力测试

保持输入电压不变，改变负载的大小，查看空载和带不同负载时电压的大小，测试数据见表 7-1。

表 7-1　　负载改变时，输出电压和纹波的测量

	R_L 为空载	R_L=1kΩ	R_L=500Ω	R_L=200Ω
输出电压 U_o	12.59V	11.967V	11.897V	11.855V
输出纹波值	0.741μV	28.7μV	110μV	291μV

由上表可知，随着负载的增大，输出的纹波随之增大，但是都在微伏级别，很小，可忽略不计；输出电压随着负载的增加有微小的减小，数值基本保持在 12V 左右。

2. 稳压性能测试

保持负载为 1kΩ，改变输入电压的大小，即将输入电压增大和减小 10%时，测试输入电压变化时，输出电压的稳压能力。

表 7-2　　输入电压改变时，输出电压和纹波的测量

输入 U_i	22.5V	25V	27.5V
输出电压 U_o	11.965V	11.967V	11.968V
输出纹波值	28.94μV	28.7μV	28.49μV

7.5 文氏桥式正弦波振荡器电路的仿真测试

一、实验目的

1. 掌握 RC 文氏桥式振荡电路的工作原理。
2. 进一步熟悉 Multisim 软件的使用。
3. 学会测量、调试振荡电路。

二、仿真电路图

文氏桥式振荡器是一种较好的正弦波产生电路，适用于产生频率小于 1MHz，频率范围宽，波形较好的低频振荡信号。图 7-24 所示为本次仿真实验电路。

电路的理论振荡频率为

$$f=1/2\pi R_1C_1=\frac{10^6}{6.28\times3\times22}\approx2.41\text{（kHz）}$$

$$A_u=\frac{u_o}{u_+}$$

起振时放大器的电压放大倍数 $A_u>3$。

稳定时放大器的电压放大倍数 $A_u=3$。

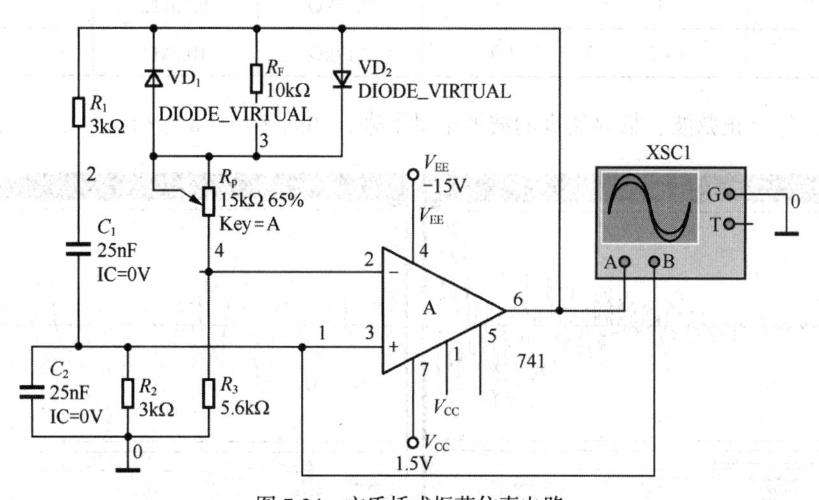

图 7-24　文氏桥式振荡仿真电路

三、仿真电路绘制

仿真元器件选择如下。

① 电阻选择：单击基本元件库图标，选择 RESISTOR，选择合适阻值的电阻（R=3kΩ、10kΩ），放置在电路图上。

② 难度电位器选择：单击基本元件库图标，选择 POTENTIOMETER，选择合适阻值的电位器（R_p=15kΩ），放置在电路图上。

③ 电容选择：单击基本元件库图标，选择 CAPACITOR，选择合适阻值的电容 C=25nF，放置在电路图上。

④ 二极管选择：单击基本元件库图标，选择 DIODE_VIRTUAL 中的 DIODE_VIRTUAL

⑤ 运放选择：单击基本元件库图标，选择模拟 Analog 中的 OPAMP（LM741J），单击 OK 后，放置在电路图上。

⑥ 正负双电源选择：单击基本元件库图标，POWER_SOURCE，单击 VCC 和 VEE，其值分别设为 15V 和−15V，放置在电路图上。

⑦ 虚拟仪器选择：在仪表工具栏中选择示波器图标（Oscilloscope）放置在电路图上。

按照图 7-24 连接起来就构成了文氏桥式正弦波振荡器放大电路。

四、电路仿真结果分析

启动仿真，用示波器观测有无正弦波输出。若无输出，可调节 R_P 使输出波形 u_o 为无明显失真的正弦波，并观察 u_o 的值是否稳定。记录起振、正弦波输出和临界失真情况下的 f、R_p 和 u_o 有效值在表 7-3 中。

表 7-3　　仿真测试值

	u_o/V	U_+/V	f/Hz	R_w/Ω	U_o/U_+（计算）
起振	0.576	0.187	2.17kΩ	1.5kΩ	3.08
输出正弦波	9.1	3.05	2.17kΩ	9.75kΩ	2.98
临界失真	14.2	4.9	2.17kΩ	10.5kΩ	2.89

将起振、输出正弦波、临界失真的波形记录下来，如图 7-25（a）、（b）、（c）所示。

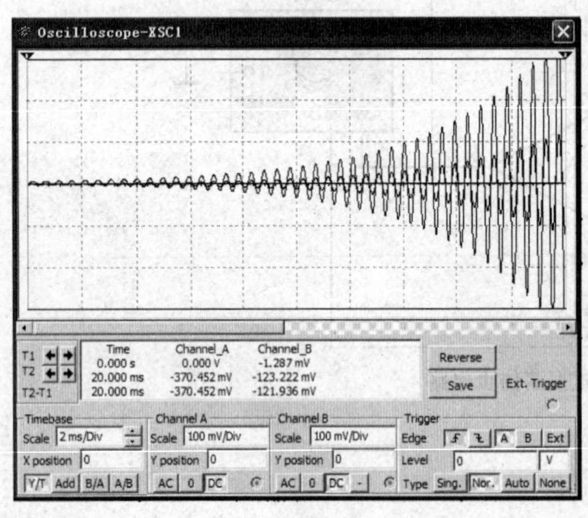

(a) 起振波形

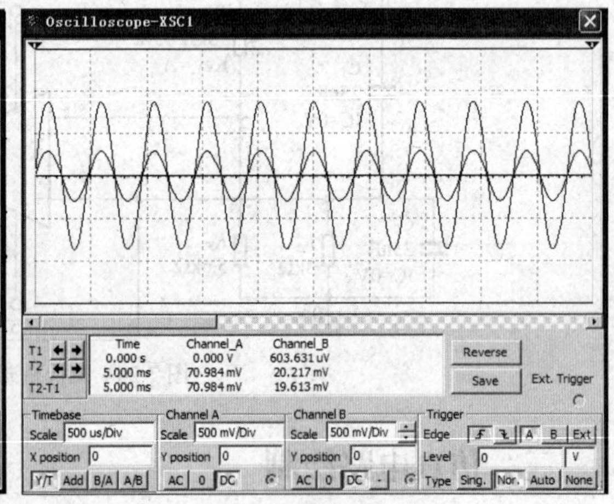

(b) 输出正弦波形

图 7-25　不同状态下的输出波形

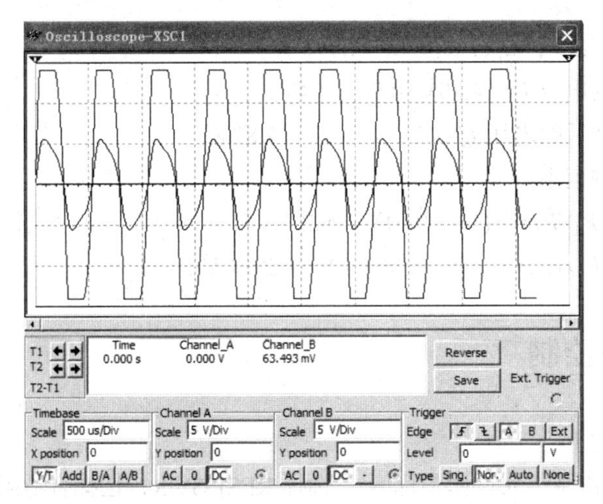

（c）波形临界失真

图 7-25　不同状态下的输出波形（续）

7.6　线性串联直流稳压电源的仿真测试

一、实验目的

1. 掌握串联直流稳压电源电路的工作原理。
2. 进一步熟悉 Multisim 软件的使用。
3. 学会依据仿真数据分析电路的工作状态。

二、仿真电路图

串联稳压电源仿真电路如图 7-26 所示，可知交流电压经过整流、滤波、稳压后得到稳定的直流电源，输出电压可通过改变电阻 R_2 的阻值而变化，三极管 VT 为达林顿复合管，目的是有较大的带负载能力。

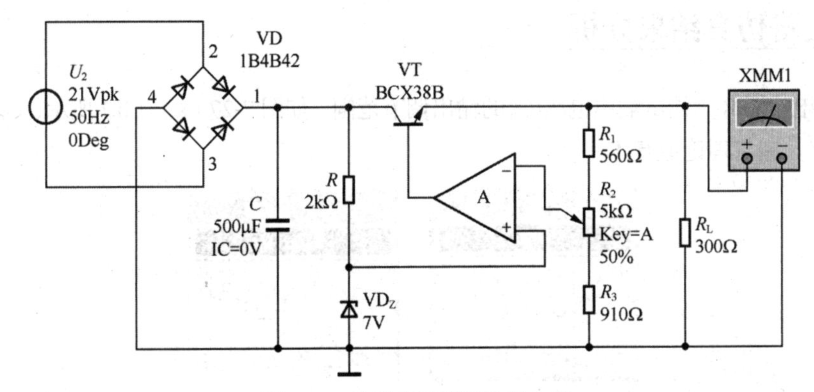

图 7-26　串联直流稳压仿真电路

该电路的理论计算如下：

（1）输入电压 U_P=21V，则有效值 U=14.89V；

（2）桥式整流后的电压 U=14.89V×0.9≈13.4V；

（3）桥式整流滤波后的电压 U=1.2×14.89V≈17.87V；

（4）输出电压可调范围

$U_{omax}=U_z\times(R_1+R_2+R_3)/R_3=7\times(1.98/0.91)\approx15.2$（V），

$U_{omin}=U_z\times(R_1+R_2+R_3)/(R_3+R_2)=7\times(1.98/1.42)\approx9.76$（V）。

三、仿真电路绘制

仿真元器件选择如下。

① 电阻选择：单击基本元件库图标，选择 RESISTOR，选择合适阻值的电阻（R=560Ω、910Ω、300Ω、2kΩ），放置在电路图上。

② 电位器选择：单击基本元件库图标，选择 POTENTIOMETER，选择合适阻值的电位器（R_2=510Ω），放置在电路图上。

③ 电容选择：单击基本元件库图标，选择 CAPACITOR，选择合适阻值的电容 C=500μF，放置在电路图上。

④ 二极管选择：单击基本元件库图标，选择桥堆 FWB 中的 1B4B42。

⑤ 稳压二极管选择：单击基本元件库图标，选择 DIODES_VIRTUAL 中 ZENER_VIRTUAL，单击 OK 后，放置在电路图上。

⑥ 复合三极管选择：单击基本元件库图标，选择 DARLINGTON_NPN 中 BCX38B，单击 OK 后，放置在电路图上。

⑦ 运放选择：单击基本元件库图标，选择模拟 Analog 中的 0PAMP_3T_VIRTUAL，单击 OK 后，放置在电路图上。

⑧ 信号源选择：单击基本元件库图标，选择交流源 AC_POWER，单击 OK 后，放置在电路图上。

⑨ 虚拟仪器选择：在仪表工具栏中选择示波器图标（Oscilloscope）放置在电路图上。

按照图 7-26 连接起来就构成了线性串联直流稳压电路。

四、电路仿真结果分析

1. 调节电位器 R_2，测试输出电压 U_o 的输出调节范围，如图 7-27（a）、（b）所示，U_{omax}=15.18V，U_{omin}=9.728V，这与理论值基本一致。

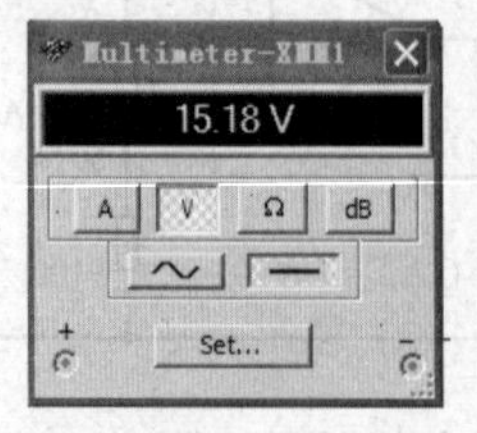

(a) 输出电压最大值

(b) 输出电压最小值

图 7-27 输出电压 U_o 的输出调节范围

2. 调节电位器，使得输出电压为 12V，用示波器测试整流、滤波、稳压后的波形和数值，将测得的数值填在表 7-4 中，测得的波形如图 7-28（a）、（b）、（c）所示。

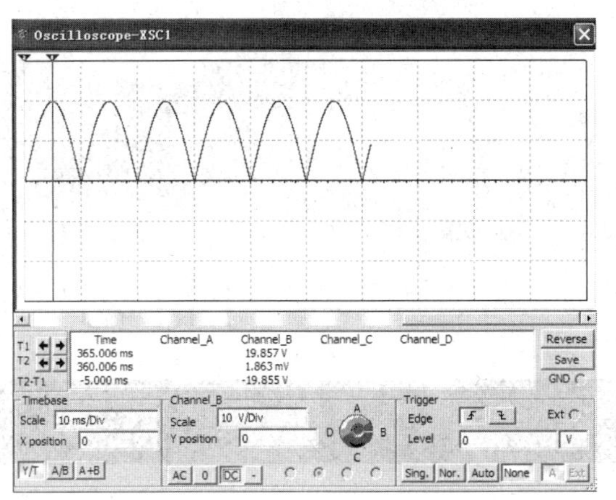

(a) 整流波形

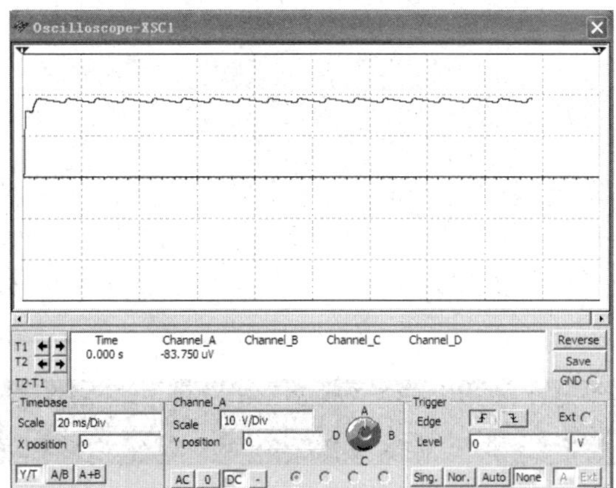

(b) 滤波后波形

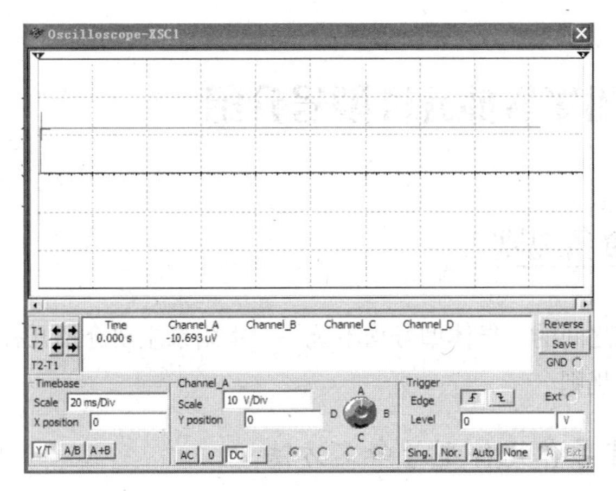

(c) 稳压后波形

图 7-28　整流、滤波、稳压后波形

表 7-4　测试参数值

	输入电压/V（有效值）	整流后电压/V	滤波后电压值/V	稳压后电压值/V
测试值	14.849	12.388	18.674	12.034
理论值	14.89	13.4	17.86	12
结论	理论值与测试值基本一致			

附录 A　常用半导体元件型号介绍

一、型号命名规则

目前各个国家之间的半导体型号均不统一，本附录主要介绍几种常用的半导体元件型号的命名方法与规则。

1. 我国的半导体元件型号命名方法

半导体器件型号由 5 部分（场效应器件、半导体特殊器件、复合管、PIN 型管、激光器件的型号命名只有第三、四、五部分）组成，见表 A-1。

表 A-1　我国半导体型号命名方法

第一部分		第二部分		第三部分				第四部分	第五部分
用数字表示器件电极数目		用汉语拼音字母表示器件的材料和极性		用汉语拼音字母表示器件的类型				用数字表示器件的序号	汉语拼音字母表示规格号
符号	意义	符号	意义	符号	意义	符号	意义		
2	二极管	A	N 型锗材料	P	普通管	D	低频大功率管		
		B	P 型锗材料	V	微波管	A	高频大功率管		
		C	N 型硅材料	W	稳压管	T	半导体闸流管		
		D	P 型硅材料	C	参量管	X	低频小功率管		
				Z	整流管	G	高频小功率管		

（续表）

第一部分		第二部分		第三部分				第四部分	第五部分
用数字表示器件电极数目		用汉语拼音字母表示器件的材料和极性		用汉语拼音字母表示器件的类型				用数字表示器件的序号	汉语拼音字母表示规格号
符号	意义	符号	意义	符号	意义	符号	意义		
3	三极管	A	PNP 型锗材料	L	整流堆	J	阶跃恢复管		
		B	NPN 型锗材料	S	隧道管	CS	场效应管		
		C	PNP 型硅材料	N	阻尼管	BT	特殊器件		
		D	NPN 型硅材料	U	光电器件	FH	复合管		
		E	化合物材料	K	开关管	PIN	PIN 管		
				B	雪崩管	JG	激光器件		
				Y	体效应管				
备注	低频小功率管指截止频率 < 3MHz、耗散功率 < 1W，高频小功率管指截止频率≥3MHz、耗散功率 < 1W，低频大功率管指截止频率 < 3MHz、耗散功率≥1W，高频大功率管指截止频率≥3MHz、耗散功率≥1W								

例如：（1）锗材料 PNP 型低频大功率三极管：（2）硅材料 NPN 型高频小功率三极管：

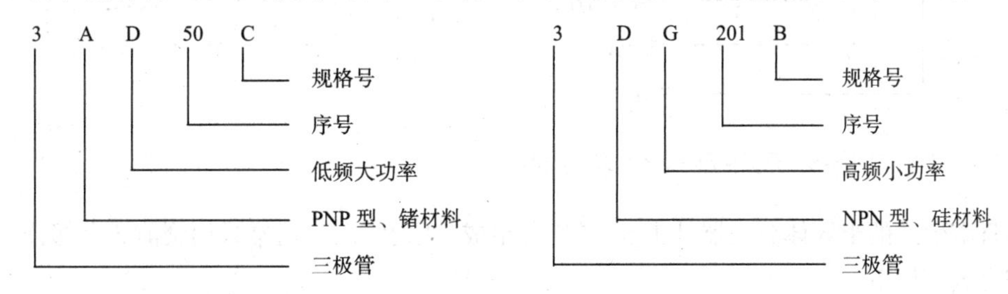

（3）N 型硅材料稳压二极管：

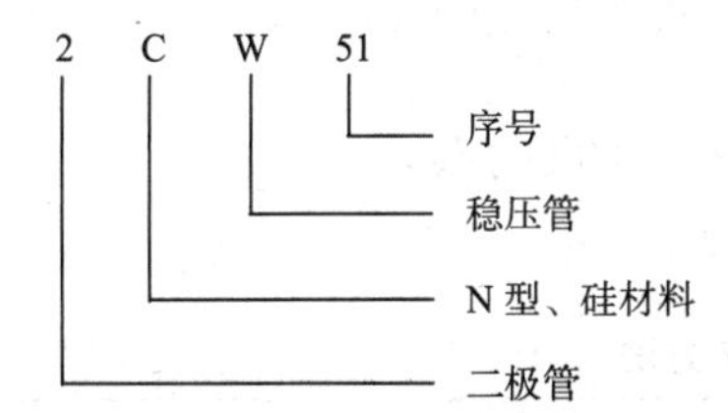

（4）单结晶体管：

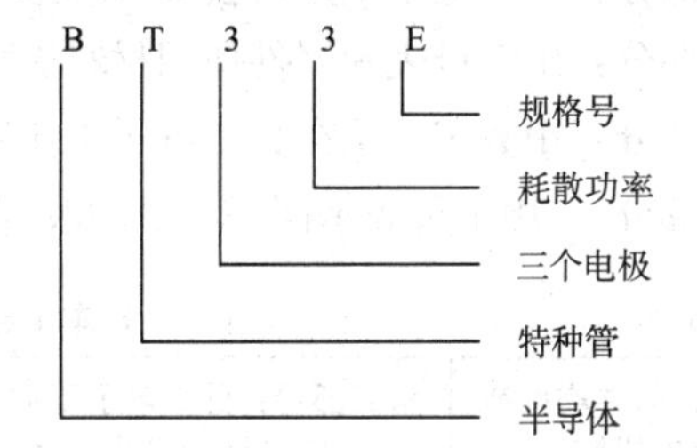

2. 美国半导体元件型号命名方法

美国晶体管或其他半导体器件的命名法较混乱。美国电子工业协会半导体分立器件命名方法见表 A-2，各个部分简述如下。

第一部分：用符号表示器件用途的类型。

JAN－军级、JANTX—特军级、JANTXV—超特军级、JANS—宇航级、（无）—非军用品。

第二部分：用数字表示 PN 结数目。

第三部分：美国电子工业协会（EIA）注册标志。

第四部分：美国电子工业协会登记顺序号。多位数字——该器件在美国电子工业协会登记的顺序号。

第五部分：用字母表示器件分档。A、B、C、D——同一型号器件的不同档别。

表 A-2　　美国半导体型号命名方法

第一部分		第二部分		第三部分		第四部分		第五部分	
用符号表示用途的类别		用数字表示 PN 结的数目		美国电子工业协会（EIA）注册标志		美国电子工业协会（EIA）登记顺序号		用字母表示器件分档	
符号	意义	符号	意义	符号	意义	符号	意义	符号	意义
JAN 或 J	军用品	1	二极管	N	该器件已在美国电子工业协会登记顺序号	多位数字	该器件已在美国电子工业协会登记顺序号	AB CD	同一型号不同档别
		2	三极管						
无	非军用品	3	3 个 PN 结器件						
		4	N 个 PN 结器件						

例如：

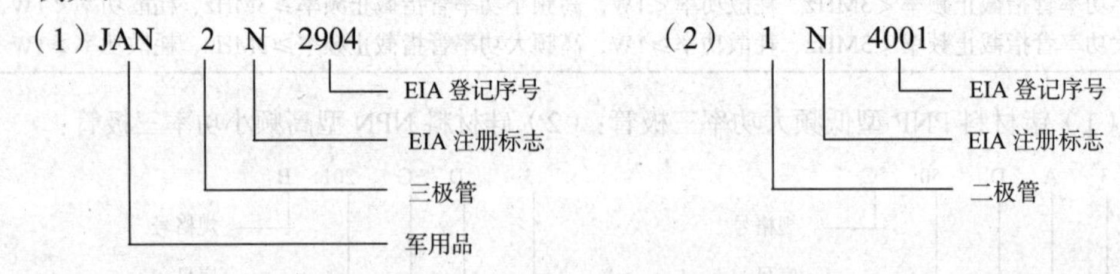

3. 日本半导体元件型号命名方法

日本生产的半导体分立器件由 5 ~ 7 部分组成，见表 A-3。通常只用到前 5 个部分，其各部分的符号意义如下。

第一部分：用数字表示器件有效电极数目或类型。

第二部分：日本电子工业协会 JEIA 注册标志。

第三部分：用字母表示器件使用材料极性和类型。

第四部分：用数字表示在日本电子工业协会 JEIA 登记的顺序号。

第五部分：　用字母表示同一型号的改进型产品标志。

表 A-3　　日本半导体型号命名方法

第一部分：器件类型或有效电极数		第二部分：日本电子工业协会注册产品		第三部分：类别		第四部分：登记序号	第五部分：产品改进序号
数字	含义	字母	含义	字母	含义		
0	光敏二极管、晶体管或其组合管	S	表示已在日本电子工业协会（JEIA）注册登记的半导体分立器件	A	PNP 型高频管	用两位以上的整数表示在日本电子工业协会注册登记的顺序号，数字越大，越是近期产品	用字母 A，B，C，D…表示对原来型号的改进
				B	PNP 型低频管		
				C	NPN 型高频管		
				D	NPN 型低频管		
1	二极管			F	P 门极晶闸管		

（续表）

第一部分：器件类型或有效电极数		第二部分：日本电子工业协会注册产品		第三部分：类别		第四部分：登记序号	第五部分：产品改进序号
数字	含义	字母	含义	字母	含义		
2	三极管或具有两个 PN 结的其他器件	S	表示已在日本电子工业协会（JEIA）注册登记的半导体分立器件	G	N 门极晶闸管	用两位以上的整数表示在日本电子工业协会注册登记的顺序号，数字越大，越是近期产品	用字母 A，B，C，D…表示对原来型号的改进
3	具有 4 个有效电极或具有 3 个 PN 结的晶体管			H	N 基极单结晶体管		
				J	P 沟道场效应管		
				K	N 沟道场效应管		
				M	双向晶闸管		

例如：

（1）2SC502A（日本收音机中常用的中频放大管）：

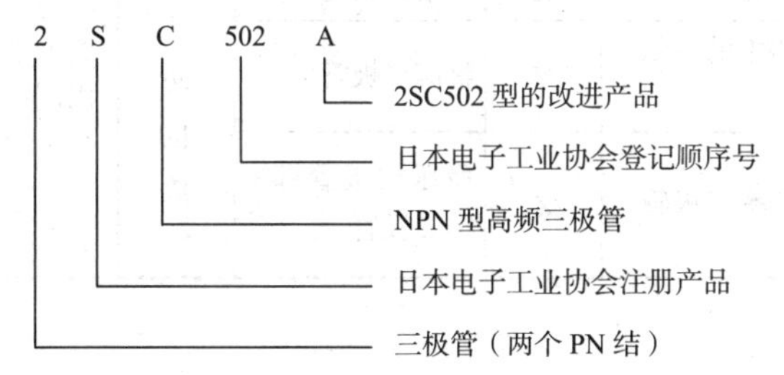

（2）2SA495（日本夏普公司 GF－9494 收录机用小功率管）：

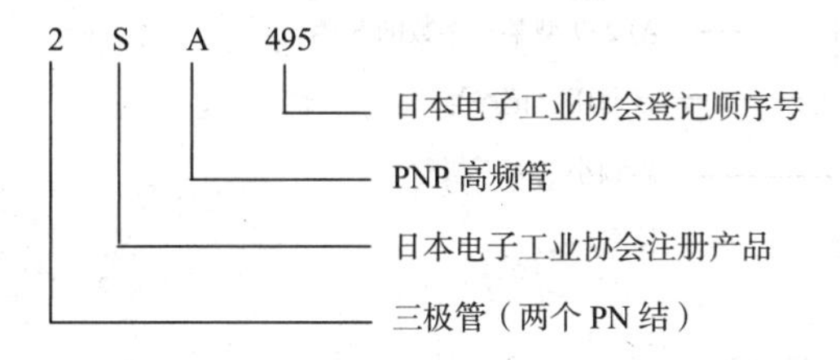

4. 国际电子联合会半导体器件型号命名方法

国际电子联合会半导体分立器件型号命名方法由 4 个基本部分组成，见表 A-4，各部分的符号及意义如下。

第一部分：字母表示材料（A 表示锗管，B 表示硅管），但不表示极性（NPN 型或 PNP 型）。

第二部分：字母表示器件的类别和主要特点。例如，BL49 型，一见便知是硅大功率专用三极管。

第三部分：表示登记顺序号。三位数字者为通用品；一个字母加两位数字者为专用品，顺序号相邻的两个型号的特性可能相差很大。例如，AC184 为 PNP 型，而 AC185 则为 NPN 型。

第四部分：用字母对同一型号的某一参数（如 h_{FE} 或 N_F）进行分档。

型号中的符号均不反映器件的极性（指 NPN 或 PNP）。极性的确定需查阅手册或测量。

表 A-4　　国际电子联合会半导体器件型号命名方法

第一部分		第二部分				第三部分		第四部分	
用字母表示使用的材料		用字母表示类型及主要特性				用数字或字母加数字表示登记号		用字母对同一型号者分档	
符号	意义	符号	意义	符号	意义	符号	意义	符号	意义
A	锗材料	A	检波、开关和混频二极管	M	封闭磁路中的霍尔元件	三位数字	通用半导体器件的登记序号（同一类型器件使用同一登记号）	A B C D E …	同一型号器件按某一参数进行分档的标志
		B	变容二极管	P	光敏元件				
B	硅材料	C	低频小功率三极管	Q	发光器件				
		D	低频大功率三极管	R	小功率可控硅				
C	砷化镓	E	隧道二极管	S	小功率开关管				
		F	高频小功率三极管	T	大功率可控硅	一个字母加两位数字	专用半导体器件的登记序号（同一类型器件使用同一登记号）		
D	锑化铟	G	复合器件及其他器件	U	大功率开关管				
		H	磁敏二极管	X	倍增二极管				
R	复合材料	K	开放磁路中的霍尔元件	Y	整流二极管				
		L	高频大功率三极管	Z	稳压二极管即齐纳二极管				

例如：

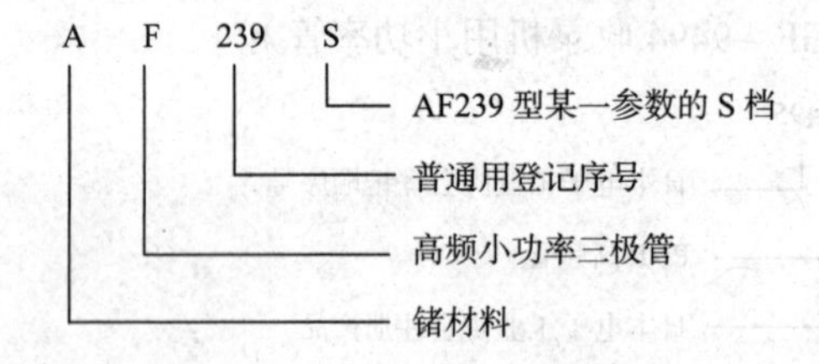

二、常见半导体参数说明

1. 常用半导体二极管的主要参数（见表 A-5）

表 A-5　　部分半导体二极管的参数

类型	参数 型号	最大整流电流/mA	正向电流/mA	正向压降（在左栏电流值下）/V	反向击穿电压/V	最高反向工作电压/V	反向电流/μA	零偏压电容/pF	反向恢复时间/ns
检波二极管	2AP9	≤16	≥2.5	≤1	≥40	20	≤250	≤1	f_H(MHz)150
	2AP7		≥5		≥150	100			
	2AP11	≤25	≥10	≤1		≤10	≤250	≤1	f_H(MHz)40
	2AP17	≤15	≥10			≤100			

（续表）

类型	参数 型号	最大整流电流/mA	正向电流/mA	正向压降（在左栏电流值下）/V	反向击穿电压/V	最高反向工作电压/V	反向电流/μA	零偏压电容/pF	反向恢复时间/ns
锗开关二极管	2AK1		≥150	≤1	30	10		≤3	≤200
	2AK2				40	20			
	2AK5		≥200	≤0.9	60	40		≤2	≤150
	2AK10		≥10	≤1	70	50		≤2	≤150
	2AK13				60	40			
	2AK14		≥250	≤0.7	70	50			
硅开关二极管	2CK70A～E		≥10	≤0.8	A≥30 B≥45 C≥60 D≥75 E≥90	A≥20 B≥30 C≥40 D≥50 E≥60		≤1.5	≤3
	2CK71A～E		≥20						≤4
	2CK72A～E		≥30					≤1	≤5
	2CK73A～E		≥50	≤1					
	2CK74A～D		≥100						
	2CK75A～D		≥150						
	2CK76A～D		≥200						
整流二极管	2CZ52B…H	2	0.1	≤1		25…600			同2AP普通二极管
	2CZ53B…M	6	0.3	≤1		50…1000			
	2CZ54B…M	10	0.5	≤1		50…1000			
	2CZ55B…M	20	1	≤1		50…1000			
	2CZ56B…B	65	3	≤0.8		25…1000			
	1N4001…4007	30	1	1.1		50…1000	5		
	1N5391…5399	50	1.5	1.4		50…1000	10		
	1N5400…5408	200	3	1.2		50…1000	10		

2. 常用整流桥的主要参数（见表A-6）

表A-6　　几种单相桥式整流器的参数

参数 型号	不重复正向浪涌电流/A	整流电流/A	正向电压降/V	反向漏电/μA	反向工作电压/V	最高工作结温/℃
QL1	1	0.05	≤1.2	≤10	常见的分档为：25、50、100、200、400、500、600、700、800、900、1000	130
QL2	2	0.1				
QL4	6	0.3				
QL5	10	0.5				
QL6	20	1				
QL7	40	2		≤15		
QL8	60	3				

3. 常用稳压二极管的主要参数（见表 A–7）

表 A-7　　部分稳压二极管的主要参数

测试条件 / 参数 / 型号	工作电流为稳定电流	稳定电压下	环境温度<50℃		稳定电流下	稳定电流下	环境温度＜10°C
	稳定电压/V	稳定电流/mA	最大稳定电流/mA	反向漏电流 A	动态电阻/Ω	电压温度系数/10^{-4}/℃	最大耗散功率/W
2CW51	2.5～3.5		71	≤5	≤60	≥-9	
2CW52	3.2～4.5		55	≤2	≤70	≥-8	
2CW53	4～5.8		41	≤1	≤50	-6～4	
2CW54	5.5～6.5	10	38		≤30	-3～5	
2CW56	7～8.8		27		≤15	≤7	0.25
2CW57	8.5～9.8		26	≤0.5	≤20	≤8	
2CW59	10～11.8	5	20		≤30	≤9	
2CW60	11.5～12.5		19		≤40	≤9	
2CW103	4～5.8	50	165	≤1	≤20	-6～4	
2CW110	11.5～12.5	20	76	≤0.5	≤20	≤9	1
2CW113	16～19	10	52	≤0.5	≤40	≤11	
2CW1A	5	30	240		≤20		1
2CW6C	15	30	70		≤8		1
2CW7C	6.0～6.5	10	30		≤10	0.05	0.2

4. 常用半导体三极管的主要参数

（1）3AX51(3AX31)型 PNP 型锗低频小功率三极管（见表 A-8）。

表 A-8　　3AX51(3AX31)型 PNP 型锗低频小功率三极管的参数

原型号		3AX31				测试条件
新型号		3AX51A	3AX51B	3AX51C	3AX51D	
极限参数	P_{CM}(mW)	100	100	100	100	T_a=25℃
	I_{CM}(mA)	100	100	100	100	
	T_{jM}(℃)	75	75	75	75	
	BV_{CBO}(V)	≥30	≥30	≥30	≥30	I_C=1mA
	BV_{CEO}(V)	≥12	≥12	≥18	≥24	I_C=1mA
直流参数	I_{CBO}(μA)	≤12	≤12	≤12	≤12	V_{CB}=−10V
	I_{CEO}(μA)	≤500	≤500	≤300	≤300	V_{CE}=−6V
	I_{EBO}(μA)	≤12	≤12	≤12	≤12	V_{EB}=−6V
	h_{FE}	40～150	40～150	30～100	25～70	V_{CE}=−1V，I_C=50mA

（续表）

原型号		3AX31				测试条件
新型号		3AX51A	3AX51B	3AX51C	3AX51D	
交流参数	f_α(kHz)	≥500	≥500	≥500	≥500	V_{CB}=−6V，I_E=1mA
	N_F(dB)	—	≤8	—	—	V_{CB}=−2V，I_E=0.5mA，f=1kHz
	h_{ie}(kΩ)	0.6～4.5	0.6～4.5	0.6～4.5	0.6～4.5	V_{CB}=−6V，I_E=1mA，f=1kHz
	h_{re}(×10)	≤2.2	≤2.2	≤2.2	≤2.2	
	h_{oe}(μs)	≤80	≤80	≤80	≤80	
	h_{fe}	—	—	—	—	
h_{FE}色标分档		（红）25～60；（绿）50～100；（蓝）90～150				
引脚		B E C				

（2）3AX81型PNP型锗低频小功率三极管（见表A-9）。

表A-9　3AX81型PNP型锗低频小功率三极管的参数

型号		3AX81A	3AX81B	测试条件
极限参数	P_{CM}(mW)	200	200	
	I_{CM}(mA)	200	200	
	T_{jM}(℃)	75	75	
	BV_{CBO}(V)	−20	−30	I_C=4mA
	BV_{CEO}(V)	−10	−15	I_C=4mA
	BV_{EBO}(V)	−7	−10	I_E=4mA
直流参数	I_{CBO}(μA)	≤30	≤15	V_{CB}=−6V
	I_{CEO}(μA)	≤1000	≤700	V_{CE}=−6V
	I_{EBO}(μA)	≤30	≤15	V_{EB}=−6V
	V_{BES}(V)	≤0.6	≤0.6	V_{CE}=−1V　I_C=175mA
	V_{CES}(V)	≤0.65	≤0.65	V_{CE}=V_{BE}，V_{CB}=0，I_C=200mA
	h_{FE}	40～270	40～270	V_{CE}=−1V，I_C=175mA
交流参数	f_β(kHz)	≥6	≥8	V_{CB}=−6V，I_E=10mA
h_{FE}色标分档		（黄）40～55；（绿）55～80；（蓝）80～120；（紫）120～180；（灰）180～270；（白）270～400		
引脚		B E C		

（3）3BX31型NPN型锗低频小功率三极管（见表A-10）。

表A-10　3BX31型NPN型锗低频小功率三极管的参数

型号		3BX31M	3BX31A	3BX31B	3BX31C	测试条件
极限参数	P_{CM}(mW)	125	125	125	125	T_a=25℃
	I_{CM}(mA)	125	125	125	125	
	T_{jM}(℃)	75	75	75	75	

（续表）

型号		3BX31M	3BX31A	3BX31B	3BX31C	测试条件
极限参数	BV_{CBO}(V)	−15	−20	−30	−40	I_C=1mA
	BV_{CEO}(V)	−6	−12	−18	−24	I_C=2mA
	BV_{EBO}(V)	−6	−10	−10	−10	I_E=1mA
直流参数	I_{CBO}(μA)	≤25	≤20	≤12	≤6	V_{CB}=6V
	I_{CEO}(μA)	≤1000	≤800	≤600	≤400	V_{CE}=6V
	I_{EBO}(μA)	≤25	≤20	≤12	≤6	V_{EB}=6V
	V_{BES}(V)	≤0.6	≤0.6	≤0.6	≤0.6	V_{CE}=6V，I_C=100mA
	V_{CES}(V)	≤0.65	≤0.65	≤0.65	≤0.65	V_{CE}=V_{BE}，V_{CB}=0，I_C=125mA
	h_{FE}	80～400	40～180	40～180	40～180	V_{CE}=1V，I_C=100mA
交流参数	f_β(kHz)	—	—	≥8	f_α≥465	V_{CB}=−6V，I_E=10mA
h_{FE}色标分档			（黄）40～55；（绿）55～80；（蓝）80～120；（紫）120～180；（灰）180～270；（白）270～400			
引脚			B E C			

（4）3DG100(3DG6)型NPN型硅高频小功率三极管（见表A-11）。

表A-11　　3DG100(3DG6) 型NPN型硅高频小功率三极管的参数

原型号		3DG6				测试条件
新型号		3DG100A	3DG100B	3DG100C	3DG100D	
极限参数	P_{CM}(mW)	100	100	100	100	
	I_{CM}(mA)	20	20	20	20	
	BV_{CBO}(V)	≥30	≥40	≥30	≥40	I_C=100μA
	BV_{CEO}(V)	≥20	≥30	≥20	≥30	I_C=100μA
	BV_{EBO}(V)	≥4	≥4	≥4	≥4	I_E=100μA
直流参数	I_{CBO}(μA)	≤0.01	≤0.01	≤0.01	≤0.01	V_{CB}=10V
	I_{CEO}(μA)	≤0.1	≤0.1	≤0.1	≤0.1	V_{CE}=10V
	I_{EBO}(μA)	≤0.01	≤0.01	≤0.01	≤0.01	V_{EB}=1.5V
	V_{BES}(V)	≤1	≤1	≤1	≤1	I_C=10mA，I_B=1mA
	V_{CES}(V)	≤1	≤1	≤1	≤1	I_C=10mA，I_B=1mA
	h_{FE}	≥30	≥30	≥30	≥30	V_{CE}=10V，I_C=3mA
交流参数	f_T(MHz)	≥150	≥150	≥300	≥300	V_{CB}=10V, I_E=3mA, f=100MHz, R_L=5Ω
	K_P(dB)	≥7	≥7	≥7	≥7	V_{CB}=−6V，I_E=3mA，f=100MHz
	C_{ob}(pF)	≤4	≤4	≤4	≤4	V_{CB}=10V，I_E=0
h_{FE}色标分档			（红）30～60；（绿）50～110；（蓝）90～160；（白）>150			
引脚			B E C			

（5）3DG130(3DG12) 型 NPN 型硅高频小功率三极管（见表 A-12）。

表 A-12　　3DG130(3DG12) 型 NPN 型硅高频小功率三极管的参数

原型号		3DG12				测试条件
新型号		3DG130A	3DG130B	3DG130C	3DG130D	
极限参数	P_{CM}(mW)	700	700	700	700	
	I_{CM}(mA)	300	300	300	300	
	BV_{CBO}(V)	≥40	≥60	≥40	≥60	I_C=100μA
	BV_{CEO}(V)	≥30	≥45	≥30	≥45	I_C=100μA
	BV_{EBO}(V)	≥4	≥4	≥4	≥4	I_E=100μA
直流参数	I_{CBO}(μA)	≤0.5	≤0.5	≤0.5	≤0.5	V_{CB}=10V
	I_{CEO}(μA)	≤1	≤1	≤1	≤1	V_{CE}=10V
	I_{EBO}(μA)	≤0.5	≤0.5	≤0.5	≤0.5	V_{EB}=1.5V
	V_{BES}(V)	≤1	≤1	≤1	≤1	I_C=100mA，I_B=10mA
	V_{CES}(V)	≤0.6	≤0.6	≤0.6	≤0.6	I_C=100mA，I_B=10mA
	h_{FE}	≥30	≥30	≥30	≥30	V_{CE}=10V，I_C=50mA
交流参数	f_T(MHz)	≥150	≥150	≥300	≥300	V_{CB}=10V，I_E=50mA，f=100MHz，R_L=5Ω
	K_P(dB)	≥6	≥6	≥6	≥6	V_{CB}=–10V，I_E=50mA，f=100MHz
	C_{ob}(pF)	≤10	≤10	≤10	≤10	V_{CB}=10V，I_E=0
h_{FE} 色标分档		（红）30～60；（绿）50～110；（蓝）90～160；（白）>150				
引　脚		B E C				

（6）9011～9018 塑封硅三极管（见表 A-13）。

表 A-13　　9011～9018 塑封硅三极管的参数

型号		(3DG)9011	(3CX)9012	(3DX)9013	(3DG)9014	(3CG)9015	(3DG)9016	(3DG)9018
极限参数	P_{CM}(mW)	200	300	300	300	300	200	200
	I_{CM}(mA)	20	300	300	100	100	25	20
	BV_{CBO}(V)	20	20	20	25	25	25	30
	BV_{CEO}(V)	18	18	18	20	20	20	20
	BV_{EBO}(V)	5	5	5	4	4	4	4
直流参数	I_{CBO}(μA)	0.01	0.5	0,5	0.05	0.05	0.05	0.05
	I_{CEO}(μA)	0.1	1	1	0.5	0.5	0.5	0.5
	I_{EBO}(μA)	0.01	0.5	0.5	0.05	0.05	0.05	0.05
	V_{CES}(V)	0.5	0.5	0.5	0.5	0.5	0.5	0.35
	V_{BES}(V)		1	1	1	1	1	1
	h_{FE}	30	30	30	30	30	30	30
交流参数	f_T(MHz)	100			80	80	500	600
	C_{ob}(pF)	3.5			2.5	4	1.6	4
	K_P(dB)							10
h_{FE} 色标分档		（红）30～60；（绿）50～110；（蓝）90～160；（白）>150						
引　脚		E B C						

（7）常用场效应管（见表 A-14）。

表 A-14　　　　　　　　　　**常用场效应管主要参数**

参数名称	N 沟道结型				MOS 型 N 沟道耗尽型		
	3DJ2	**3DJ4**	**3DJ6**	**3DJ7**	**3D01**	**3D02**	**3D04**
	D ~ H	**D ~ H**	**D ~ H**	**D ~ H**	**D ~ H**	**D ~ H**	**D ~ H**
饱和漏源电流 I_{DSS}(mA)	0.3 ~ 10	0.3 ~ 10	0.3 ~ 10	0.35 ~ 1.8	0.35 ~ 10	0.35 ~ 25	0.35 ~ 10.5
夹断电压 V_{GS}(V)	$<\lvert 1\sim 9\rvert$	$<\lvert 1\sim 9\rvert$	$<\lvert 1\sim 9\rvert$	$<\lvert 1\sim 9\rvert$	$\leqslant\lvert 1\sim 9\rvert$	$\leqslant\lvert 1\sim 9\rvert$	$\leqslant\lvert 1\sim 9\rvert$
正向跨导 g_m(μV)	>2000	>2000	>1000	>3000	≥1000	≥4000	≥2000
最大漏源电压 BV_{DS}(V)	>20	>20	>20	>20	>20	>12 ~ 20	>20
最大耗散功率 P_{DNI}(mW)	100	100	100	100	100	25 ~ 100	100
栅源绝缘电阻 r_{GS}(Ω)	$\geqslant 10^8$	$\geqslant 10^8$	$\geqslant 10^8$	$\geqslant 10^8$	$\geqslant 10^8$	$\geqslant 10^8\sim 10^9$	≥100
引脚	G S D（管脚图）			或	D S G（管脚图）		

附录 B　实验报告的撰写说明

实验结束后，应及时整理和总结实验结果，写出实验报告。实验报告要能真实反映实验过程和结果，是对实验进行总结、提高的重要环节，应当认真撰写。实验报告的要求是有理论分析，要实事求是，字迹要清楚，文理要通顺。

一、实验报告的内容

1. 实验目的及要求。
2. 实验仪器：列出完成本次实验的实验条件，最好把仪器的型号也写上，还有仪器台数。
3. 实验原理：实验项目的已知条件、技术指标、实验电路。
4. 实验步骤：根据实验内容的要求对电路进行测量与调整，并及时排除出现的故障。
5. 原始数据记录：原始数据是指在实验过程中按照实验要求进行测量的、未经任何处理的数据和波形，是进行数据处理的依据。通常是列表格来记录数据；或是记录波形，画波形要规范；或是观测现象等。
6. 讨论与结论：总结实验心得体会和收获，解答思考题，对实验中存在的问题进行分析和讨论，对实验的进一步想法或改进意见。

二、实验记录要求

1. 实验记录应及时、准确、如实、详尽、清楚。“及时”是指在实验中将观察到的现象、结果、数据及时记录在记录本（或“实验指导”合适位置）上。回顾性的记录容易造成无意或有意的失真。

2. 实验结果首先是如实记录实验中观察到的现象及各种原始数据，还应包括根据实验要求整理、归纳数据后进行计算的过程及计算结果，包括根据实验数据及计算做出的各种图表（如曲线图，对照表等）。实验结果的记录不可掺杂任何主观因素，不能受现成资料及他人实验结果的影响。若出现“不正常”的现象，更应如实详尽记录。

3. 表格式的记录方式简练而清楚，值得提倡使用。如无专用的记录本，可分项记录于“实验指导书”中相应的操作项目之下。记录时字迹必须清楚，不提倡使用易于涂改及消退的笔、墨做原始记录。完整的实验记录应包括日期、题目（内容）、目的、操作、现象及结果（包括计算结果及各种图表）。使用精密仪器进行实验时还应记录仪器的型号及编号。

4. 实验结果的讨论部分不是对结果的重述，而是对实验结果、实验方法和异常现象进行探讨和评论，以及对实验设计的认识、体会及建议。一般要有实验结论。结论要简单扼要，以说明本次实验所获得的结果。

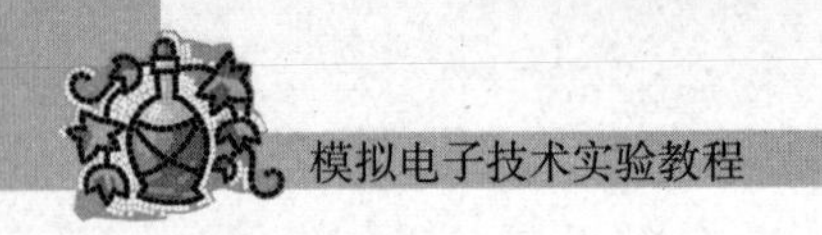

附录C 实验室6S介绍

一、6S介绍

6S是指整理(SEIRI)、整顿(SEITON)、清扫(SEISO)、清洁(SEIKETSU)、安全(SECURITY)、素养(SHITSUKE)，因其日语的罗马拼音均以“S”开头，因此简称为“6S”。词语含义如下。

1. 整理(SEIRI)——要与不要，一留一弃；将工作场所的任何物品区分为有必要和没有必要的，除了有必要的，其他的都消除掉。目的：腾出空间，空间活用，防止误用，塑造清爽的工作场所。

2. 整顿(SEITON)——科学布局，取用快捷；把留下来的必要用的物品依规定位置摆放，并放置整齐加以标识。目的：工作场所一目了然，减少寻找物品的时间，整整齐齐的工作环境，消除过多的积压物品。

3. 清扫(SEISO)——清除垃圾，美化环境；将工作场所内看得见与看不见的地方清扫干净，保持工作场所干净、亮丽的环境。目的：稳定品质，减少工业伤害。

4. 清洁(SEIKETSU)——形成制度，贯彻到底；经常保持环境外在美观的状态。目的：创造明朗现场，维持上面3S成果。

5. 安全(SECURITY)——安全操作，生命第一；重视成员安全教育，每时每刻都有安全第一观念，防患于未然。目的：建立起安全生产的环境，所有的工作应建立在安全的前提下。

6. 素养(SHITSUKE)——养成习惯，以人为本；每位成员养成良好的习惯，并遵守规则做事，培养积极主动的精神(也称习惯性)。

二、实验室6S规则

1. 实验过程中

(1)不允许将早餐等零食带入实验室，上课期间也不允许吃东西，实训楼内禁止吸烟。

(2)上课时间不得喧哗，更不得走出实验室，有事必须请假。

(3)注意安全，注意台面上插座的220V电压，不要随意用金属插接，以免触电。

(4)进入实验室要按照学校规定穿实训服，无实训服者不能参加实验。

(5)随手整理收拾实验用材料和用具，试验完毕立即整理和清洁台面、桌面及用具用品等。

(6)按时上下课，不早退，不迟到，不旷课。考勤表要真实、准确，及时按要求填写。

(7)不随地吐痰，不乱丢垃圾，看见垃圾或有异物要及时清洁处理。垃圾按规定分类处理，放到相应的垃圾桶或垃圾箱中。

2. 实验完毕后

(1)关闭仪表电源，万用表旋钮旋至“OFF”挡。

(2)万用表和电路板放在桌面右侧。

(3)实验完毕，清理自己的台面，将导线归类放入抽屉内(中间的抽屉放2副夹子线，右边

的抽屉放一对表笔、一根探头)，严禁将垃圾放入抽屉内，并在离开实验室前将凳子放回原位，任课老师将记入每人的6S表现，纳入平时考核。

(4)实验完毕后请劳动委员安排5～6个人打扫实验室，任课老师将一并记入个人的平时成绩。

附录D Multisim软件介绍

模拟电子技术是一门实践性很强的课程，重视实践教学是学好模拟电子技术的一个必不可少的环节，而电子虚拟仿真又是实验室操作实验的一个重要的辅助手段。可以这么说，掌握了一款优秀的电子仿真软件，就相当于你拥有了一间个人实验室。要学习电子技术，一定要学习理论知识，但一个必不可少的学习环节就是实验和实践。下载和安装上一款先进的电子仿真软件，你就可以利用计算机调出电子元件搭建电路，调出虚拟仪器对电路进行仿真测试，从而提高学习效率，学好电子技术就轻而易举了。

电子电路的仿真软件有许多，本附录仅仅介绍 Multisim10.0 软件。它是一个优秀的电子技术训练工具，利用它提供的虚拟仪器可以用比实验室中更灵活的方式进行电路实验。

一、Multisim 10.0 介绍

利用Multisim可以实现计算机仿真设计与虚拟实验，与传统的电子电路设计与实验方法相比，具有如下特点：设计与实验可以同步进行，可以边设计边实验，修改调试方便；设计和实验用的元器件及测试仪器仪表齐全，可以完成各种类型的电路设计与实验；可方便地对电路参数进行测试和分析；可直接打印输出实验数据、测试参数、曲线和电路原理图；实验中不消耗实际的元器件，实验所需元器件的种类和数量不受限制，实验成本低，实验速度快，效率高；设计和实验成功的电路可以直接在产品中使用。

Multisim 易学易用，便于电子信息、通信工程、自动化、电气控制类专业学生自学，便于开展综合性的设计和实验，有利于培养学生综合分析能力、开发和创新能力。

二、Multisim 10.0 特点

Multisim10.0 是 EWB 的升级，是目前推出的一款高版本的电路设计与仿真软件。它具有以下一些特点。

（1）直观的图形界面创建电路。在计算机屏幕上模仿真实实验室的工作台，绘制电路图需要的元器件、电路仿真需要的测试仪器均可直接从屏幕上选取。

（2）软件仪器的控制面板外形和操作方式都与实物相似，可以实时显示测量结果。

（3）软件带有丰富的电路元件库，提供多种强大的电路分析方法。

（4）作为设计工具，它可以同其他流行的电路分析、设计和制板软件交换数据。

（5）全功能电路仿真系统：有元器件的编辑、选取、放置；电路图的编辑、绘制；电路工作状况的测试；电路特性的分析；电路图报表输出、打印；档案的转出/转入。

（6）完整的系统设计工具，其强大功能包含：结合 SPICE、VHDL、Verilog 共同仿真；电路图的建立；完整的零件库；SPICE 仿真；高阶 RF 设计功能；虚拟仪器测试及分析功能；计划及团队设计功能；VHDL 及 Verilog 设计与仿真；FPGA/CPLD 组件合成；PCB 文件转换功能。

因此非常适合电子类课程的教学和实验。这里简介 Multisim10.0 软件的基本概念。

三、Multisim 菜单介绍

Multisim 的主窗口如同一个实际的电子实验台。屏幕中央区域最大的窗口就是电路工作区，在电路工作区上可将各种电子元器件和测试仪器仪表连接成实验电路。电路工作窗口上方是菜单栏、工具栏。从菜单栏可以选择电路连接、实验所需的各种命令。工具栏包含了常用的操作命令按钮。通过鼠标器操作，即可方便地使用各种命令和实验设备。电路工作窗口两边是元器件栏和仪器仪表栏。元器件栏存放着各种电子元器件，仪器仪表栏存放着各种测试仪器仪表，用鼠标操作，可以很方便地从元器件和仪器库中提取实验所需的各种元器件及仪器、仪表到电路工作窗口，并连接成实验电路。按下电路工作窗口上方的“启动／停止”开关或“暂停/恢复”按钮可以方便地控制实验的进程。

Multisim 主窗口界面如图 D-1 所示。

单击“开始”→“程序”→“National Instruments”→“Circuit Design Suite 10.0”→“multisim”，启动 Multisim10，可以看到图 D-1 所示的 Multisim 的主窗口。

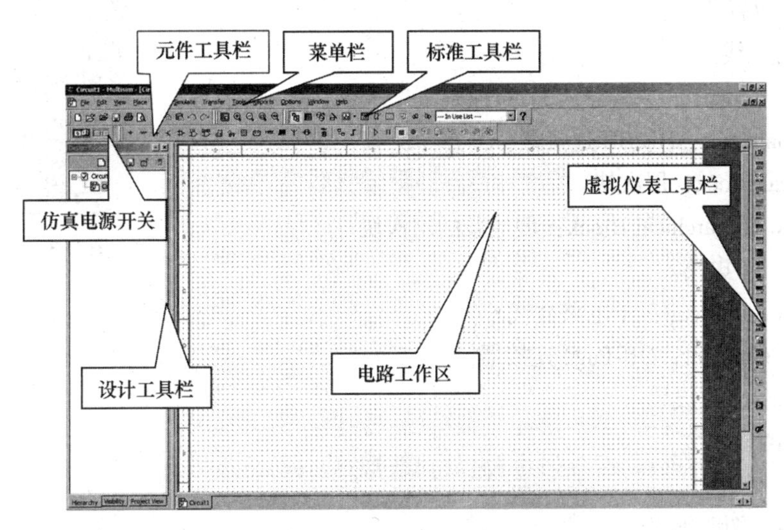

图 D-1　Multisim 主窗口

主窗口界面有菜单栏（Menus）；标准工具栏（System Toolbar）；设计工具栏（Multisim Design Bar）；元器件工具栏（Components Bar）；虚拟仪表工具栏（Instruments）；仿真开关（Simulate Switch）等，下面分别介绍其功能。

1. 菜单栏（共计 12 项）

Multisim 10.0 菜单栏包含有 12 个主菜单，如图 D-2 所示，从左至右分别为 File（文件菜单）、Edit（编辑菜单）、View（窗口显示菜单）、Place（放置菜单）、MCU（微程序控制器）、Simulate（仿真菜单）、Transfer（文件输出菜单）、Tools（工具菜单）、Reports（报表菜单）、Options（选项菜单）、Window（窗口菜单）和 Help（帮助菜单）等。在每个主菜单下都可以下拉一个菜单，用户从中可找到电路的存取、Spice 文件的输入和输出、电路图的编辑、电路的仿真及分析、在线帮助等各项功能的命令。现对 Multisim10.0 菜单栏中主要项所对应的主要功能说明如下。

File Edit View Place MCU Simulate Transfer Tools Reports Options Window Help

图 D-2 菜单栏

（1）File（文件）菜单。此菜单主要用于管理所创建的电路文件，如打开、保存、打印等，用法与 Windows 应用程序类似。

（2）Edit（编辑）菜单。此菜单主要用于电路绘制过程中，对电路和元件进行各种技术性处理，如撤销、恢复、剪切、复制、粘贴、删除、查找等选项，用法与 Windows 应用程序类似。

（3）View（窗口显示）菜单。此菜单用于确定仿真界面上显示的内容及电路图的缩放和元件的查找。

（4）Place（放置）菜单。此菜单提供在电路窗口内放置元件、连接点、总线和文字等命令，其下拉菜单如图 D-3 所示。

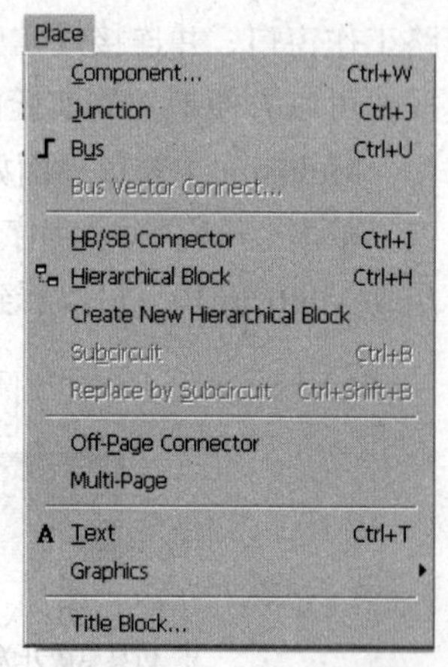

图 D-3 Place 下拉菜单

Place 菜单中的命令及功能如下所述。

Component：放置元件。

Junction：放置节点。

Bus：放置总线。

Bus Vector Connect：放置总线矢量连接。

HB/SB Connector：HB/SB 连接器。

Hierarchical Block：层次块。

Create New Hierarchical Block：创建新的层次块。

Subcircuit：子电路。

Replace by Subcircuit：子电路替代。

Off-Page Connector：Off-Page 连接器。

Multi-Page：多页设置。

Text：文本。

Graphics：制图。

Title Block：图明细表。

（5）Simulate（仿真）菜单。此菜单提供电路仿真设置与操作命令，其下拉菜单如图 D-4 所示。

Simulate 菜单中的命令及功能如下所述。

Run：仿真。

Pause：暂停。

Instruments：仪器设置。

Default Instrument Setting：默认仪器设置。

Digital Simulation Settings：数字仿真设置。

Analyses：分析方法。

Postprocessor：后分析。

Simulation Error Log/Audit Trail：仿真误差记录/查询索引。

XSpice Command Line Interface：XSpice 命令行界面。

VHDL Simulation：VHDL 仿真。

Verilog HDL Simulation：Verilog HDL 仿真。

Auto Fault Option：自动查错选项。

Global Component Tolerances：全部元件容差设置。

（6）Transfer（文件传输）菜单。此菜单提供将仿真结果传递给其他软件处理的命令，其下拉菜单如图 D-5 所示。

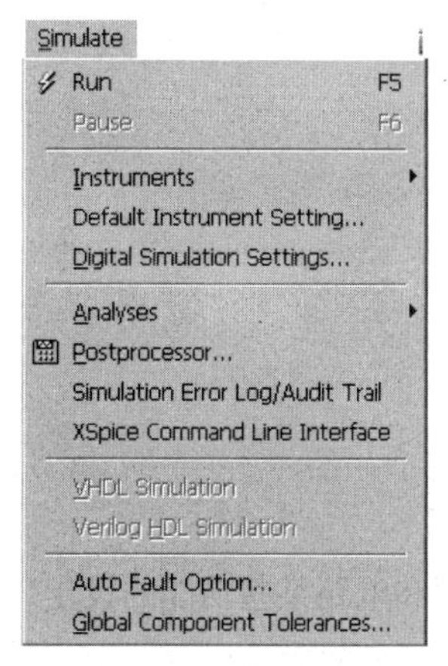

图 D-4　Simulate 下拉菜单

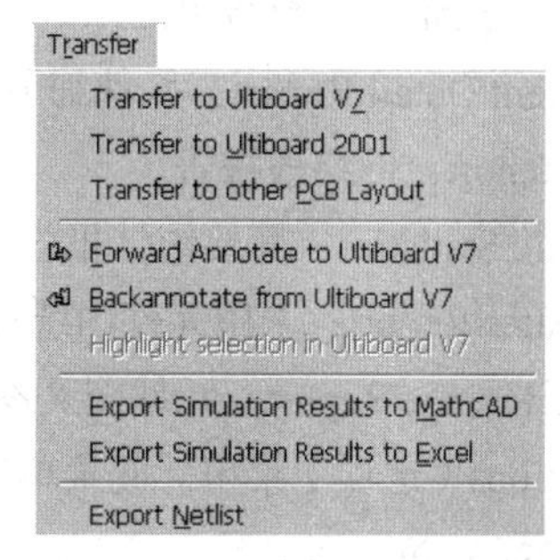

图 D-5　Transfer 下拉菜单

Transfer 菜单中的命令及功能如下所述。

Transfer to Ultiboard V7：传递到 Ultiboard V7。

Transfer to Ultiboard 2001：传递到 Ultiboard 2001。

Transfer to other PCB Layout：传递到其他电路板。

Forward Annotate to Ultiboard V7：创建 Ultiboard V7 注释文件。

Backannotate from Ultiboard V7：修改 Ultiboard V7 注释文件。

Highlight selection in UItiboard V7：加亮所选择区域。

Export Simulation Results to MathCAD：输出仿真结果到 MathCAD。

Export Simulation Results to Excel：输出仿真结果到电子表格。

Export Netlist：输出网格表。

（7）Tools（工具）菜单。此菜单主要用于编辑或管理元器件库，其下拉菜单如图 D-6 所示。

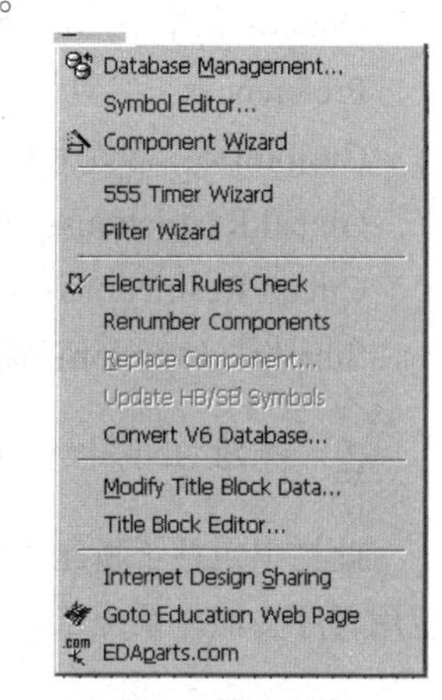

图 D-6　Tools 下拉菜单

Tools 菜单中的命令及功能如下所述。

Database Management：数据库管理。

Symbol Editor：符号编辑器。

Component Wizard：元件编辑器。

555 Timer Wizard：555 定时器编辑。

Filter Wizard：滤波器编辑。

Electrical Rules Check：电气法则测试。

Renumber Components：元件重命名。

Replace Component：替代元件。

Update HB/SB Symbols：HB/SB 符号升级。

Convert V6 Database：V6 数据转换。

Modify Title Block Data：更改图明细表数据。

Title Block Editor：图明细表编辑器。

Internet Design Sharing：Internet 设计共享。

Goto Education Web Page：链接教育网站。

EDAparts.com：链接 EDAParts.com 网站。

（8）Reports（报表）菜单。其下拉菜单如图 D-7 所示。

Reports 菜单中的命令及功能如下所述。

Bill of Materials：材料清单。

Component Detail Report：元件细节报告。

Netlist Report：网络表报告。

Schematic Statistics：简要统计报告。

Spare Gates Report：未用元件门统计报。

Cross Reference Report：元件交叉参照表。

（9）Options（选项）菜单。此菜单用于定制电路的界面和电路某些功能的设定，其下拉菜单如图 D-8 所示。

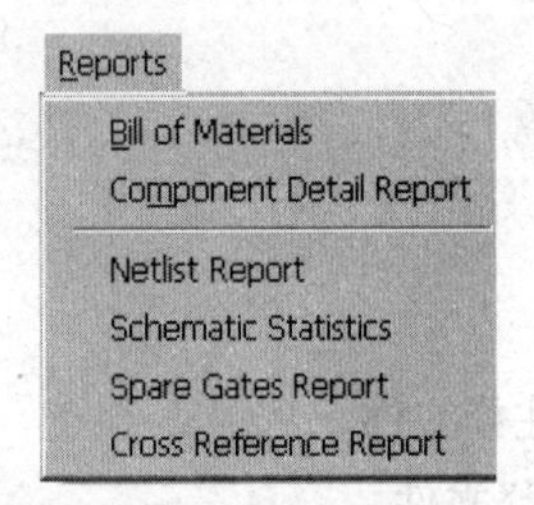

图 D-7　Reports 下拉菜单

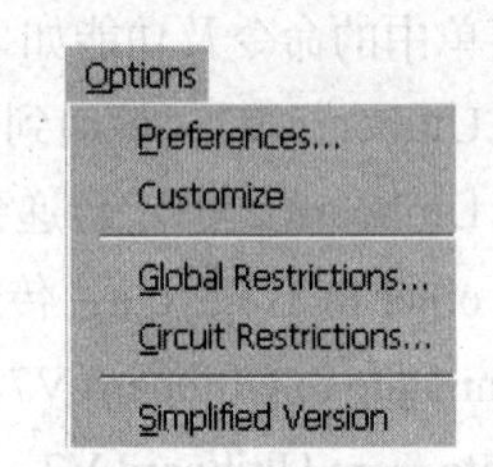

图 D-8　Options 下拉菜单

Options 菜单中的命令及功能如下所述。

Preferences：参数设置。

Customize：常规命令设置。

Global Restrictions：软件限制设置。

Circuit Restrictions：电路限制设置。

Simplified Version：简化版本。

2. 标准工具栏（11 项）

此栏中包括了新建、打开、保存、打印、剪切、复制粘贴、撤销等功能，使用方法与 Windows 应用程序类似。系统工具栏如图 D-9 所示。

3. 设计工具栏（12 项）

该工具栏是 Multisim10.0 的核心，使用它可进行电路的建立、仿真和分析，并最终输出设计数据等。设计工具栏如图 D-10 所示。

图 D-9　系统工具栏

图 D-10　设计工具栏菜单

：层次项目按钮，用于显示或隐藏设计工具箱。

：层次电子数据表按钮，用于显示或隐藏电子表格工具栏。

：数据库管理按钮，用于开启数据库管理对话框，对元器件进行编辑。

：元件编辑器按钮，用于调整或增加元器件。

：图形编辑器分析按钮，在出现的下拉菜单中可选择将要进行的分析方法。

：用于电气规格检查。

--- In Use List ---：当前所使用的所有元器件的列表。

?：帮助。

4. 元器件工具栏（18 项）

元器件库按钮如图 D-11 所示。

图 D-11　元器件工具栏菜单

：电源元件库。

：基本元器件库，含有基本虚拟器件、额定虚拟器件、排阻、开关、变压器、非线性变压器、继电器、连接器、插座、电阻、电容、电感、电解电容、可变电容、可变电感等基本元件。

：二极管库，包括虚拟二极管、齐纳二极管、发光二极管、整流器、稳压二极管、可控硅整流管、双向开关二极管、变容二极管等各种二极管。

：晶体管库，包括 NPN 和 PNP 型的各种型号的三极管。

：模拟元器件库，含有虚拟运算放大器、诺顿运算放大器、比较器、宽带放大器 、特殊功能放大器。

：TTL 元器件库，含有各种 74 系列，74LS 系列的 TTL 芯片。

：CMOS 元器件库，同 TTL 元件库。

：其他数字元器件库，放置杂项数字电路，含有 51 和 51 芯片及各种 RAM 和 ROM。

：模数混合元器件库，放置杂项元件，含虚拟混合元器件、定时器、模数转换器和数模转换器及各种模拟开关。

：指示器元件库，含有电压表、电流表、探测器、蜂鸣器、电灯、虚拟灯泡、数码管及条形光柱。

：杂项库元器件库，含有晶振、真空管、开关电源降压转换器、开关电源升压转换器等。

：RF 射频元器件。

：电机元器件按钮。

：设置层次栏按钮。

：放置总线按钮。

5. 仪表工具栏（20 项）

本栏是进行虚拟电子试验和电子仿真设计的最快捷而又形象的特殊窗口，也是 Multisim 10.0 最具特色的地方，如图 D-12 所示。

图 D-12 仪表工具栏菜单

（1）：万用表，用于测量电路中的电压、电阻和电流。用法与现实中一致，测量电压时，将万用表并联在电路中，测量电流时，将其串入电路中。双击出现图 D-13。测量电流时单击，测量交流时，单击，若测直流电流时，则选择。同理，测量电压，操作差不多。图 D-13 所示为测量直流电压。

（2）：函数发生器，用于产生不同频率或幅值的正弦波、三角波或者方波。中间的引脚为公共端，一般都接地。使用时，电路可以接正端和公共端，输出信号为正极性信号；当连接负端和公共端时，输出信号为负极性信号。

双击函数发生器，则出现图 D-14 所示内容，可以根据不同的需要，选择所需的波形，如正弦波、三角波或方波，还可选择所需波形的频率、占空比、幅度的峰值、偏置电压。

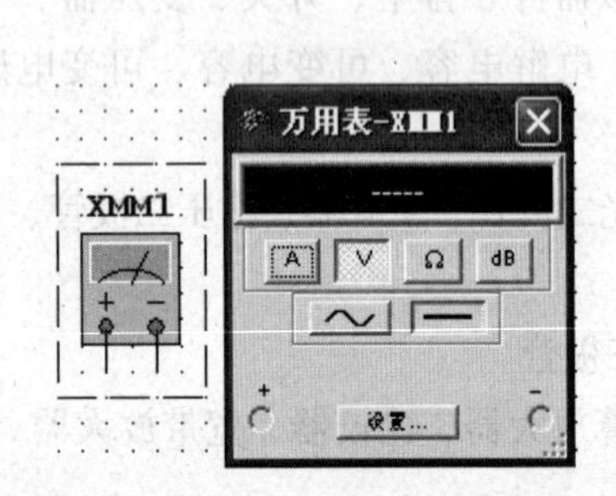

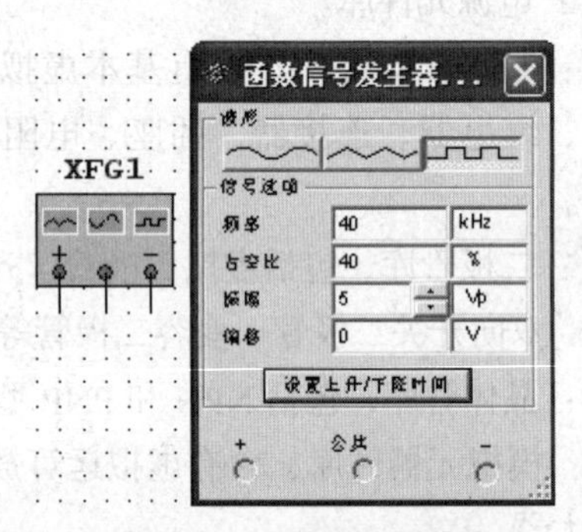

图 D-13 万用表菜单

图 D-14 函数发生器菜单

如图 D-14 所示，表示输出的是频率为 40kHz，占空比为 40%，幅值为 5V，偏置为零的方波。

（3）：功率表，用于测量电路的功率，直流和交流都可用。左边部分用于测量电压，与被测电路并联；右边部分用于测量电流，与被测电路串联。此功率表还可以显示功率因数，取值范围为 0 ~ 1。

（4）：双通道示波器。示波器的使用方法同实际示波器一样，对外接需要测试和观察的波形，可以对所观察到的波形进行调整。图 D-15 所示为示波器观察函数发生器上的正弦波外接方法。图 D-16 所示为示波器上观察到的波形。

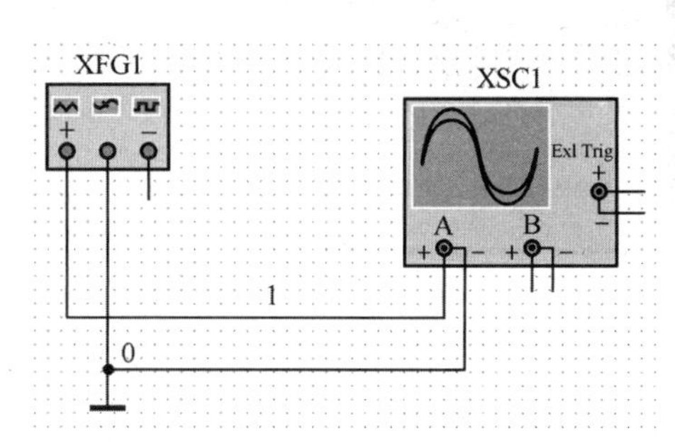

图 D-15　示波器的使用方式

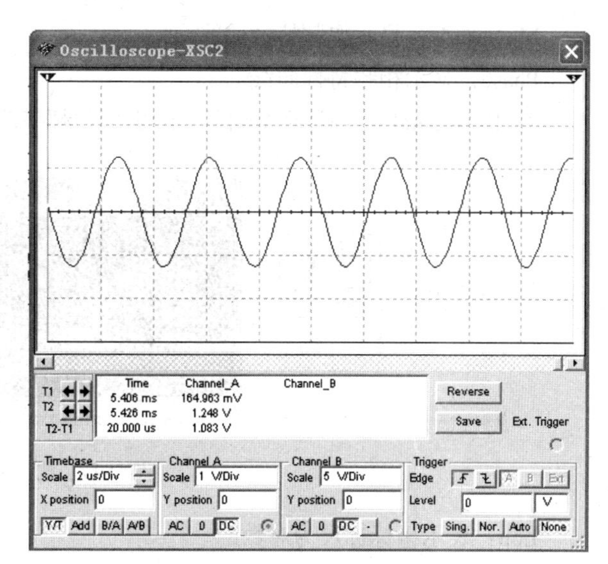

图 D-16　示波器观察到的波形

① Timebase 栏。

Scale：用于设置 X 轴刻度，显示信号时需选择合适的时间刻度。

X position：用来调整时间基准值的起始点位置。

Y/T：选择波形随时间变化的显示方式。

Add：选择 Y 轴显示电压值为 A、B 两通道的和。

B/A：选择将 A 通道显示信号作为 X 轴扫描信号，B 通道信号幅度除以 A 通道信号幅度作为 Y 轴的信号输出。

A/B：同上。

② Channel A（A 通道）栏。

Scale：Y 轴刻度选择。

Y position：选择波形在 Y 轴的偏移位置。

AC：显示信号的交流成分。

DC：显示信号的直流部分与交流部分叠加以后的波形。

Channel B 栏：同上。

③ Trigger 栏（用于设置示波器的触发方式）。

Edge：选择边沿触发方式，如上升沿或下降沿触发方式。

Level：设置触发电平的大小。

Type：设置触发方式。

Auto：自动触发方式。

Single：单脉冲触发方式。

（5）：波特图示仪，用以测量和显示电路或系统的幅频特性和相频特性。双击如图 D-17 所示。

该仪器有 4 个端子，两个输入端子（IN）和两个输出端子（OUT）。前者接电路输入端的正负极，后者接输出端的正负极。

① Mode 栏：用以设置选择屏幕上需显示内容的类型。

Magnitude：显示幅频特性曲线。

Phase：显示相频特性曲线。

② Horizontal 栏：设置 *X* 轴显示的类型和频率范围。

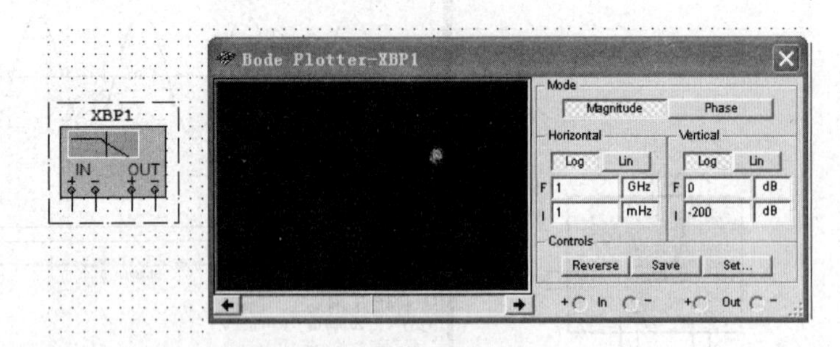

图 D-17　波特图示仪

Log：表示坐标标尺为对数的。

Lin：表示坐标标尺为线性的。

当前测量频率范围宽时采用 Log 较好，反之，采用 Lin 较好。

I 和 F 分别对应初始值和最终值。

③ Vertical 栏：设置 *Y* 轴的标尺刻度类型。

④ Controls 栏：Reverse 用于设置背景颜色；Save 用于保存；Set 用于设置分辨率。

（6）▦：字信号发生器。如图 D-18 所示，字信号发生器图标左边有 0 ~ 15 端子，右边是 16 ~ 31 端子，这 32 个端子是该仪器的信号输出端，每一个端子可以作为一个数字电路的输入端。

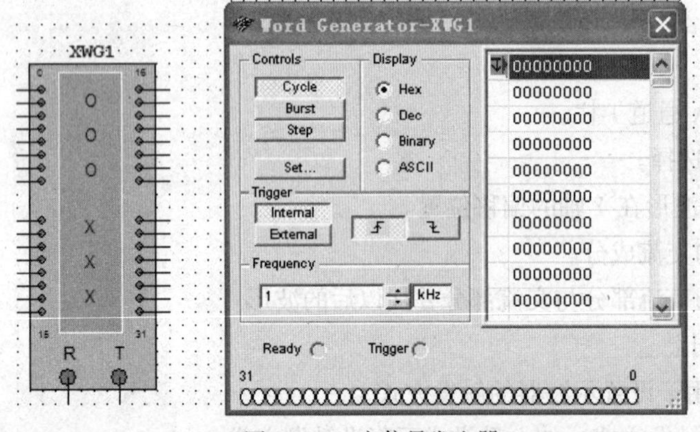

图 D-18　字信号发生器

Controls 区：

Step Cycle（单步）：用于每次只传输一个字符到电路中。

Burst（脉冲）：按顺序发送字符。

Cycle（环形）：可以发送连续的字符，通过仿真按钮停止操作，当需要暂停时可以插入断点。

在其界面上单击 Set 按钮，可以弹出如图 D-19 所示对话框。

Load 用于加载打开先前保存的模板。Save 用于保存当前模板。Clear buffer 用于使用 Hex0000 替换所有字符，Up Counter 和 Down Counter 用于加 1 或者减 1 的模板。

仪器界面中的 Trigger 中的 Internal 按钮代表内置触发；External 按钮代表外置扩展触发，分别代表上升沿触发和下降沿触发。

Frequency：用于设定频率。

（7）逻辑分析仪。逻辑分析仪通常用于逻辑状态和时序分析，检查数字电路设计的正确性。图 D-20 所示为逻辑分析仪的图标和仪器界面。

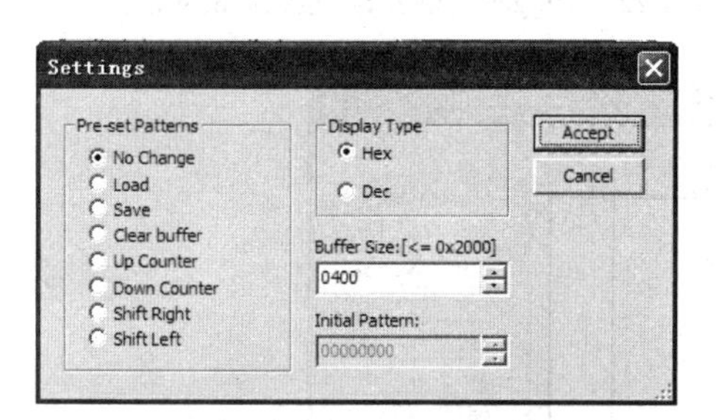

图 D-19　单击 Set 按钮后的对话框

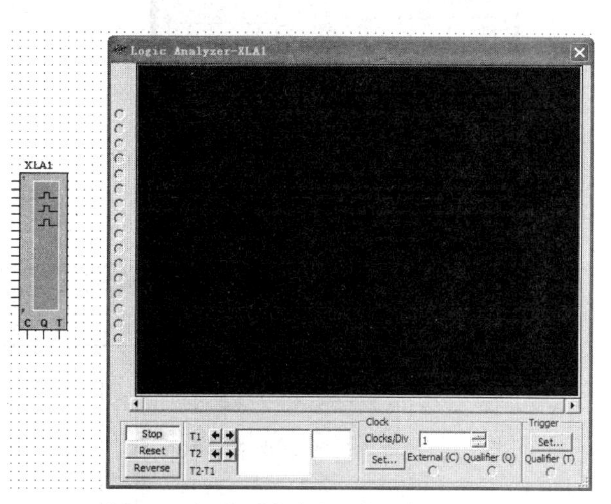

图 D-20　逻辑分析仪的图标和仪器界面

逻辑分析仪的仪器面板分上下两个部分。上半部分是显示窗口，下半部分是逻辑分析仪的控制窗口，控制信号有 Stop（停止）、Reset（复位）、Reverse（反相显示）、Clock（时钟）设置和 Trigger（触发）设置。

它提供了 16 路的逻辑分析仪，其连接端口有 16 路信号输入端、外接时钟端 C、时钟限制 Q 及触发限制 T。

单击 Clock 区的 Set 按钮，可以弹出 Clock setup（时钟设置）对话框，如图 D-21 所示。

Clock Source（时钟源）：选择外触发或内触发。

Clock Rate（时钟频率）：1Hz ~ 100MHz 范围内选择。

Sampling Setting（取样点设置）。

Pre-trigger Samples（触发前取样点）。

Post-trigger Samples（触发后取样点）。

Threshold Voltage（开启电压）设置。

单击 Trigger 下的 Set（设置）按钮时，出现 Trigger Settings（触发设置）对话框，如图 D-22 所示。

Trigger Clock Edge（触发边沿）：Positive（上升沿）、Negative（下降沿）、Both（双向触发）。

Trigger Patterns（触发模式）：由 A、B、C 定义触发模式，在 Trigger Combinations（触发组合）下有 21 种触发组合可以选择。

（8）：逻辑转换仪。实际中没有逻辑转换仪这种仪器，它可以在逻辑电路、真值表和逻辑表达式之间进行转换。有 8 路信号输入端，1 路信号输出端。6 种转换功能依次是：逻辑电路转换为真值表、真值表转换为逻辑表达式、真值表转换为最简逻辑表达式、逻辑表达式转换为真值表、逻辑表达式转换为逻辑电路、逻辑表达式转换为与非门电路。

逻辑转换仪的图标及工作界面如图 D-23 所示。

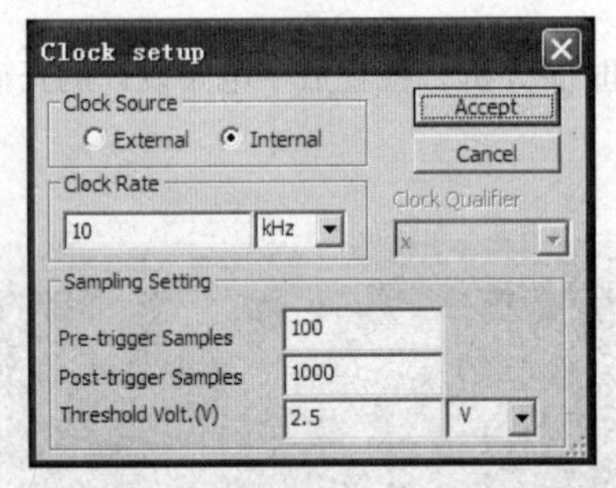

图 D-21 单击 Set 按钮后的对话框

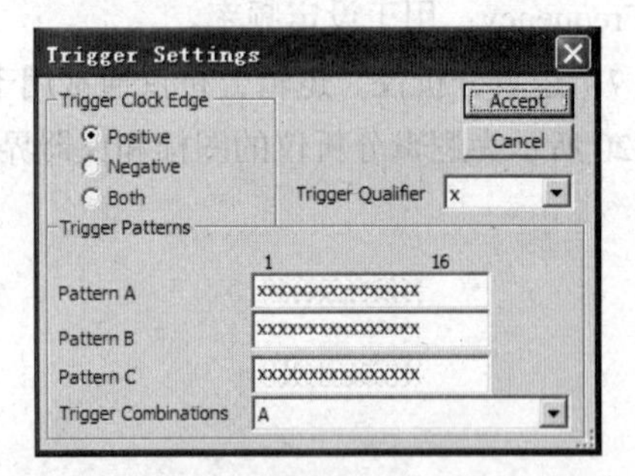

图 D-22 Trigger 下单击 Set 按钮后的对话框

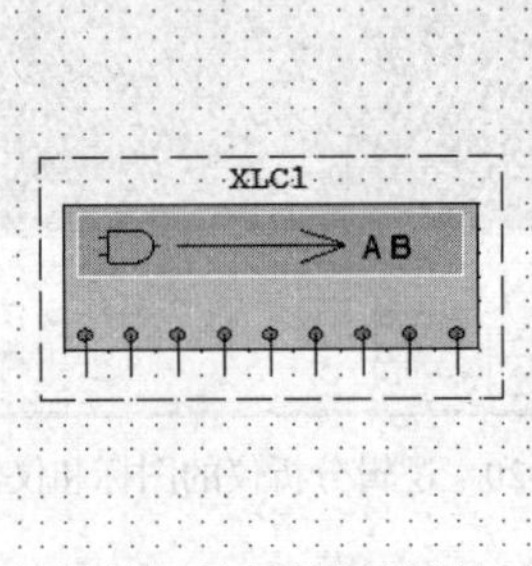

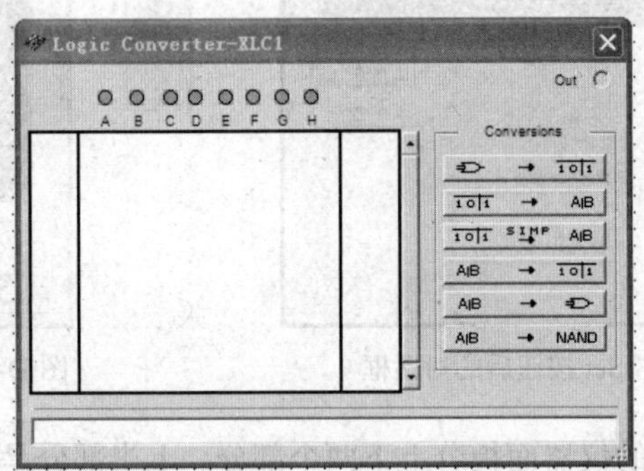

图 D-23 逻辑转换仪的图标及工作界面

用于逻辑电路转换为真值表。

用于真值表转换为逻辑表达式。

用于真值表转换为最简逻辑表达式。

用于逻辑表达式转换为真值表。

用于逻辑表达式转换为逻辑电路。

用于逻辑表达式转换为与非门电路。

在电路中经常用到的仪器通常为以上几种，其他仪器的用法也大致相似。

6. 仿真开关（Simulate Switch）

仿真电路绘制完毕以后，就可以单击图 D-24 中按钮进行电路的仿真。

：仿真开始按钮。

：仿真暂停按钮。

图 D-24 仿真开关

由于篇幅有限，其工具栏的用法不再叙述。